高等职业教育机电类专业新形态教材

产品三维造型
（UG NX12.0）

主　编　周水琴
副主编　张素颖　崔学广
参　编　程方启　许慧珍

机　械　工　业　出　版　社

本书根据作者多年的教学经验编写而成，书中以项目为引导、任务为主线，循序渐进地介绍了 UG NX12.0 环境下产品三维模型构建、三维装配、工程图创建等相关内容，目的是让读者了解现代机械产品自顶向下设计的全过程。

本书共包含 5 个项目，分别为软件基础操作、零件实体造型、零件曲面造型、装配体设计和工程图绘制，包含了机械产品三维造型所需的基本知识。每个项目包含若干任务，每个任务都是典型的工程实例，包含任务分析、任务实施及任务小结与拓展 3 部分，内容由浅入深、衔接紧凑。

本书配套资源丰富：所有的实例都配有教学视频，扫描对应二维码即可进行观看；配有电子课件及模型源文件等教学资源。凡使用本书作为授课教材的教师，可登录机械工业出版社教育服务网（http://www.cmpedu.com），注册后免费下载本书配套资源，咨询电话 010-88379375。

本书既可作为高等职业院校、职业本科院校机械类专业教材，也可作为相关培训学校的教学用书，还可供相关工程技术人员参考。

图书在版编目（CIP）数据

产品三维造型：UG NX12.0 / 周水琴主编 . -- 北京：机械工业出版社，2024. 8. --（高等职业教育机电类专业新形态教材）. -- ISBN 978-7-111-76123-5

Ⅰ . TB472-39

中国国家版本馆 CIP 数据核字第 202427N0D6 号

机械工业出版社（北京市百万庄大街 22 号　邮政编码 100037）

策划编辑：王英杰　　责任编辑：王英杰　于奇慧

责任校对：曹若菲　陈　越　　封面设计：马若濛

责任印制：李　昂

北京捷迅佳彩印刷有限公司印刷

2024 年 8 月第 1 版第 1 次印刷

184mm×260mm · 12.5 印张 · 300 千字

标准书号：ISBN 978-7-111-76123-5

定价：39.80 元

电话服务　　网络服务

客服电话：010-88361066　机　工　官　网：www.cmpbook.com

010-88379833　机　工　官　博：weibo.com/cmp1952

010-68326294　金　书　网：www.golden-book.com

　机工教育服务网：www.cmpedu.com

前 言

UG（Unigraphics）NX是由SIEMENS公司推出的一种交互式计算机辅助设计（CAD）、计算机辅助制造（CAM）、计算机辅助工程（CAE）高度集成的软件系统，目前广泛应用于航空、汽车、机械、家电等领域，在CAD/CAM领域具有很大的影响力。

本书以辅助“机械制图”和“模具设计”课程的现代化教学需求为背景，与制图规范、产品设计紧密衔接。书中任务引用案例典型，可操作性强，适合作为三维产品造型教学的配套教材。本书以UG NX12.0为平台，具有如下特点：

1. 任务从易到难，层层递进，二维与三维融合互通：从二维草图绘制到三维实体造型，从简单的零件实体造型到复杂的曲面造型，从零件建模到装配，最后介绍工程图的绘制。

2. 内容编排紧凑，符合学习规律：以设计任务为主线，以解决问题为导向，按照任务分析、任务实施、任务小结与拓展的顺序进行编写；配有任务实施流程图，将思考过程展现给读者，逻辑性强，符合读者学习规律。

3. 软件界面友好，容易上手：采用UG NX12.0中文版界面，读者可结合教材与视频，准确、直观地了解软件的操作要点，快速定位知识点，提高学习效率。

4. 思路讲解清楚，视频资源丰富：本书对应任务均配套设计任务思路讲解和教学视频，方便学生自学。

本书由周水琴任主编，张素颖、崔学广任副主编，程方启和许慧珍参与了本书的编写工作。

由于编者水平有限，书中难免有不足和疏漏之处，恳请广大读者予以指正。

编 者

二维码索引

（续）

（续）

名称	二维码	页码	名称	二维码	页码
4.1 拓展		152	5.3（一）		181
5.1.1		155	5.3（二）		187
5.1.2		159	5.3 拓展		189
5.2		169	项目 5 拓展题 1		191
5.2 拓展		179			

目　录

项目 1　软件基础操作

【项目导读】

UG NX 是世界三大 CAD/CAM/CAE 系统集成软件之一，目前广泛应用于航空、汽车、机械、家电等领域，在 CAD/CAM 领域具有很大的影响力。

本项目分为三个任务，依次是 UG NX 基本功能介绍、简单草图绘制和复杂草图绘制。UG NX 基本功能介绍包括软件的操作特点和工作环境，为草图、曲面、实体的构建打下良好的基础；草图绘制部分主要是通过训练任务掌握绘制草图的能力。UG NX 零件设计是以特征为基础进行创建，草图是特征的截面，因此创建特征要绘制二维草图。通过绘制草图，可以快速地勾勒出零件的二维轮廓，绘制的草图可以通过拉伸、旋转等命令成为实体或曲面。简单模型可以直接构建，复杂模型需要通过草图完成，利用草图的约束功能可以构建出高质量的模型。因此，草图的绘制是零件造型中最基础、最重要的部分。草图的绘制技能对于提高零件造型的效率至关重要。

【知识目标】

1. 学习 UG NX12.0 软件的基本操作方法，能按要求设置工作环境。
2. 学习草图的尺寸标注和约束方法，能进行尺寸标注和约束。
3. 学习草图的绘制、编辑方法，能根据图样要求绘制草图。

【能力目标】

1. 具备设置 UG NX12.0 软件工作界面、常用参数的能力。
2. 具备综合使用草图命令绘制简单草图的能力。
3. 具备使用草图绘制和编辑命令绘制复杂草图的能力。

【素养目标】

1. 通过学习软件的基本操作，培养学生爱岗敬业、严谨细致的学习态度。
2. 通过绘制简单草图，培养学生灵活思考、求同存异、举一反三的学习习惯。
3. 通过绘制复杂草图，培养学生熟能生巧、勇于实践的学习能力。

任务1　UG NX基本功能介绍

❖ 学习目的

掌握 UG NX12.0 软件的基本操作，如启动与退出、工作环境设置、文件操作和软件的参数设置等。

❖ 学习重点

熟悉 UG NX12.0 软件中鼠标与键盘的操作方法。

❖ 学习难点

掌握 UG NX12.0 常用功能的快捷方式。

1.1.1　UG NX 认知

1. UG NX 启动与退出

有两种方式可以启动 UG NX。第 1 种：单击桌面左下角“开始”按钮，选择“Siemens NX12.0”→“NX12.0”选项；第 2 种：双击桌面上的 UG NX 快捷方式图标，如图 1-1 所示，若桌面上没有该图标，可以在“开始”菜单里找到“NX12.0”，选择“NX12.0”后单击鼠标右键（右击），在快捷菜单中选择“发送到”→“桌面快捷方式”选项。

图 1-1　UG NX12.0 快捷方式图标

UG 软件的退出：单击软件界面右上角标题栏“SIEMENS　_ ▫ ×”中的 × 按钮，将退出软件。若当前文件没有保存，会自动弹出“退出”对话框，提示是否保存后再退出。

2. 工作区域认知

UG NX12.0 的工作界面如图 1-2 所示，主要包括功能区、快速访问工具条、菜单、资源条、工作区和提示行 / 状态行等。其中，工作区是最大区域，显示当前模型。

（1）功能区　功能区由各功能选项卡构成，功能选项卡以命令按钮的形式集中显示。用户可以自定义各功能选项卡中的命令，将常用命令添加在选项卡中，也可以自己创建新的选项卡。

*查找命令：通过命令查找器输入关键词或词组搜索匹配项，可以方便地使用隐藏命令，如输入“基本曲线”，可以调出“基本曲线”对话框。

（2）部件导航器　部件导航器如图 1-3 所示，通过单击资源条中“部件导航器”按钮打开。部件导航器以树的形式显示当前活动模型中的所有特征，零件模型由部件导航器的所有特征构成。部件导航器记录了模型上添加的所有内容，部件导航器中显示的内容和模型特征一一对应。

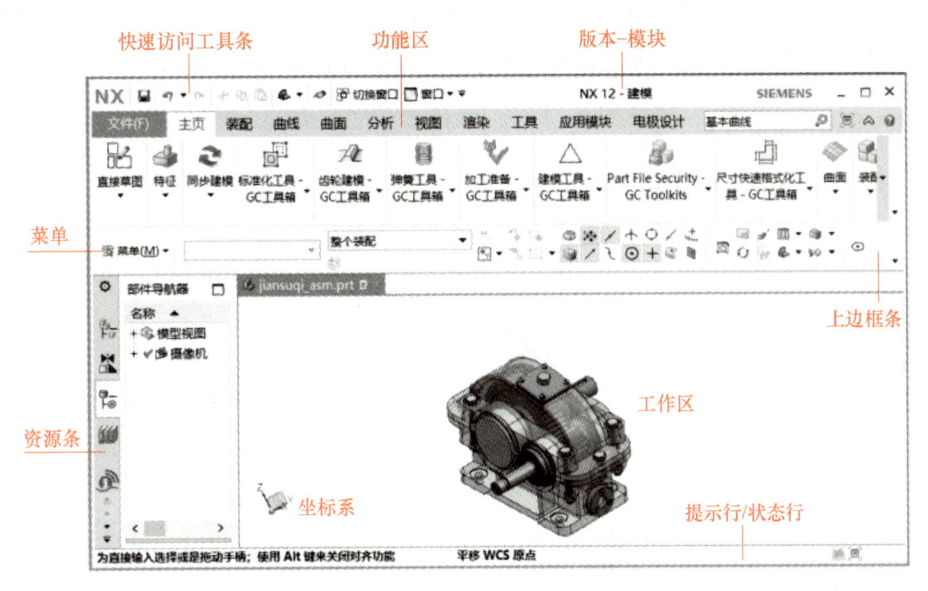

图 1-2　UG NX12.0 的工作界面

也可以通过部件导航器对特征进行选择查看（同时在工作区对应显示）、重命名、隐藏 / 显示、抑制、删除等常用操作。拖动特征可以调整造型顺序。右击特征命令，选择“编辑参数”或“可回滚编辑”，重新定义尺寸和位置；双击操作也有同样作用。

3. 文件操作

文件操作包括新建文件、打开文件、关闭文件和保存文件。

新建文件：选择“文件”→“新建”命令或使用快捷键 <Ctrl+N>，过滤器中的单位选择“毫米”，可以设置中文名称，如图 1-4 所示；打开文件：选择“文件”→“打开”命令或使用快捷键 <Ctrl+O>，即可进入“打开”对话框，选择要打开的文件；关闭文件：选择“文件”→“关闭”命令，可选择性地关闭文件，如“保存关闭”“另存并关闭”。

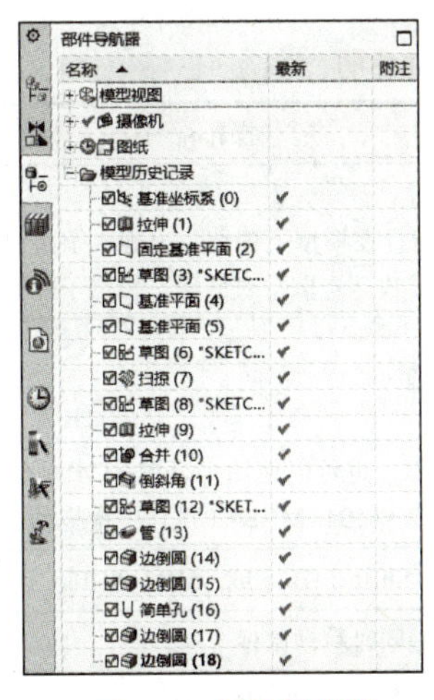

图 1-3　部件导航器

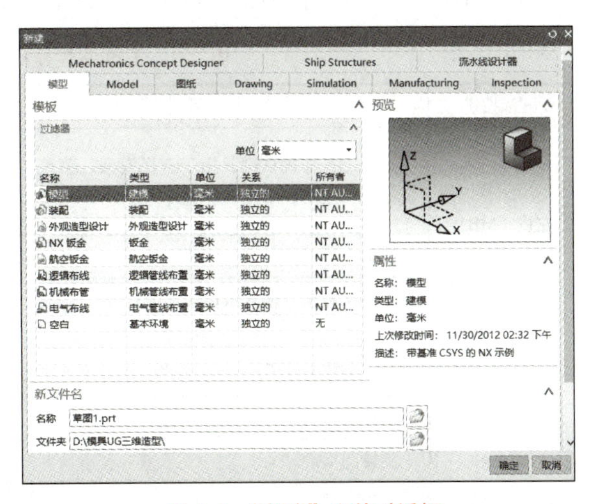

图 1-4　“新建”文件对话框

也可以把文件保存至自定义路径：选择“文件”→“实用工具”→“用户默认设置”→“基本环境”→“目录”命令，单击“部件文件目录”中的“浏览”按钮（图 1-5），确定后打开要保存的目标文件夹。该项功能需重启软件才可生效。

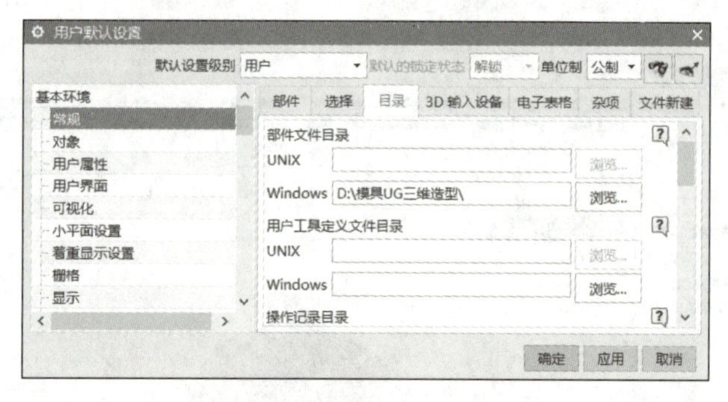

图 1-5　设置默认保存路径

1.1.2　软件参数设置与操作方式

1. 软件参数设置

UG NX 参数设置主要用于系统控制。常用的设置是首选项和用户默认设置。

（1）首选项　主要用于设置 UG NX 的默认控制参数。菜单中的“首选项”子菜单提供了全部参数设置的功能，如草图首选项设置、用户界面设置、对象设置、背景设置、栅格设置等。

（2）用户默认设置　用户可以设置合适的默认配置环境，如基本环境、建模、草图、制图、加工等环境的配置。

2. 鼠标和键盘操作

（1）鼠标操作　鼠标的使用频率非常高，可以实现对象选择、执行绘图命令，还可以进行图形的平移、缩放、旋转，快捷菜单等操作。鼠标的左、中、右键分别对应软件中的 MB1、MB2、MB3，表 1-1 列出了三键滚轮鼠标的应用与操作说明。

表 1-1　三键滚轮鼠标的应用与操作说明

鼠标按键	应用	操作说明
左键（MB1）	选择、操作确认键，用于选择模型、菜单、快捷菜单、工具栏等或执行命令	单击左键 * 鼠标指针在模型上停留，出现 3 个小白点时单击左键，出现“快速选取”对话框，相当于选择过滤器
	激活模型特征，重新编辑	双击左键
	激活文本框，输入数值	
中键（MB2）	放大或缩小图形	滚动中键，也可以使用组合键 <Ctrl+MB2>（压住中键拖动）或 <MB1+MB2>（压住中键拖动）
	平移图形	组合键 <Shift+MB2> 或 <MB2+MB3>
	旋转图形	按住中键同时移动鼠标
右键（MB3）	显示不同的快捷菜单	在不同对象上单击右键

（2）键盘操作

<Enter> 键：相当于单击“确认”按钮，进行确认操作。

<Tab> 键：在对话框的不同文本框间从上到下切换。

<Shift+Tab> 组合键：同 Tab 键相反，在对话框的文本框间从下到上切换。

<Shift+MB1> 组合键：取消已选择的对象（模型或曲线）。

<Ctrl+D> 组合键：删除已选择的对象，功能同快捷菜单中选择“删除”命令。

<Ctrl+Z> 组合键：取消上一步操作。

3. 常用功能的快捷方式

1）主菜单命令：<Alt+ 对应字母 >，例如，插入功能的快捷方式是 <Alt+S> 键。

2）放正模型：先使模型放至接近正确视图位置，再按 <F8> 键。

3）显示 / 隐藏坐标系 WCS：<W> 键。

4）模型大小适应窗口：<Ctrl+F> 键。

5）结束当前绘图命令：单击鼠标中键或 <Esc> 键。

6）重复上一命令：快捷菜单中的“重复”命令。

7）隐藏对象：选中对象，按 <Ctrl+B> 键，隐藏模型或曲线。

8）显示已隐藏的对象：选择“菜单”→“编辑”→“显示和隐藏”→“显示”命令，选取要显示的对象。

9）编辑对象显示：选中对象，使用快捷键 <Ctrl+J>，可以改变对象图层、颜色、线型、宽度、透明度等显示属性。

任务 2　简单草图绘制

❖ 学习目的

1. 掌握直线、圆、圆弧、矩形等多种草图绘制命令的应用与操作方法。
2. 掌握修剪、倒斜角、倒圆角、阵列等编辑命令的应用与操作方法。
3. 掌握草图尺寸标注和几何约束的应用与操作方法。

❖ 学习重点

选用合适的草图绘制命令和编辑命令绘制简单草图。

❖ 学习难点

掌握简单草图的绘制技巧和绘制方法；掌握曲面绘制方法。

1.2.1　U 形槽压板草图绘制

绘制图 1-6 所示的 U 形槽压板草图。

1. 任务分析

U 形槽压板草图是形状简单的草图，由直线、斜线和 U 形槽构成，有多种绘制方法。第一种方法是图形复原法：外轮廓可以看作矩形 + 倒斜角；内轮廓可以看成矩形 + 倒圆角，

因此用图形复原 + 几何约束比较合适，使用的主要草绘命令有矩形、倒角、倒圆、尺寸标注、几何约束。第二种方法是一步成形法：先完成 1/4 轮廓再进行两次镜像，使用轮廓、尺寸标注、几何约束、镜像曲线命令。

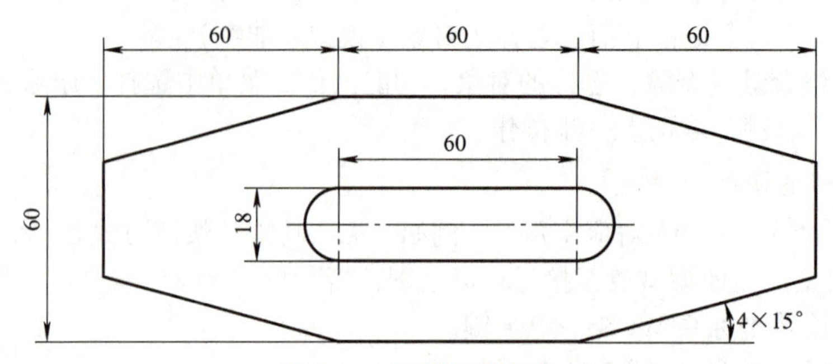

图 1-6　U 形槽压板草图

图形复原法的绘制思路如下。

1）新建模型文件。

2）选择草图平面 *XY*。

3）绘制外轮廓矩形。

4）绘制内轮廓 U 形槽。

一步成形法的绘制思路如下。

1）绘制第一象限的 1/4 外轮廓形状。

2）两次镜像约束后的外轮廓形状。

3）对外轮廓进行尺寸标注。

4）绘制内轮廓。

绘制本实例应该掌握的草图绘制命令有“直线”“圆弧”“矩形”“轮廓”“倒圆角”“倒斜角”“镜像曲线”“尺寸标注”“几何约束”和“转换为参考”。

2. 任务实施

分析图 1-6 所示草图，可以用两种方法绘制，先用图形复原法完成，再换用一步成形法完成。

1.2.1

（1）图形复原法绘制步骤

1）新建模型文件。选择“文件”→“新建”命令，单击“模型”按钮，输入名称为“U 形槽压板—图形恢复法 .prt”，单击“确定”按钮。

2）选择草图平面 *XY*。单击功能区“主页”选项卡中的“草图”按钮，弹出“创建草图”对话框，在工作区选择 *XY* 平面，单击“确定”按钮，进入 *XY* 草图平面，如图 1-7 所示。如果系统默认草图平面是 *XY*，也可以直接单击“确定”按钮。草绘时以草图的对称中心为原点。

3）外轮廓矩形的绘制。单击“直接草图”中的“矩形”按钮，单击“从中心”按钮，捕捉原点为矩形中心，水平方向拖动鼠标指针出现水平约束符号（图 1-8），确定后再竖直方向拖动鼠标指针，得到大致尺寸的矩形。

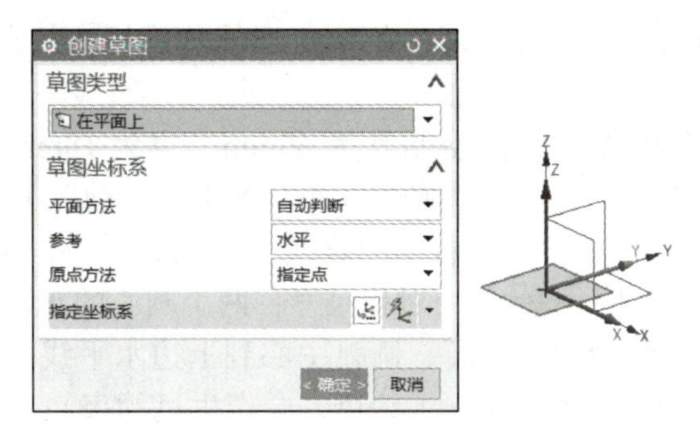

图 1-7　创建草图平面 *XY*

提示：系统默认重复上一命令，退出当前命令可以单击鼠标中键或按 <Esc> 键。

标注矩形尺寸：单击“尺寸标注”中的“快速标注”按钮，标注长度尺寸为 180mm，宽度尺寸为 60mm，草图处于全约束状态。

绘制倒斜角：单击“倒斜角”按钮，选择“偏置和角度”方式，设置距离为 60mm，角度为 15°，如图 1-9 所示。按顺序选择矩形的水平线和竖直线进行倒斜角，共进行 4 次，标注 4 次尺寸“60”“15°”，如图 1-10 所示。这时草图处于欠约束状态，缺少两个约束，原因是矩形被倒斜角修剪后破坏了原始矩形约束，增加 2 个中点约束。单击“几何约束”按钮，选择“中点”方式，依次选择水平线和原点，完成第 1 次对中约束；同样完成竖直线和原点的第 2 次对中约束，这时草图处于全约束状态。

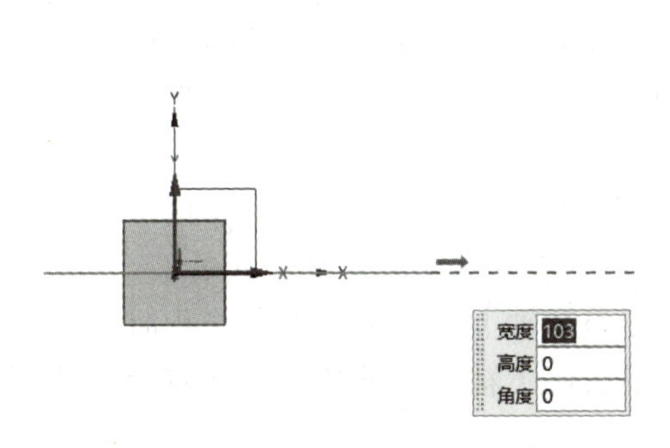

图 1-8　绘制矩形时的水平约束

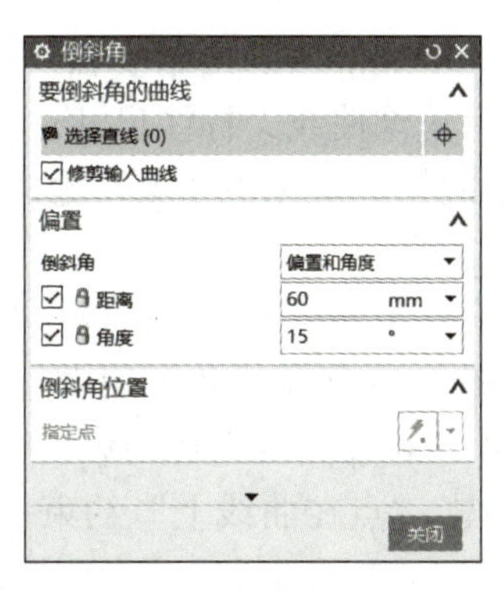

图 1-9　倒斜角设置

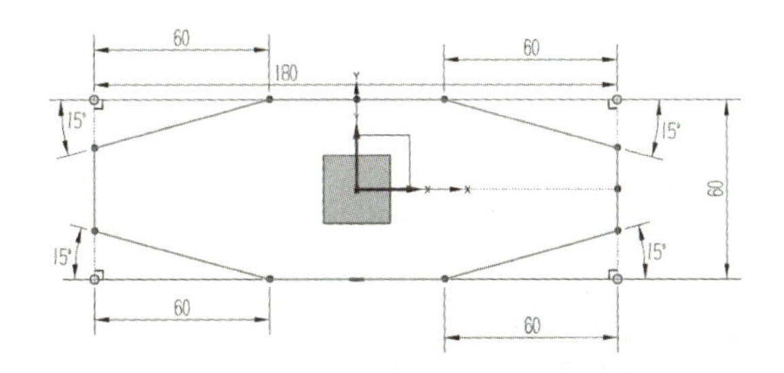

图 1-10　倒斜角并完全约束

4）内轮廓U形槽的绘制。先绘制内轮廓矩形，然后用3条直线倒圆角，最后标注尺寸。

同绘制外轮廓矩形操作一样，绘制长为60mm、宽为18mm的矩形（不必标注尺寸）：单击“倒圆角”按钮，先在右侧倒圆角，激活“修剪”方式，单击“删除第3条曲线”按钮，依次选择下、上、右侧的直线，完成倒圆角；左侧倒圆角时依次选择上、下、左侧直线；标注U形槽的4个对称尺寸：两个圆心的水平距离“60”、左圆心到*Y*轴距离“30”、U形槽竖直距离“18”、圆弧中心到上边水平线的竖直距离“9”（不能标注圆弧半径9，完全倒圆角已经建立了约束，会产生过约束）；倒圆角时破坏了原始矩形约束，增加了上边水平线到原点的竖直距离“9”（或标注圆弧中心到*X*轴的竖直距离“0”），草图变为全约束，如图1-11所示。单击“完成草图”按钮，退出草绘状态，保存文件，至此完成任务1草图的绘制。

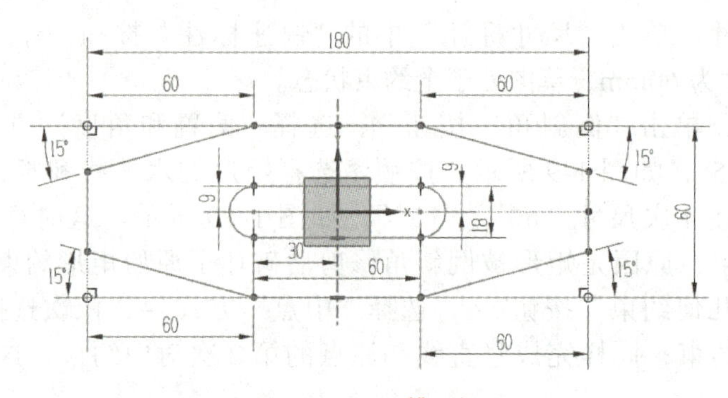

图1-11　U形槽压板

（2）一步成形法的绘制步骤　先绘制外轮廓矩形；用“轮廓”命令绘制1/4外轮廓矩形，约束后镜像曲线，标注尺寸；再绘制内轮廓U形槽，用矩形、圆、修剪命令完成。

1）绘制第一象限的1/4外轮廓形状。新建模型文件，输入名称为“U形槽压板——一步成形法.prt”。

绘制第一象限的1/4外轮廓形状：单击“轮廓”按钮，连续绘制水平线、斜线、竖直线，如图1-12所示。绘制时关注显示的直线长度，使之大致接近图样尺寸。

对1/4外轮廓曲线进行约束，分别建立端点在坐标轴上的约束：单击“几何约束”按钮，单击“点在曲线上”约束按钮，使左端点在*Y*轴上、下端点在*X*轴上，约束后的形状如图1-13所示（第一象限中的图形）。

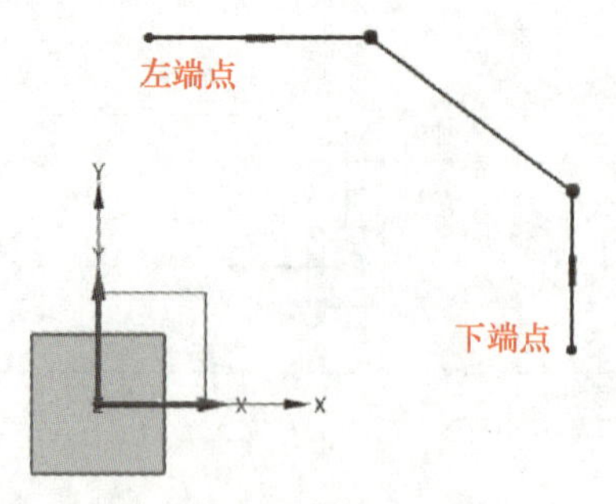

图1-12　用“轮廓”命令绘制1/4外轮廓

2）两次镜像约束后的外轮廓曲线。单击“镜像曲线”按钮，要镜像的曲线为 3 条直线，中心线为 *X* 轴，单击“应用”按钮后继续对 *Y* 轴进行镜像，结果如图 1-13 所示。

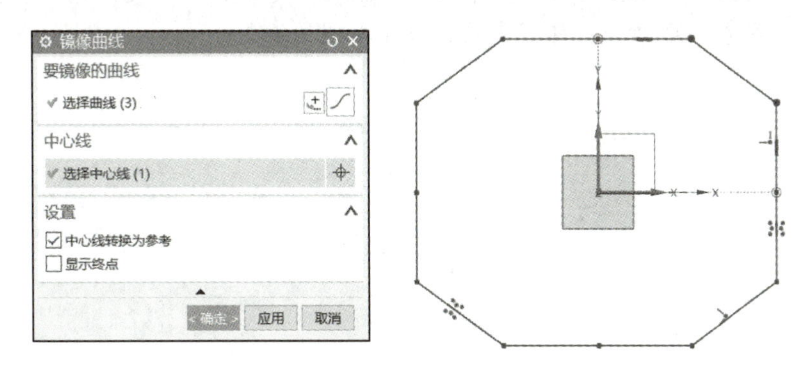

图 1-13　分别以 *X* 轴、*Y* 轴为中心线进行镜像

3）对外轮廓进行尺寸标注。单击“快速标注”按钮，标注水平线尺寸为“60”、竖直尺寸为“60”，斜角端点到下端点的水平距离为“60”、角度为“15°”，完成外轮廓的绘制，如图 1-14 所示。

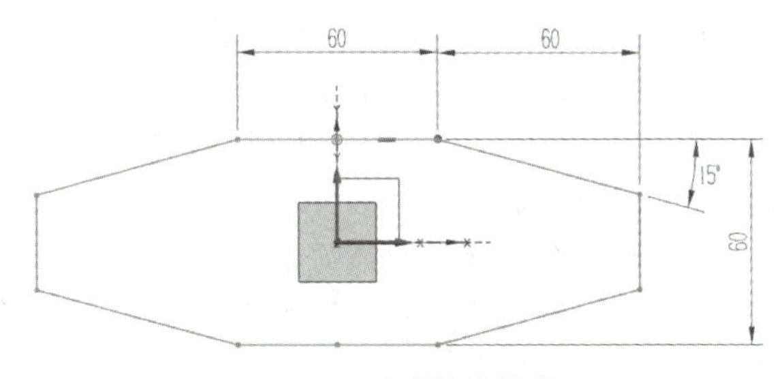

图 1-14　完成的外轮廓

4）绘制内轮廓。单击“矩形”按钮，单击“从中心”按钮，先绘制矩形，再用“圆”命令绘制右侧整圆，使圆心为竖直线中点 3，圆经过竖直线端点 4。将整圆对 *Y* 轴进行镜像（图 1-15），并标注 U 形槽两圆中心距离尺寸为“60”、U 形槽宽度尺寸为“18”。

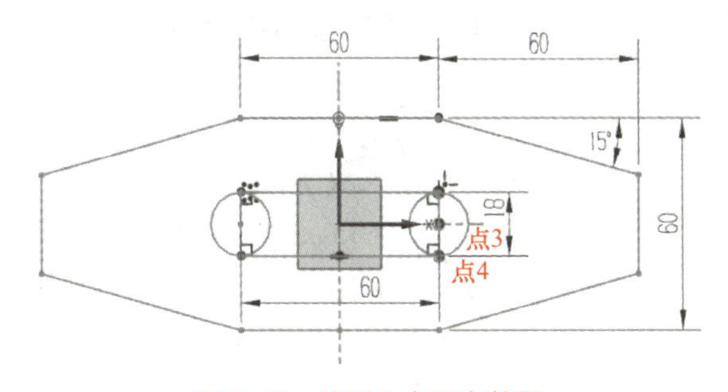

图 1-15　绘制左右两个整圆

修剪整圆使之成为 U 形槽：单击“快速修剪”按钮，点选右侧整圆的左半部分即可，同时修剪左侧整圆的右半部分，结果如图 1-16 所示，图形处于全约束状态。

注意：这时左右两条竖直中心线不能删除，删除后原垂直关系将被破坏，删除一条竖线多一个欠约束。应该把两条竖直中心线转换为参考线，同时选中两条竖直中心线，单击“转换为参考”按钮，即可完成任务 1 草图的绘制。

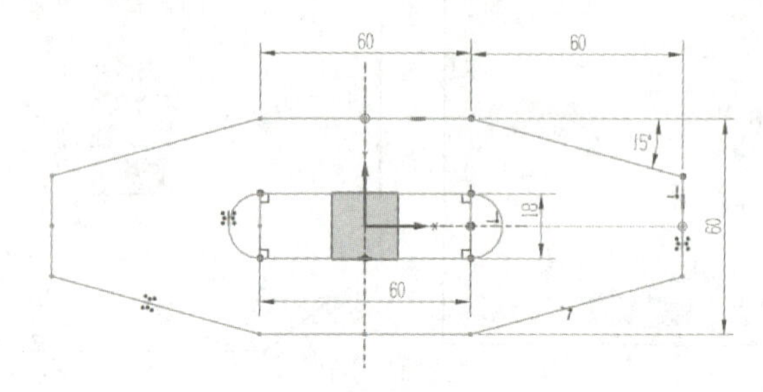

图 1-16　修剪后的图形

3. 任务小结与拓展

本任务为绘制常见的草图，是拉伸特征的截面草图，故放在 *XY* 平面；对称图形的原点在对称中心；内外有多个轮廓，可以按由大到小的顺序绘制。

图形复原 + 几何约束的绘制方法适合完成简单草图。该任务的 U 形槽是水平放置、只有一个封闭轮廓，属于简单 U 形槽，可以用图形复原方法；如果 U 形槽斜向放置或有内外两层轮廓，不建议使用这种方法。该草图还可以直接用直线、圆弧命令绘制全部形状，要建立的几何约束比较多，故在此不推荐。

使用图形复原法时，会发现一个问题：绘制好的矩形被完全约束，倒斜角后变为欠约束，修剪破坏了原来自动判断建立的约束关系，需增加约束，这是用图形复原法应注意的问题。

采用一步成形法主要基于草图的外轮廓形状简单且对称。

草图曲线与建模曲线的绘制、编辑方法基本类似。不同的是，草图曲线更易于精确地控制形状、尺寸及位置参数。在绘制草图的开始阶段可以不必在意尺寸是否准确，只要绘制大致轮廓（图形显示比例适当）即可。草图准确的形状、尺寸和位置要通过尺寸约束（尺寸标注）、几何约束确定，属于尺寸驱动设计。

根据所学草图绘制知识，完成图 1-17 所示弯钩草图的绘制。

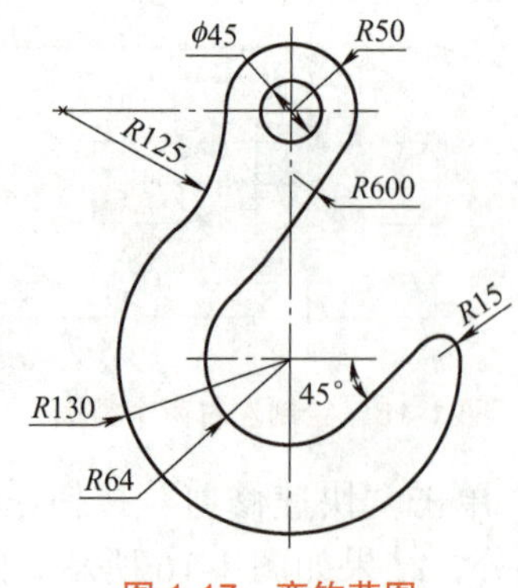

图 1-17　弯钩草图

1.2.2　轮辐式棘轮草图绘制

绘制图 1-18 所示的轮辐式棘轮草图。

1. 任务分析

轮辐式棘轮是一个规律分布的零件，外轮廓均匀分布着 24 个相同棘齿，可先绘制 1 个棘齿再进行圆形阵列；内轮廓均匀分布有 4 个相同形状的轮辐，可以先绘制 45° 辅助线和 R25mm 整圆，再绘制 12° 切线及其他曲线（或先绘制 12° 切线和直径为 350mm 的圆，再倒 R25mm、R13mm 圆角，进行相切约束和 45° 方向约束），修剪成 1 个轮辐后进行圆形阵列。可以先绘制外面棘齿再绘制里面轮辐，绘制草图时建议关掉“连续自动标注尺寸”功能（在草图界面单击“更多”按钮，单击“草图工具”下的“连续自动标注尺寸”按钮）。主要命令是圆、直线、倒圆角、旋转、阵列曲线、尺寸标注、几何约束、连续自动标注尺寸等。绘制轮辐式棘轮的流程如图 1-19 所示。

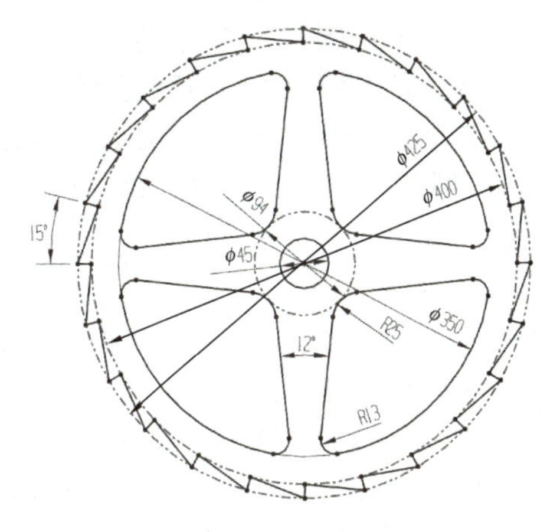

图 1-18　轮辐式棘轮草图

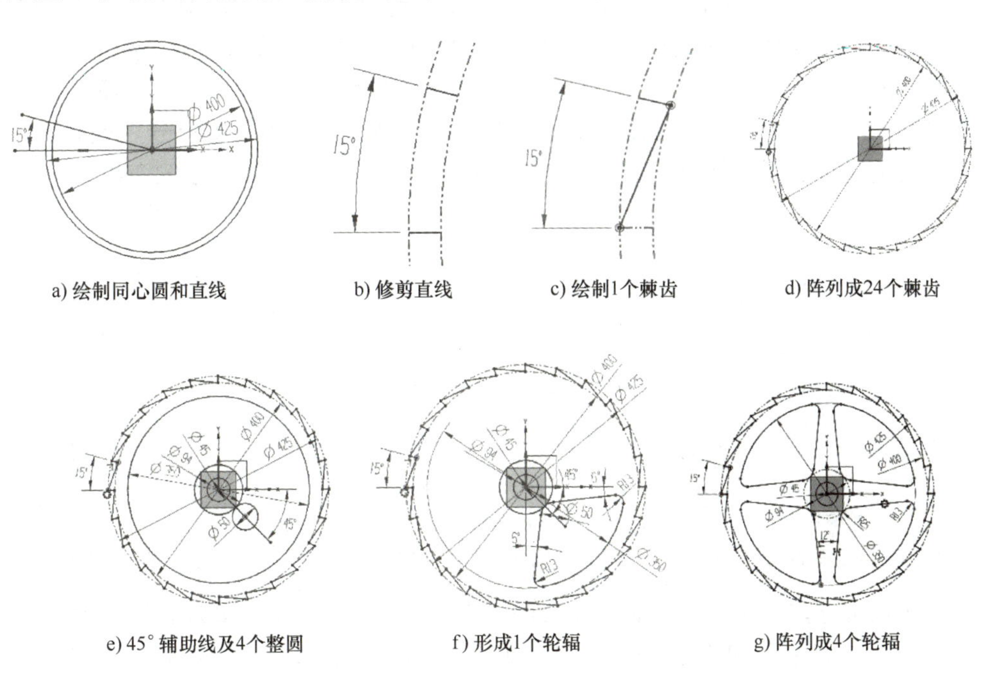

a) 绘制同心圆和直线　b) 修剪直线　c) 绘制1个棘齿　d) 阵列成24个棘齿

e) 45° 辅助线及4个整圆　f) 形成1个轮辐　g) 阵列成4个轮辐

图 1-19　轮辐式棘轮绘制流程图

绘制轮辐式棘轮草图的思路如下。

1）绘制棘轮 ϕ425mm、ϕ400mm 的同心圆和 15° 夹角直线。

2）修剪 15° 夹角直线，得到齿形线 1。

3）绘制棘轮的齿形线 2，形成 1 个棘齿。

4）阵列成 24 个棘齿。

5）绘制轮辐的45°辅助线，绘制ϕ350mm、ϕ94mm、ϕ45mm、R25mm的4个整圆。

6）绘制轮辐的12°切线及倒R13mm圆角，形成1个轮辐。

7）阵列成4个轮辐，完成草图绘制。

通过棘轮草图的绘制应该掌握的命令有“直线”“整圆”“阵列曲线–圆形”“倒圆角”“几何约束”“尺寸标注”“连续自动标注尺寸”。

2. 任务实施

1.2.2

（1）绘制棘轮ϕ425mm、ϕ400mm的同心圆和15°夹角直线

1）首先绘制ϕ425mm、ϕ400mm的同心圆，圆心在草图原点，如图1-20所示。新建文件，单击“草图”按钮，选择XY平面，单击“确定”按钮，打开“创建自动判断约束”命令（步骤：选择“菜单”→“工具”→“草图约束”→“创建自动判断约束”命令）。单击“圆”按钮○，圆心捕捉草图原点，绘制ϕ425mm和ϕ400mm整圆并标注尺寸。

2）绘制左侧夹角为15°的两条线，如图1-20所示。单击“直线”按钮，从原点开始绘制水平线，绘制大致角度的斜线，标注夹角为15°。

（2）修剪15°夹角直线　用“快速修剪”命令修剪15°夹角直线，如图1-21所示，得到齿形线1。选中ϕ425mm圆并右击，选中快捷菜单中的“转换为参考”命令。同理，把ϕ400mm圆和水平线也转换为参考线。关注草图的约束状态应为全约束。

（3）形成棘轮的1个棘齿　用“直线”命令绘制齿形线2，如图1-22所示，分别捕捉交点和象限点，注意捕捉时出现对应的“相交”或“象限点”符号才能确定。如无法捕捉，则激活“启用捕捉点”。1个完整的棘齿由齿形线1和齿形线2组成。

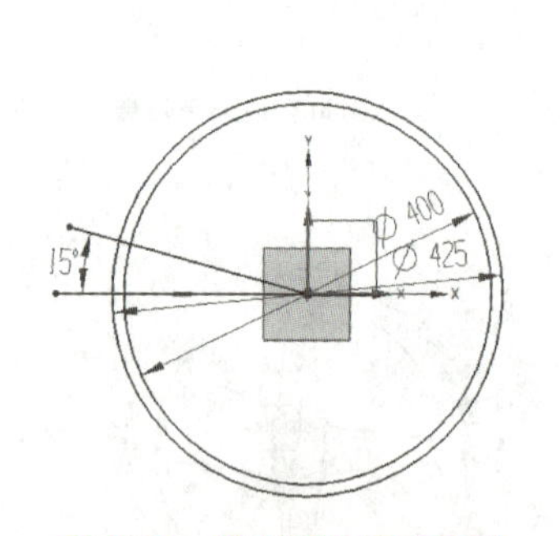

图1-20　绘制同心圆和直线

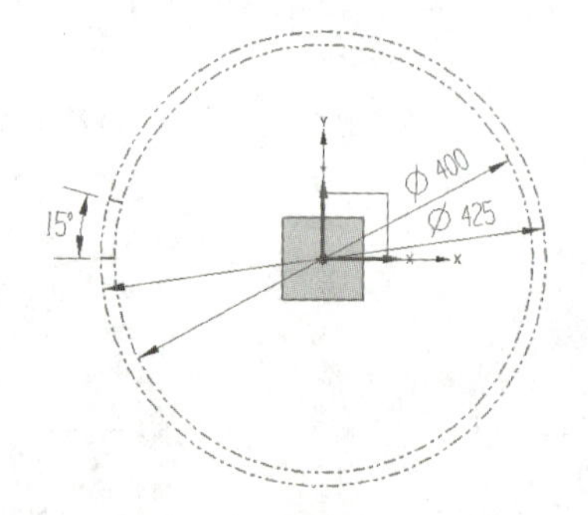

图1-21　修剪2条直线

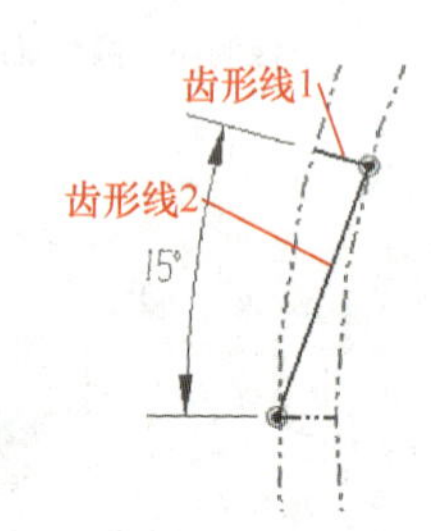

图1-22　形成1个棘齿

（4）阵列成24个棘齿　单击“阵列曲线”按钮，设置“阵列曲线”对话框，如图1-23所示。要阵列的曲线选择齿形线1和齿形线2（图1-22），布局为“圆形”，旋转点捕捉原点，间距选择“数量和跨距”，数量为“24”，跨角为“360°”，单击“确定”按钮后得到图1-24所示的24个棘齿。

（5）绘制轮辐45°辅助线及4个整圆　单击“圆”按钮○，绘制ϕ350mm、ϕ94mm、ϕ45mm的3个同心圆；单击“直线”按钮，绘制45°辅助线，在该辅助线上绘制R25mm整圆，用“相切约束”使R25mm圆和ϕ94mm圆相切。标注所有尺寸（图1-25）后发现“草图需要1个约束”，单击“快速修剪”按钮，修掉超出R25mm圆的部分，这时提示“草图已完全约束”。辅助线作为源曲线不能删除，应把它转换为参考线。

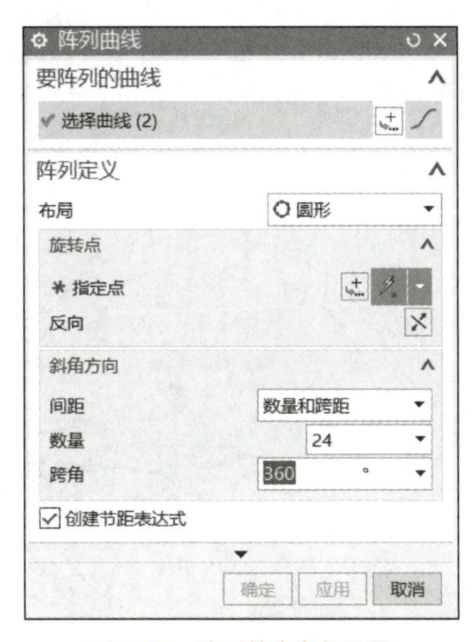

图 1-23　阵列棘齿参数设置

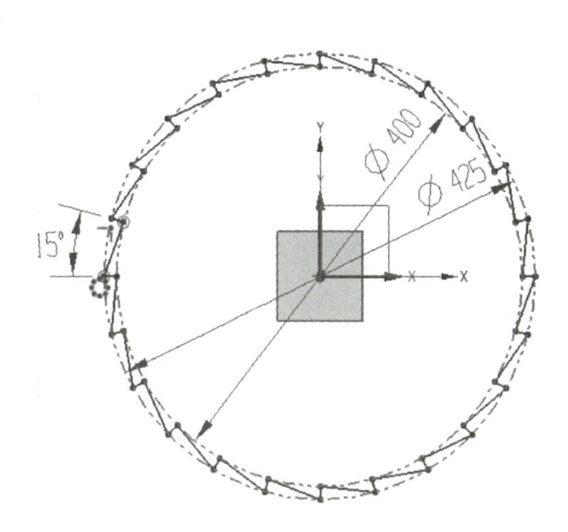

图 1-24　阵列成 24 个棘齿

（6）绘制轮辐 12° 切线及倒 R13mm 圆角　单击“直线”按钮，绘制 R25mm 圆的 2 条切线，绘制时关注出现“相切”标记和切线的倾斜方向，标注 2 处角度为 6°。单击“倒圆角”按钮，对切线和 ϕ350mm 圆进行 2 次倒 R13mm 圆角。用“快速修剪”命令把 R25mm 圆、ϕ350mm 圆的多余部分修剪掉，得到图 1-26 所示的 1 个完整的轮辐。

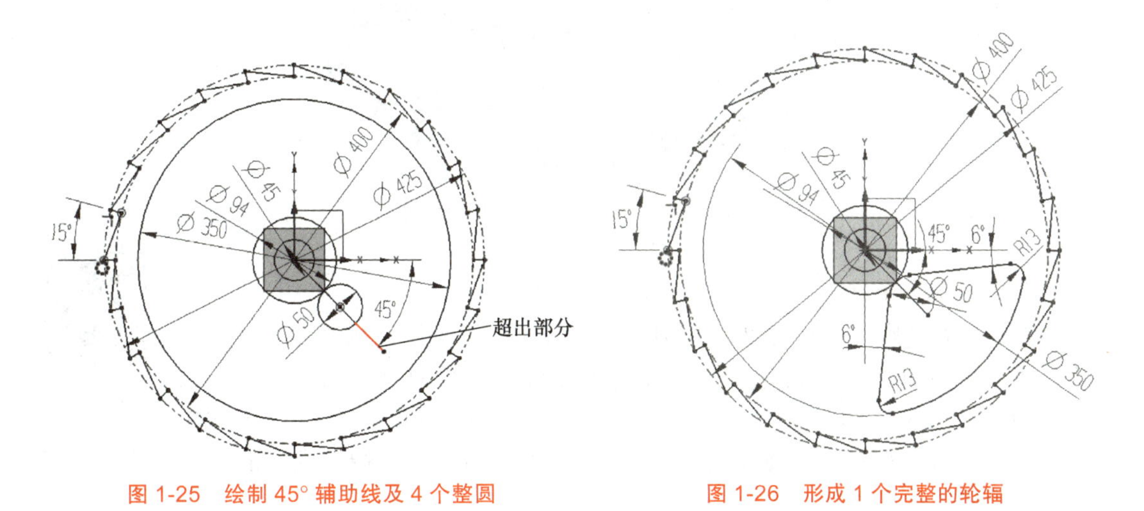

图 1-25　绘制 45° 辅助线及 4 个整圆

图 1-26　形成 1 个完整的轮辐

（7）圆形阵列成 4 个轮辐　单击“阵列曲线”按钮，设置“阵列曲线”对话框（图 1-27），布局选择“圆形”，间距选择“数量和跨距”，数量为“4”，跨角为“360°”，单击“确定”按钮后得到 4 个轮辐。根据图样把 ϕ94mm 整圆转换为参考线。整理标注的尺寸，至此完成图 1-28 所示轮辐式棘轮的草绘，保存文件。

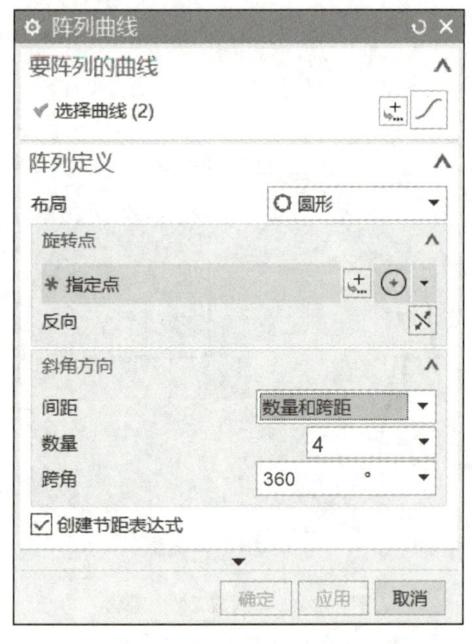

图 1-27　第 2 次阵列曲线参数设置

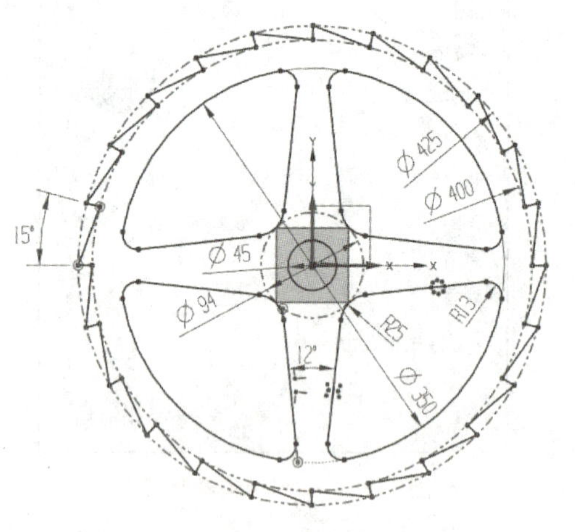

图 1-28　阵列后的轮辐式棘轮

可以继续尝试用“拉伸”命令把草图拉伸为高 25mm 的实体，如图 1-29 所示。

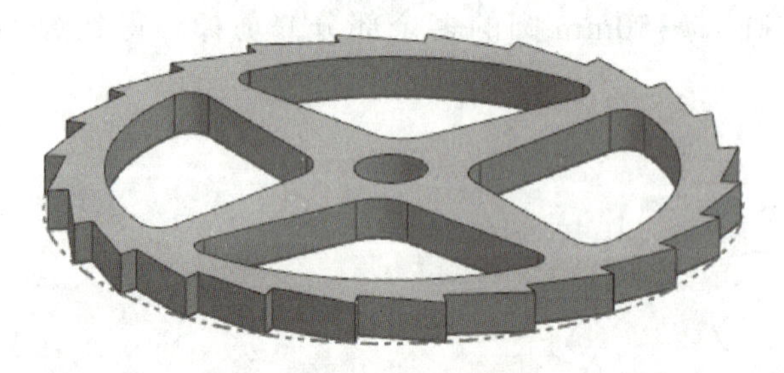

图 1-29　拉伸后的轮辐式棘轮

3. 任务小结与拓展

1.2.2 拓展

该棘轮的外轮廓、内轮廓都呈现圆形规律分布，可先绘制相对完整的 1 个形状再进行圆形阵列，一般先绘制外面的大轮廓、再绘制里面的小轮廓。绘图过程中要及时关注约束状态，出现欠约束时要分析原因。若有多余活动曲线，实体造型时会提示“截面无效”。多余活动曲线若是源曲线，则不能删除，可转为参考曲线，为实体造型做好准备。

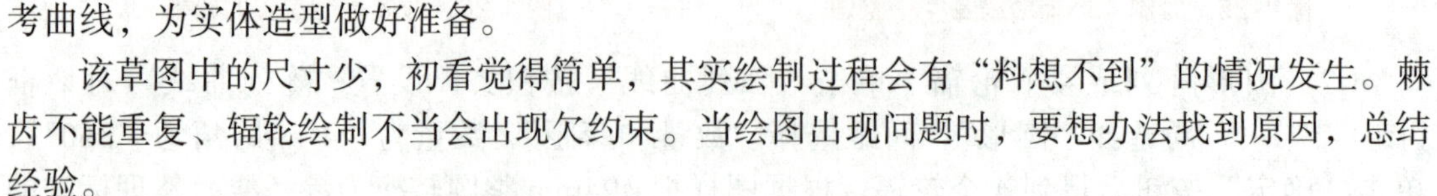

该草图中的尺寸少，初看觉得简单，其实绘制过程会有“料想不到”的情况发生。棘齿不能重复、辐轮绘制不当会出现欠约束。当绘图出现问题时，要想办法找到原因，总结经验。

根据所学草图绘制知识绘制图 1-30 所示的规律塑料件草图。

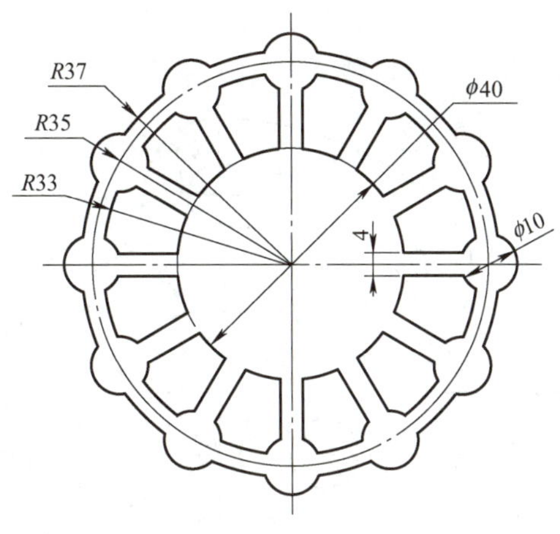

图 1-30　规律塑料件草图

任务 3　复杂草图绘制——塑料垫片草图绘制

❖ 学习目的

1. 掌握直线、圆、圆弧、矩形等多种草图绘制命令的应用与操作方法。
2. 掌握修剪、倒斜角、倒圆角、偏置等编辑命令的应用与操作方法。
3. 掌握复杂草图尺寸标注和几何约束的应用与操作方法。

❖ 学习重点

综合运用草图的各种绘制命令和编辑命令绘制复杂草图。

❖ 学习难点

掌握复杂草图的绘制顺序和绘制方法。

试绘制图 1-31 所示的塑料垫片草图。

1. 任务分析

塑料垫片的草图轮廓比较复杂，主要特征是圆弧多、尺寸多、倒圆角多。绘制这个复杂草图可以划分为 5 部分进行，以便化复杂为简单。该图形可从中心圆弧入手，圆 ϕ68mm 的圆心为草图原点。绘图顺序为从右逆时针向左，分别为第 1 个 U 形槽、斜向同心圆、第 2 个 U 形槽、近矩形、中心多个切弧，用边分析、边绘制、边标注尺寸的方式完成。用到的主要命令有直线、圆弧、倒圆角、尺寸标注、几何约束和偏置。

绘制塑料垫片草图的流程如图 1-32 所示。

1）绘制两个同心圆，尺寸分别为 ϕ68mm 和 ϕ58mm，圆心在原点。

2）绘制右下角 30° 斜线和 ϕ8mm、ϕ16mm 圆及其 4 条公切线。

3）修剪 ϕ8mm、ϕ16mm、ϕ58mm 圆，形成第 1 个 U 形槽。

4）绘制右上角 30° 斜线和 ϕ6mm、ϕ14mm 的同心圆。

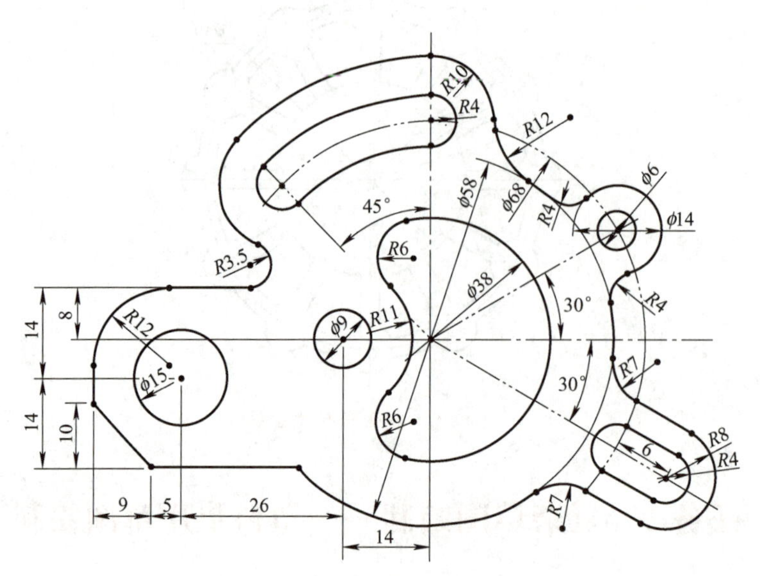

图 1-31　塑料垫片草图

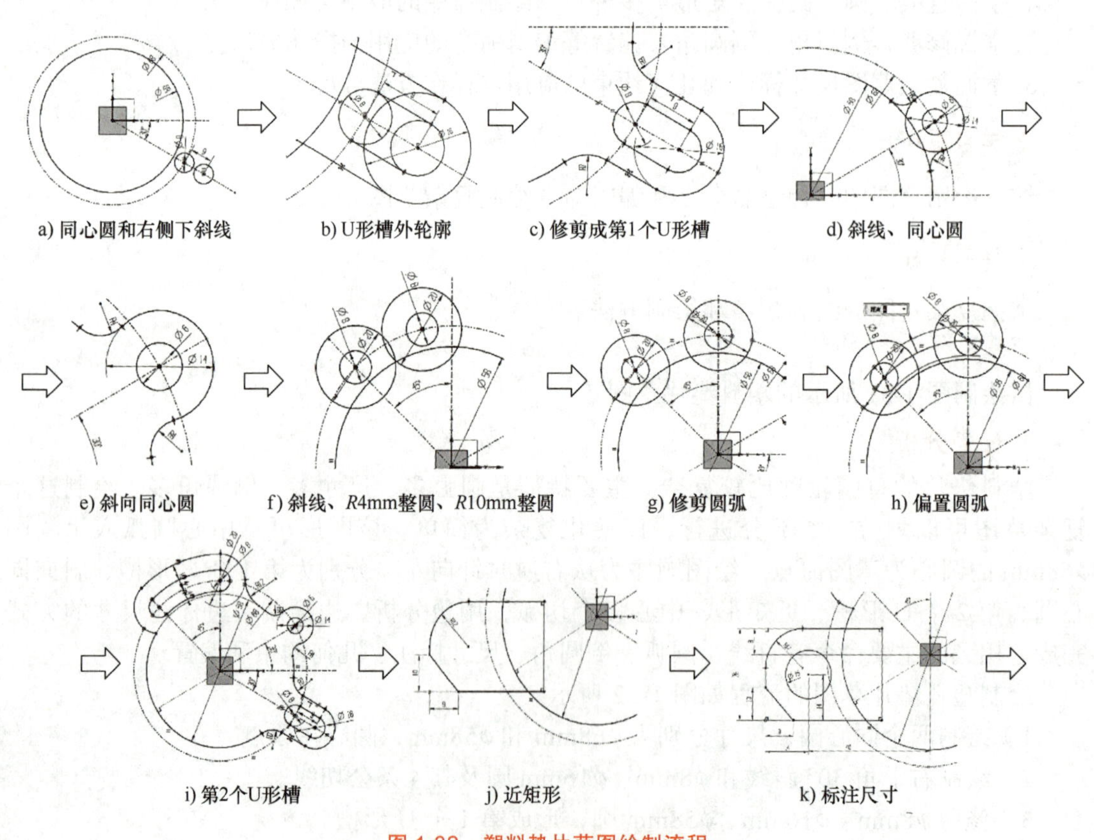

图 1-32　塑料垫片草图绘制流程

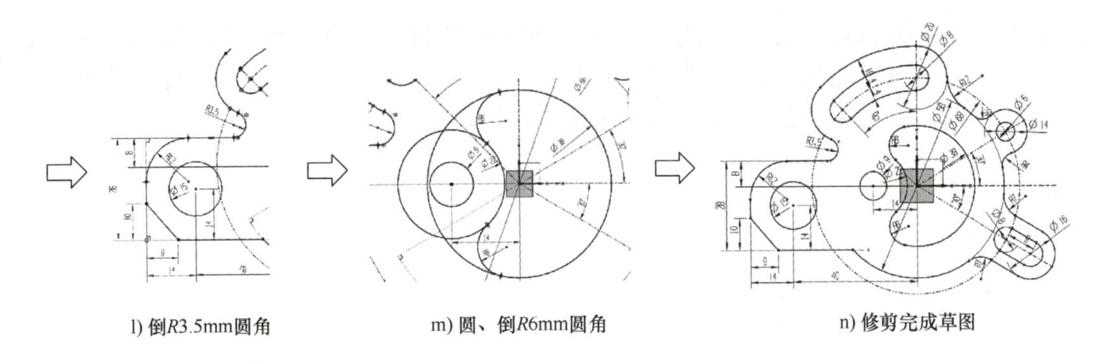

l) 倒R3.5mm圆角　　m) 圆、倒R6mm圆角　　n) 修剪完成草图

图 1-32　塑料垫片草图绘制流程（续）

5）修剪 ϕ58mm、ϕ14mm 圆，形成斜向同心圆轮廓。

6）绘制左上角 45° 斜线、ϕ8mm 和 ϕ20mm 圆。

7）修剪 ϕ68mm 圆。

8）偏置 ϕ68mm 圆，偏置距离为 4mm，对称偏置；再设置偏置距离为 10mm，向上偏置得到一条圆弧。

9）修剪 ϕ8mm、ϕ20mm 圆，形成第 2 个 U 形槽。

10）绘制近矩形（大致位置），倒斜角和 R12mm 圆角，标注尺寸“10”“9”“R12”。

11）绘制 ϕ15mm 圆，标注尺寸“28”“8”“14”“R12”“ϕ15”“40”“14”。

12）对近矩形上侧水平线和 ϕ20mm 圆弧倒 R3.5mm 圆角。

13）绘制中心 ϕ9mm、ϕ22mm 圆，约束圆心到原点，标注尺寸“ϕ9”“ϕ22”“14”；绘制 ϕ38mm 圆，标注尺寸“ϕ38”，倒两处 R6mm 圆角。

14）修剪 ϕ22mm、ϕ38mm 圆，完成绘制，检查尺寸并保存文件。

通过塑料垫片草图的绘制主要掌握的命令有“直线”“整圆”“圆弧”“倒圆角”“转换为参考”“几何约束”“几何约束 – 全约束”“尺寸标注”。

2. 任务实施

1.3

（1）绘制第 1 个 U 形槽　绘制 ϕ68mm 和 ϕ58mm 两个同心圆，圆心在草图原点。用“圆”命令○绘制 ϕ68mm 和 ϕ58mm 同心圆，并标注尺寸，把 ϕ68mm 圆转换为参考曲线。

（2）绘制右侧下斜线（和水平线成 30° 夹角）　用“直线”命令⟋从原点开始画至大致位置，标注角度 30°，并把它转为参考曲线（图 1-33）。

（3）绘制斜线上的 U 形槽　先用“圆”命令绘制 ϕ8mm 的圆，圆心为 30° 斜线和 ϕ68mm 圆的交点，需要激活捕捉工具条中的“相交”命令捕捉到交点，并标注尺寸“ϕ8”；在斜线的大致位置画相距 9mm 的另外一个 ϕ8mm 圆；两个圆等径，用“等半径”命令进行约束，并标注平行距离为“9”，如图 1-33 所示。

单击“直线”按钮⟋，在切点附近选取 ϕ8mm 圆后再选取另一个 ϕ8mm 圆，当出现“相切”符号时，单击确定，如图 1-34 所示。同理，绘制另一条切线（也可以进行镜像操作）。

（4）绘制 U 形槽的外轮廓　先绘制 ϕ16mm 的圆，用“圆”命令完成，此圆和外侧 ϕ8mm 的圆同心（图 1-34），并标注尺寸“ϕ16”；绘制下斜参照线的平行线，选择“直线”命令，在 ϕ16mm 圆切点附近单击，会自动找到合适的切点，画至和 ϕ58mm 圆相交位置（为倒 R7mm 圆角做准备），出现“平行” ⫽ 符号时单击进行确定，直线可以适当超出 ϕ58mm 圆；同理，绘制另一条平行线（或者进行镜像操作）。

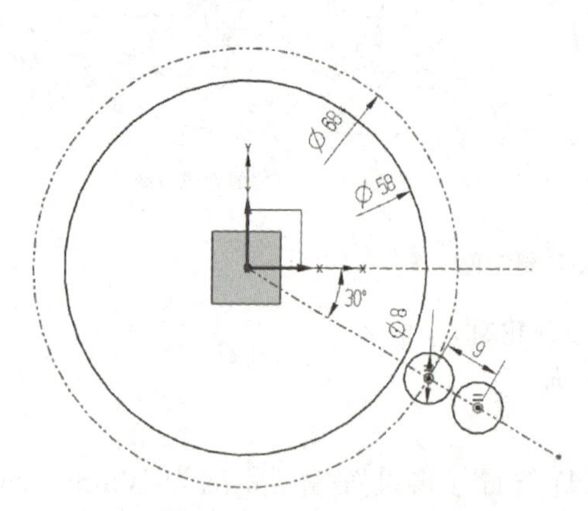

图 1-33　绘制同心圆和 U 形槽中心线

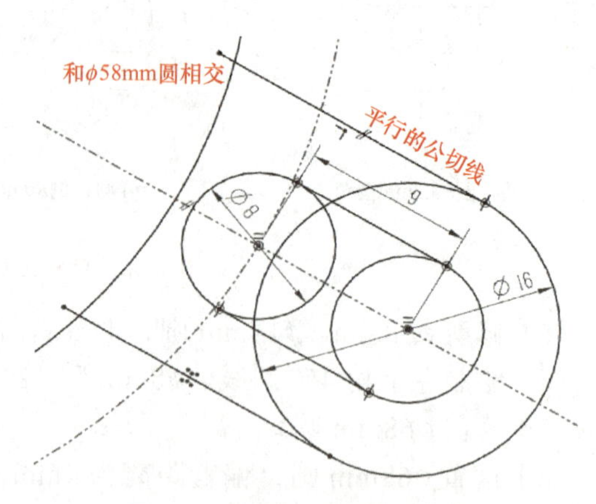

图 1-34　绘制 U 形槽的外轮廓

（5）倒 R7mm 圆角，修剪 U 形槽　单击“倒圆角”按钮，设置“修剪”模式，选取 ϕ58mm 圆和平行线，输入半径“7”；同理，进行另一侧对称倒 R7mm 圆角；单击“快速修剪”按钮，修剪 U 形槽，选取的位置是要修剪掉的部分，包括 ϕ8mm、ϕ16mm 和 ϕ58mm 圆的部分圆弧，U 形槽中心线（参考线）超出的部分也要修剪掉。至此完成第 1 个 U 形槽的绘制，如图 1-35 所示，这时图形处于全约束状态。

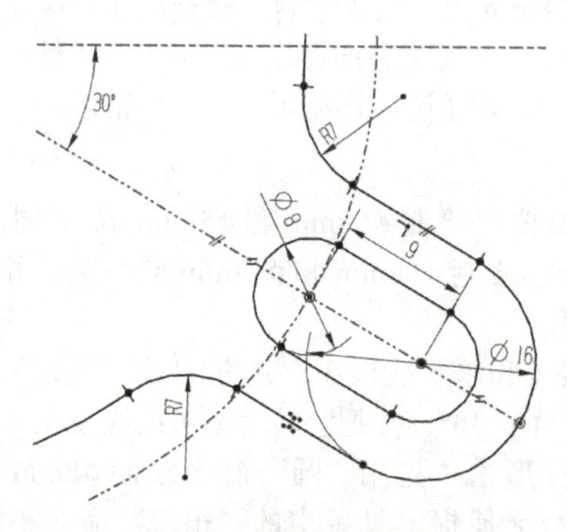

图 1-35　修剪成 U 形槽

（6）绘制第 2 个斜向同心圆　绘制过程中采用边绘制、边标注尺寸的方式。如图 1-36 所示，先画斜向上 30° 的直线（方法同上），再画 ϕ14mm、ϕ6mm 两个同心圆，圆心为斜线和 ϕ68mm 圆的交点；倒两次 R4mm 圆角，选择“取消修剪”方式（因为两个圆弧要进行两次倒圆角，不能用修剪方式）；用“快速修剪”命令，选择要修掉的部分。至此完成斜向同心圆结构的绘制，如图 1-37 所示。

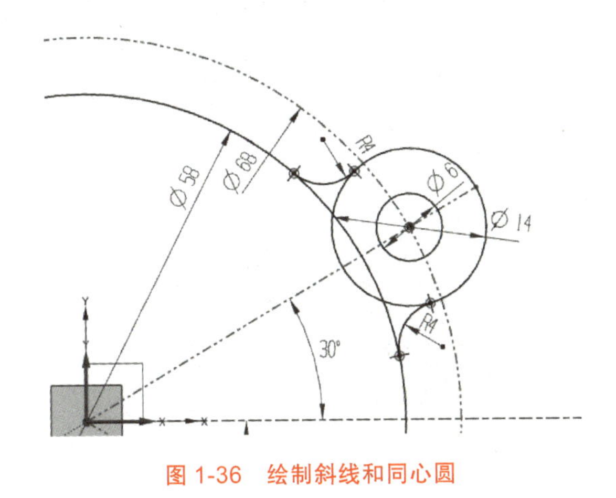

图 1-36　绘制斜线和同心圆

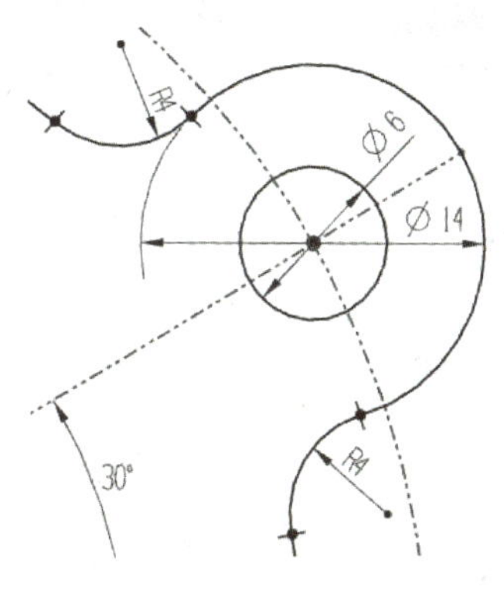

图 1-37　修剪同心圆

（7）绘制第 2 个 U 形槽　如图 1-38 所示，先绘制 45° 的参考斜线；然后绘制 ϕ8mm、ϕ20mm 的同心圆，圆心为 45° 斜线和 ϕ68mm 圆的交点；再绘制 ϕ8mm、ϕ20mm 圆，圆心在 ϕ68mm 圆上，通过“点在曲线上”约束命令，使圆心在 Y 轴上（图 1-39）。也可以预先绘制通过 Y 轴的直线，圆心是直线和圆 ϕ68mm 圆的交点。

利用偏置命令绘制 U 形槽，如图 1-39 所示。先修剪 ϕ68mm 圆，使之单独在两个 ϕ8mm 圆之间，为偏置功能做准备。单击“偏置曲线”按钮，按照图 1-40 所示设置偏置参数，选择要偏置的圆弧（图 1-39），偏置距离为 4mm，勾选“对称偏置”，单击“应用”按钮后得到图 1-41 所示的两个偏置圆弧。同理，设置偏置距离为 10mm，得到 1 个偏置圆弧（图 1-42）；ϕ20mm 和 ϕ58mm 圆之间倒 R12mm 圆角，选用“取消修剪”方式，选择两个圆弧倒 R12mm 圆角。用“快速修剪”命令，修剪多余的曲线，得到图 1-42 所示的第 2 个 U 形槽。

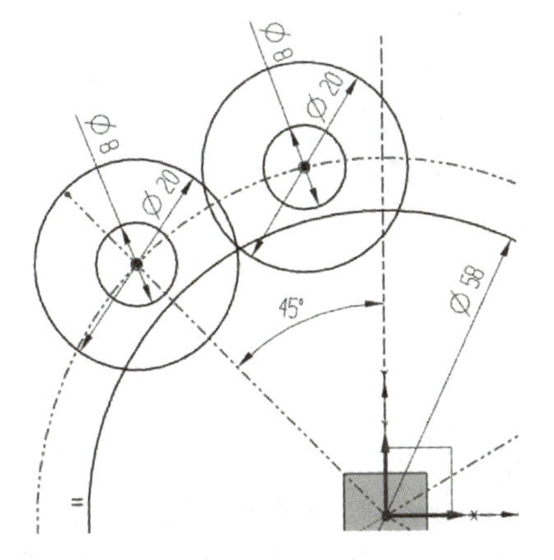

图 1-38　绘制斜线及 ϕ8mm、ϕ20mm 同心圆

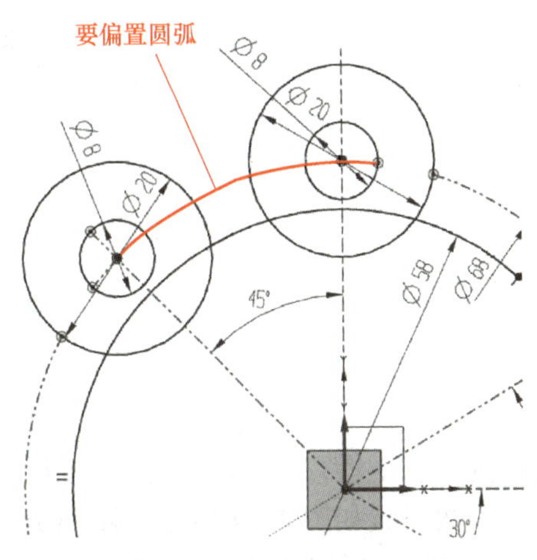

图 1-39　修剪要偏置的 ϕ68mm 圆弧

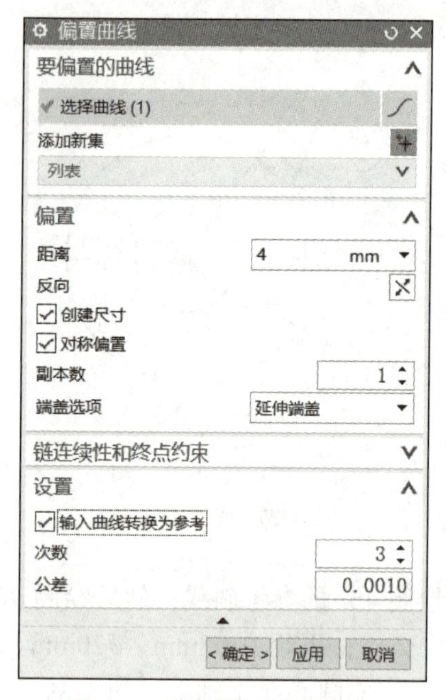

图 1-40 “偏置曲线”对话框

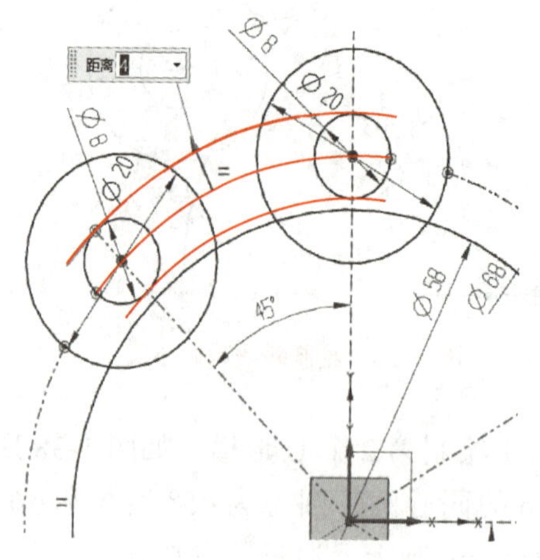

图 1-41 生成两个偏置圆弧

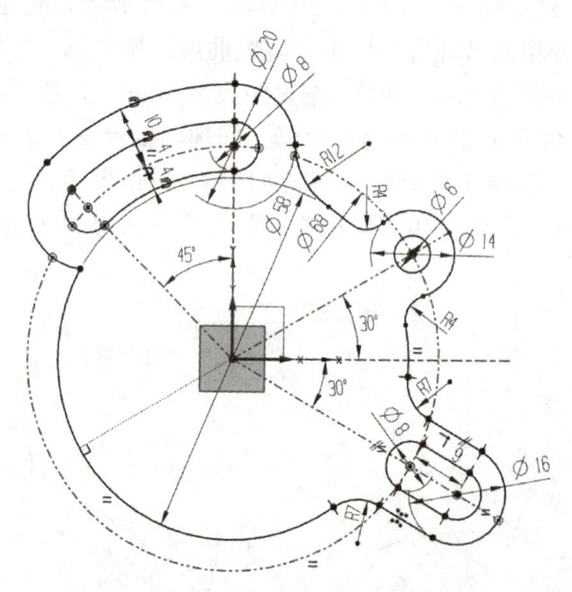

图 1-42 绘制的第 2 个 U 形槽

（8）绘制左下角的近矩形 如图 1-43 所示，用“矩形”命令中的“从中心”方式在大致位置绘制矩形；用“修剪方式”进行 R12mm 倒圆角；用“非对称”方式倒斜角，“倒斜角”参数设置如图 1-44 所示，距离分别为 10mm、9mm，按顺序选择竖直线和水平线；如图 1-45 所示，绘制 ϕ15mm 圆，圆心在大致位置即可，标注直径尺寸“ϕ15”，标注圆心到矩形左边的水平距离为“14”（9+5）、圆心到矩形下边的垂直距离为“14”、圆心到原点的水平距离为“40”（26+14）；标注矩形的高为“28”（14+14）、矩形上边到原点的垂直距离为“8”；用“快速修剪”命令修剪矩形的两条水平线、一条竖直线（图 1-45）。继续倒 $R3.5$mm 圆角（图 1-46），采用修剪方式，选择矩形上水平线和 $\phi20$mm 圆，因为逆时针生成圆角，所以先选直线后选圆弧；修剪 $\phi58$mm 圆多余的部分，至此完成图 1-46 所示的左下角近矩形的绘制。

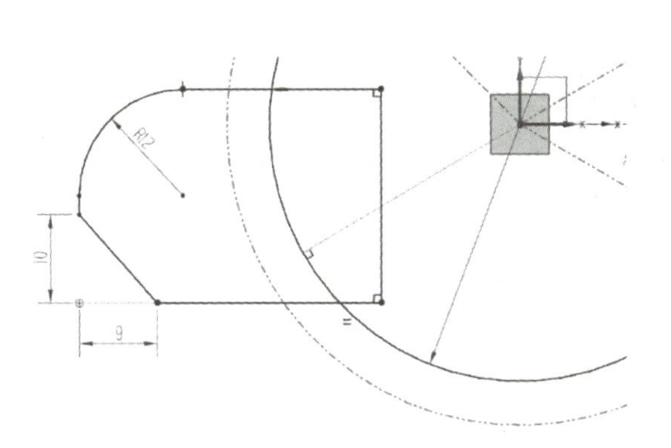

图 1-43　绘制矩形并倒圆角和倒斜角

图 1-44　“倒斜角”对话框

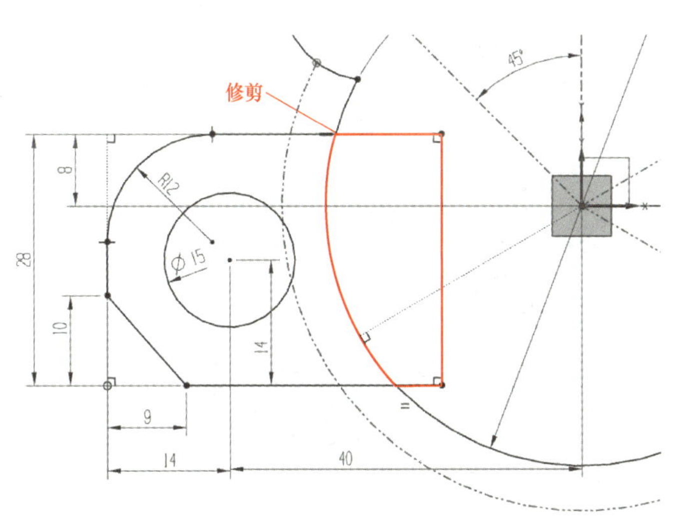

图 1-45　标注近矩形尺寸

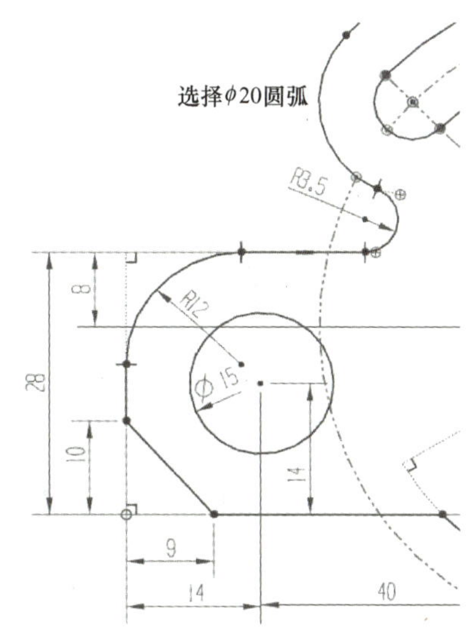

图 1-46　倒 $R3.5$mm 圆角

（9）绘制中心多个圆　如图 1-47 所示，先绘制 $\phi9$mm 和 $\phi22$mm 同心圆，用“点在曲线上”约束命令把圆心约束在 X 轴上，标注直径尺寸“$\phi9$”“$\phi22$”，标注圆心到原点的水平距离为“14”；绘制 $\phi38$mm 的圆，圆心在原点，标注直径尺寸“$\phi38$”。

先倒两处 $R6$mm 圆角。单击“倒圆角”按钮，选用“取消修剪”方式，选取 $\phi38$mm 和 $\phi22$mm 的圆，得到图 1-47 所示的两处倒圆角；再用“快速修剪”命令修掉 $\phi38$mm 和 $\phi22$mm 圆的多余圆弧，得到图 1-48 所示的草图。

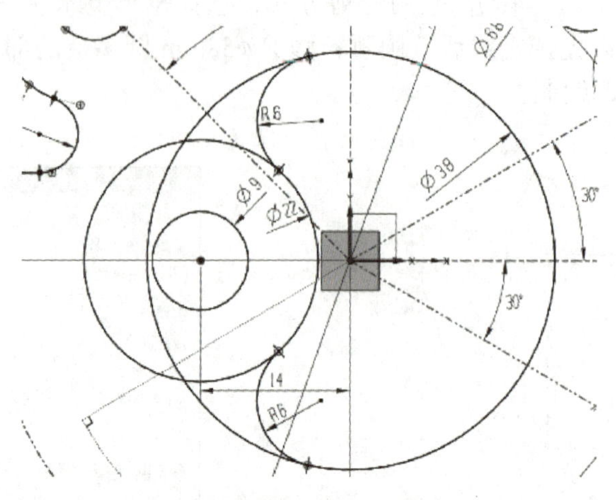

图 1-47　两处倒 *R*6mm 圆角

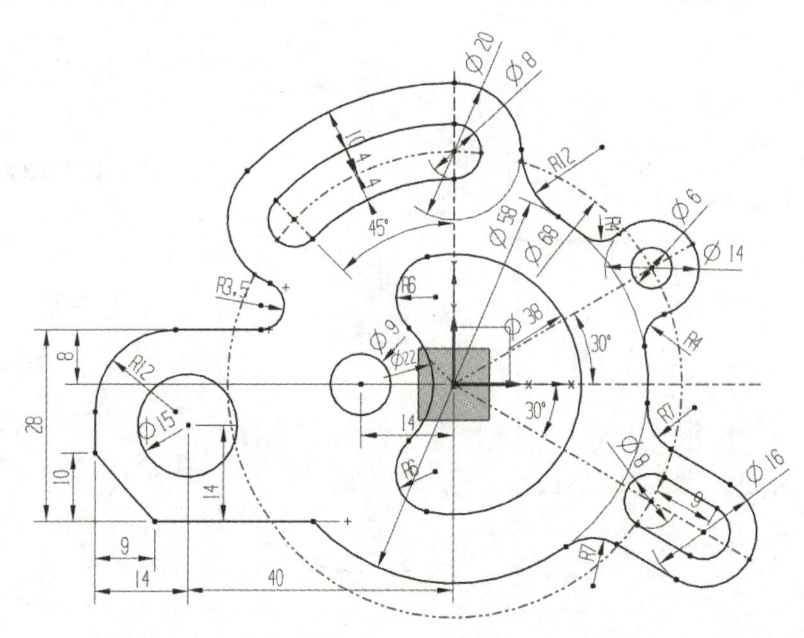

图 1-48　修剪后最终的草图

3. 任务小结与拓展

本任务是一个比较复杂的草图的绘制，通常要划分成 5 部分依次绘制。综合使用了多个绘制、尺寸标注和几何约束命令，采用边分析、边绘制、边标注的方式进行。每绘制一部分图形时都要查看约束状态，以便后续顺利绘图。根据所学草图绘制知识完成图 1-49 所示复杂板草图的绘制。

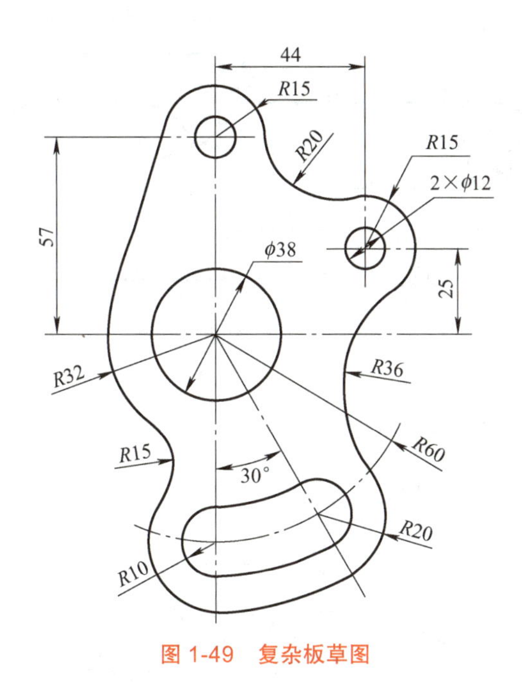

图 1-49　复杂板草图

1.3 拓展

你知道吗?

你知道浙江工匠陈楚吗? 你了解浙江工匠陈楚是如何追求精湛、极致的工匠精神吗?

模具钳工是制模具的一个工种，制作的模具与规定的形状和尺寸偏差越小，说明模具做得越好，陈楚有着深厚的钳工技术功底，陈楚对这个偏差的底线是 0.01mm。0.01mm 是什么概念? 一般来讲，一个成年人的头发丝的直径约是 0.08mm，模具钳工的技术工艺要求误差通常是不高于 0.02mm，严苛的大型制造业企业对误差的要求是 0.015mm 以内。从踏入钳工行业开始，多年以来，陈楚始终以极致的 0.01mm 要求自己，一直坚持到现在。他指导学生及青年教师参加国家级第十五届、第十六届振兴杯技能比赛，荣获 3 个全国冠军、二等奖 1 个。先后获得全国五一劳动奖章、浙江省首席技师、浙江省劳动模范、杭州市第五届“杭州工匠”等诸多国家级、省市级荣誉。

从陈楚追求 0.01mm 偏差的精神，我们知道，他的成功源于始终严格要求自己。他的语录是:“努力不一定成功，但不努力一定不会成功。”他从不满足于当前的技术水平，总是不断寻求技术的突破，追求从 99.9% 到 99.99% 的进步。所以我们要成就一项技能，需要不断地积累技术功底，追求更高的技术境界，用执着专注、精益求精、一丝不苟、追求卓越的工匠精神激励自己。

知识巩固与拓展

1. 绘制图 1-50 所示的底板草图。

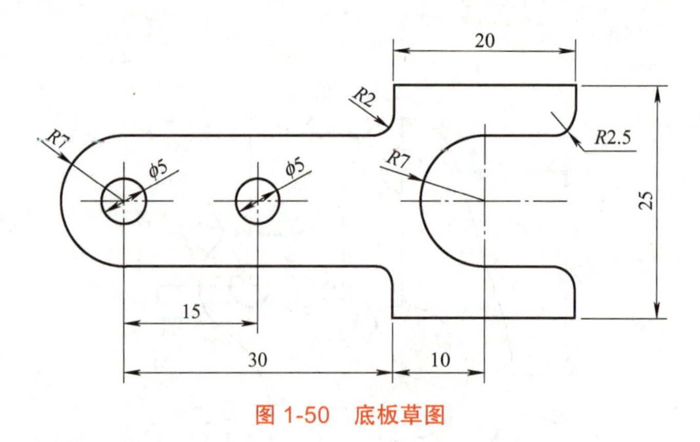

项目 1
拓展题 1

图 1-50　底板草图

2. 绘制图 1-51 所示的橡胶片草图。

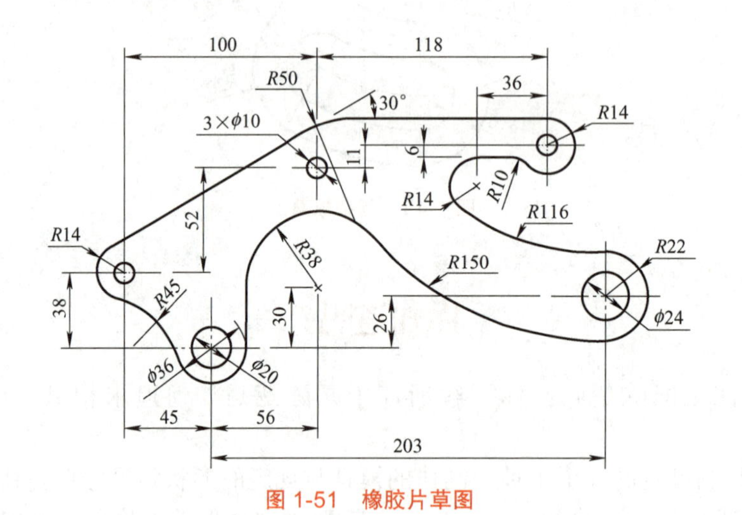

项目 1
拓展题 2

图 1-51　橡胶片草图

项目 2　零件实体造型

【项目导读】

UG NX 提供了强大的三维建模功能，分为实体和曲面两大部分，构图思路类似。实体建模更接近人们的思维习惯，曲面建模是高级功能。本项目主要介绍实体建模。

UG NX 实体建模功能强大，创建实体和编辑实体命令非常方便。实体建模时基础的实体命令是拉伸、旋转、扫掠。此外常用的实体创建和编辑命令还有孔、腔体、筋板、阵列特征、镜像特征、抽壳、边倒圆、面倒圆、倒斜角、拔模，为了在各个方位上建模，还会用到基准特征。本项目通过实例让读者深入了解 UG NX 基于特征的参数化建模方式，从简单到复杂，在任务中体验实体建模的规范，提高自己的建模能力。

【知识目标】

1. 学习实体零件造型的思路和方法。
2. 学习使用拉伸、旋转、扫掠等实体命令构建实体模型。
3. 学习使用孔、阵列特征、镜像特征、抽壳、边倒圆、倒斜角、拔模等命令构建实体模型。

【能力目标】

1. 具备编制实体零件造型流程图的能力。
2. 具备使用 UG NX 实体建模和编辑命令完成简单实体建模的能力。
3. 具备使用 UG NX 实体建模和编辑命令完成复杂实体建模的能力。

【素养目标】

1. 通过编制造型流程图，培养学生整体分析、举一反三的能力。
2. 通过构建实体模型，培养学生脚踏实地、严谨认真的工作态度。
3. 通过构建复杂模型，培养学生不畏艰难、精益求精的工作作风。

任务1 简单零件实体造型

❖ 学习目的

1. 掌握拉伸、旋转、扫掠等创建实体命令的应用与操作方法。
2. 掌握孔、拔模、线性阵列、倒圆角、倒斜角、基准平面、槽、键槽、管道等命令的应用与操作方法。

❖ 学习重点

综合运用实体创建和编辑命令进行简单板块类、轴类、不规则零件的实体建模。

❖ 学习难点

掌握不同类型零件的实体造型方法。

2.1.1 V形装配板实体造型

完成图2-1所示的V形装配板的实体造型。

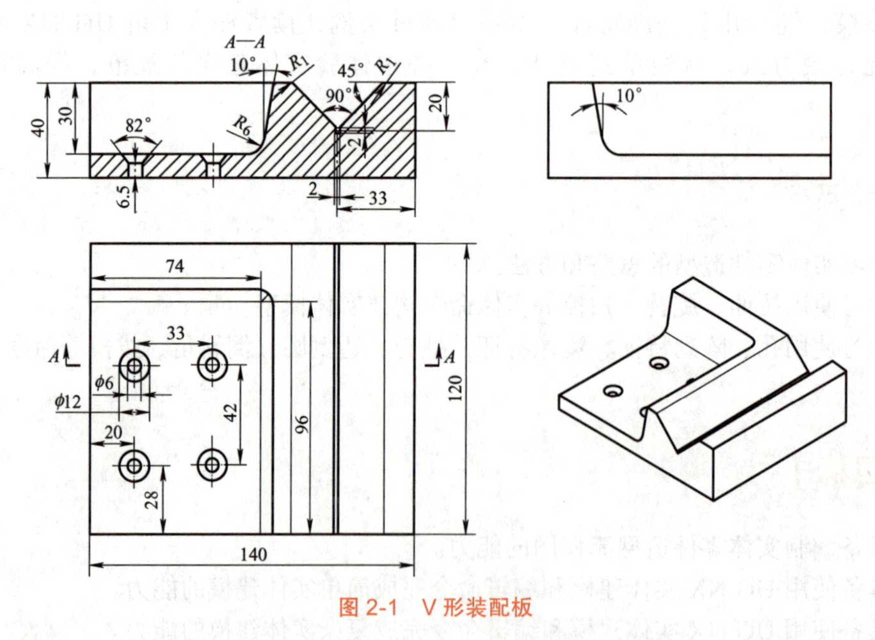

图2-1 V形装配板

1. 任务分析

（1）创建思路 V形装配板属于板类零件，模型主体是拉伸创建实体特征。构建V

形装配板的思路如下，流程图如图 2-2 所示。

1）用拉伸命令创建 140mm×120mm×40mm 的原始长方体，左后上顶点为原点。在 *XY* 平面绘制 140mm×120mm 的矩形草图，拉伸长度为 40mm。

2）绘制左侧矩形槽的草图。在原始长方体上表面绘制矩形草图，标注尺寸 74mm 和 96mm。

3）拉伸切割成矩形槽。单击“拉伸”按钮，选择上表面矩形草图，向下切割，距离为 30mm，应用布尔减去。

4）深槽侧面拔模。选择“插入”→“细节特征”→“拔模”命令，矢量方向为 ZC 轴，固定面为切槽底面，要拔模的面为切槽的两个侧立面，角度为 10°。

5）绘制 V 形装配槽的拉伸草图。绘制草图，标注尺寸为 33mm、20mm、1mm、2mm、2mm、90°、45°，斜线交点是 2mm×2mm 正方形中心。

6）创建 V 形装配槽。进入“拉伸”对话框，选择已绘草图，选择贯通和布尔减去。

7）倒 *R*6mm、*R*1mm 圆角。用边倒圆命令对左侧深槽的 3 条棱边倒 *R*6mm 圆角。继续对 V 形装配槽上表面的 2 条棱边倒 *R*1mm 圆角。

8）绘制 4 个埋头通孔草图。选择“设计特征”→“孔”命令，单击“绘制截面”按钮，选择深槽的底平面，绘制左下角点，标注尺寸 28mm、20mm；对点进行线性阵列，*X* 轴方向数量为 2、节距为 33mm、方向向右，*Y* 轴方向数量为 2、节距为 42mm、方向向上，得到 4 个点。

9）创建 4 个埋头通孔。完成点的草图后返回“孔”对话框。设置“埋头直径”为“12”，“埋头角度”为“82°”，“直径”为“6”，“深度限制”为“贯通体”，单击“确定”按钮。至此完成 V 形装配板的造型。

通过该实体造型主要掌握的命令有“拉伸 – 切割（布尔减去）”“孔 – 埋头孔”“实体 – 圆角”“阵列 – 线性”“拔模 – 面拔模”。

（2）拉伸特征 实体建模时常用到拉伸特征。拉伸指沿矢量拉拔一个截面以创建特征。一般情况下截面轮廓绘制在草图平面上（也可是建模曲线），沿着草图平面的垂直或倾斜方向进行直线伸展得到的实体。创建拉伸特征需要截面轮廓，并将截面轮廓绘制在合适的草图平面上，草图平面可以是现有平面，也可以是自定义平面。

1）“拉伸”对话框的设置。选择“菜单”→“插入”→“设计特征”→“拉伸”命令（或单击“主页”选项卡中“特征”工具栏中的“拉伸”按钮），进入图 2-3 所示的“拉伸”对话框，选择要拉伸的曲线，设置拉伸的开始、结束位置，设置拉伸的其他特殊选项并确定。

2）选择曲线。选择要拉伸的曲线，有“绘制截面”和直接选择现有曲线两种方式。用于拉伸的截面轮廓需满足以下要求。

① 截面轮廓要闭合，不能有缺口。如有缺口，只能拉伸成曲面模型，如图 2-4a 所示。

② 截面轮廓的图素（或称曲线）不能有多余部分，如图 2-4b 所示。

③ 截面轮廓不能有重复图素，如图 2-4c 所示。

④ 截面轮廓可以包含一个或多个线框，拉伸时外线框生成实体、内线框生成孔。内外线框之间不能有直线或圆弧相连，如图 2-4d 所示。

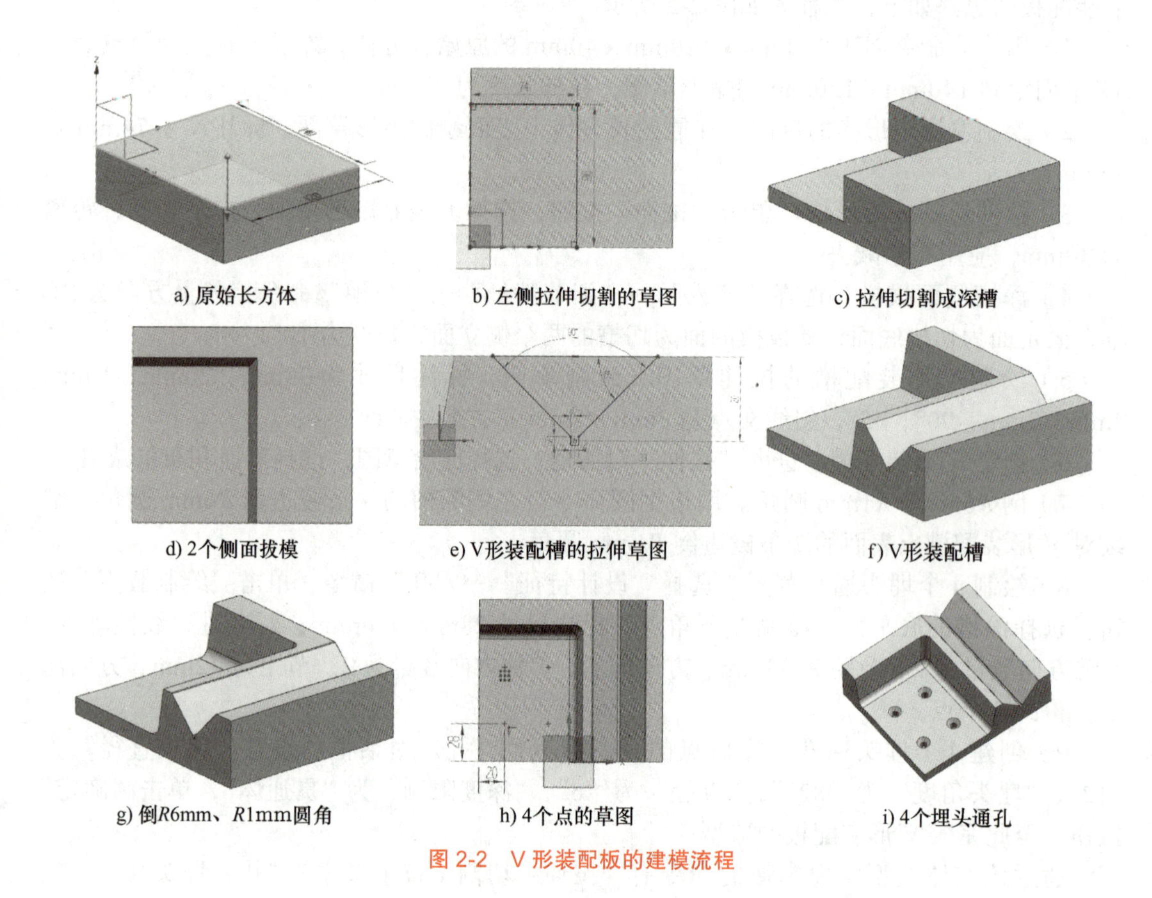

a) 原始长方体　b) 左侧拉伸切割的草图　c) 拉伸切割成深槽

d) 2个侧面拔模　e) V形装配槽的拉伸草图　f) V形装配槽

g) 倒R6mm、R1mm圆角　h) 4个点的草图　i) 4个埋头通孔

图 2-2　V 形装配板的建模流程

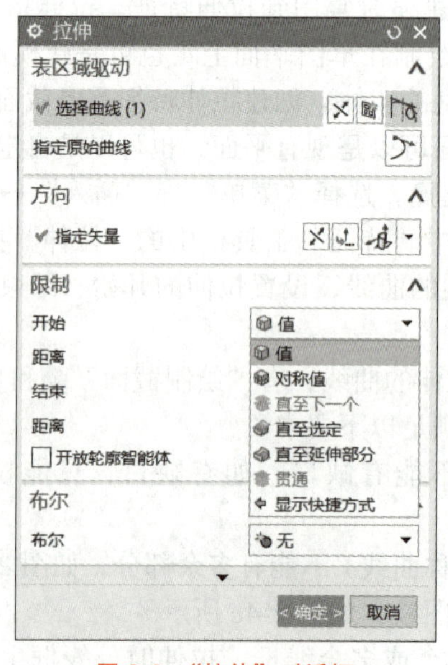

图 2-3　“拉伸”对话框

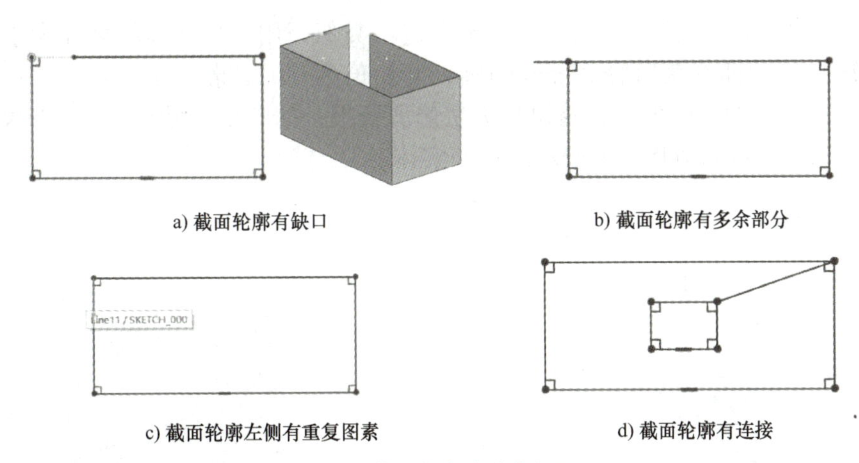

a) 截面轮廓有缺口　　b) 截面轮廓有多余部分

c) 截面轮廓左侧有重复图素　　d) 截面轮廓有连接

图 2-4　截面轮廓应注意问题

3）指定矢量

① 反向：拉伸方向取反；或双击模型的箭头取反。

② 矢量对话框：设置拉伸矢量的方向。

③ 面 / 平面法向：设置平面的法向方向。矢量和法向选择一种设置即可。

4）限制。限制决定了拉伸的开始位置和距离，每项设置有多种选项，且是独立计算的，数值从截面位置开始计算，可以为正 / 负值。例如，以直径为 10mm 的圆为截面轮廓向 *Z* 轴正方向进行拉伸。如图 2-5a 所示，设置“开始”为“值”，“距离”为“0”，“结束”为“值”，“距离”为“10”，则拉伸总距离为 10mm；如图 2-5b 所示，如果开始距离设置为“2”，结束距离为“10”，则拉伸总距离变为 8mm。

① 开始。“开始”有多种选项（图 2-3），常用的包括“值”“对称值”“直至选定”“直至延伸部分”等。通常设置为“值”，即通过给定数值确定拉伸的开始位置。

a）值：根据沿方向矢量测量的值来定义距离，是最常用的选项。

b）对称值：在截面的两侧应用距离值，设置对称值为“10”，则生成的拉伸总距离为 20mm。

c）直至下一个：通过查找与模型中的“下一个”面的相交部分来确定限制。

d）直至选定：即拉伸的距离由选择的表面确定。如图 2-6 所示，选择圆柱上表面的圆为拉伸曲线，开始设为“直至选定”，再选择长方形上表面，结束距离设为“0”，则从拉伸曲线位置拉伸至长方形上表面。如果结束距离设为正 / 负值，结合拉伸方向，可以通过预览看到不同的效果。

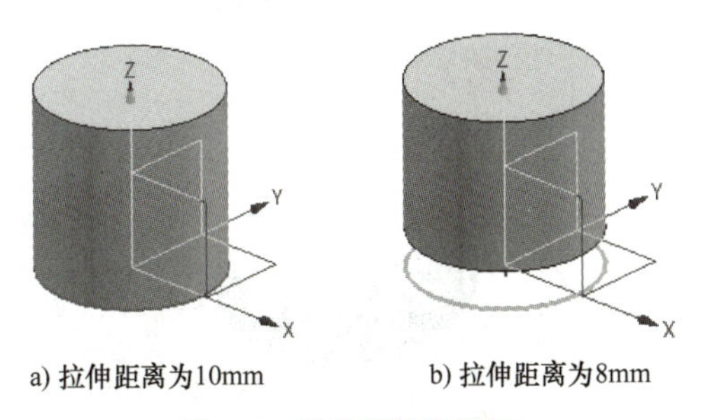

a) 拉伸距离为10mm　　b) 拉伸距离为8mm

图 2-5　拉伸开始值不同

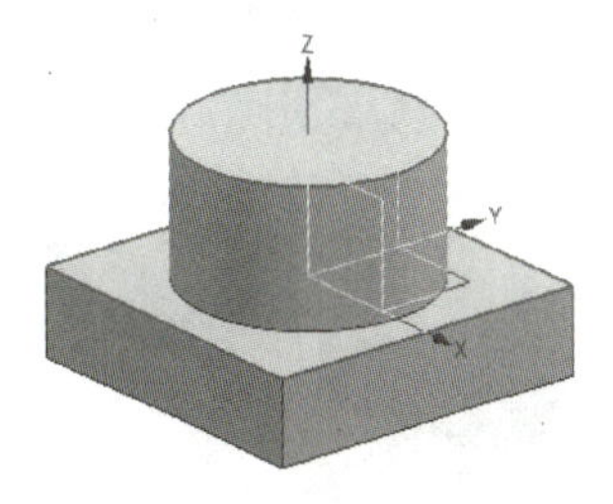

图 2-6　拉伸开始为“直至选定”，结束距离为“0”

e）直至延伸部分：使用方法与“直至选定”类似，用于拉伸曲线截面大于选定曲线截面的情况。拉伸曲线为直径 25mm 的圆，开始值为“0”，若“结束”为“直至选定”，选定对象是直径为 10mm 的圆，将出现无法修剪警报，如图 2-7 所示。若“结束”设置为“直至延伸部分”，则得到图 2-8 所示的拉伸实体。

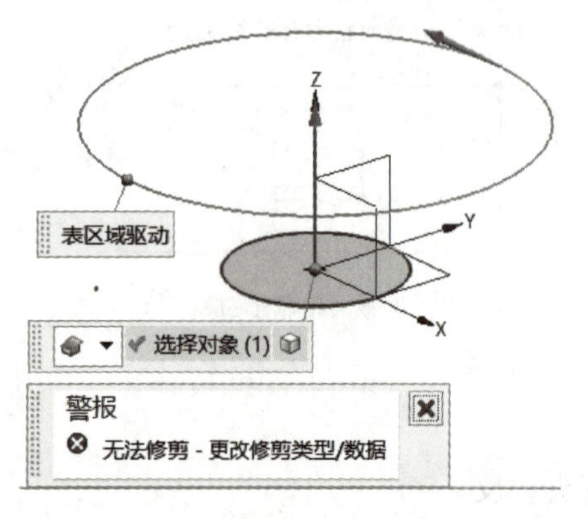

图 2-7　选用“直至选定”

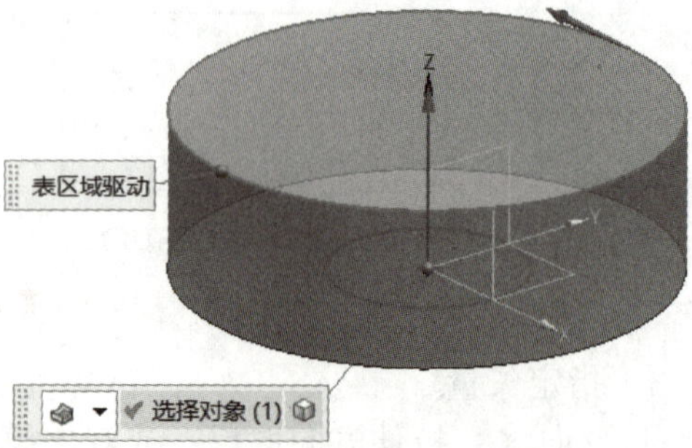

图 2-8　选用“直至延伸部分”

② 距离。根据“开始”选择选项的不同而变化。如果“开始”为“值”，“距离”可以输入数值，如输入“0”，从截面所在位置进行拉伸。

说明： 创建拉伸特征后，所有的设置、参数都可以修改，有 3 种方式：在模型实体上双击；在模型实体上右击，选择“可回滚编辑”；在部件导航器中双击“拉伸”。

5）布尔。决定了多个实体间的运算方式，常用的有“合并”“减去”“相交”3 种方式。

① 无：用于创建独立的拉伸实体，如图 2-9 所示，为两个独立的实体，无交线。

② 合并：用于将拉伸实体和目标体合并为单个体，如图 2-10 所示。

③ 减去：用于从目标体中移除拉伸实体，常称为切割，如图 2-11 所示。

④ 相交：用于创建拉伸实体和目标体的公共部分，如图 2-12 所示。

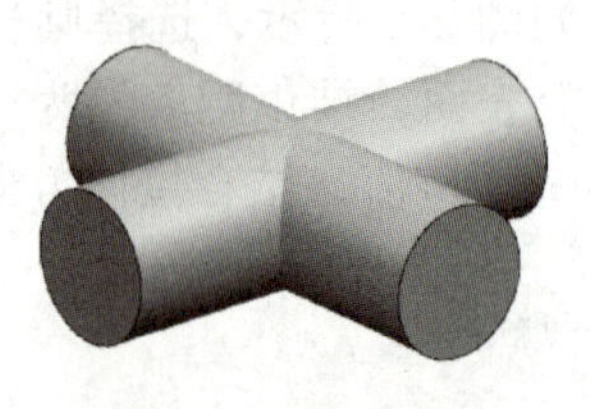

图 2-9　布尔 – 无

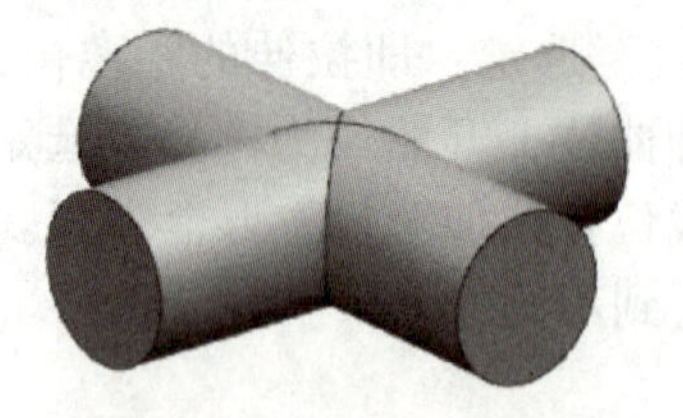

图 2-10　布尔 – 合并

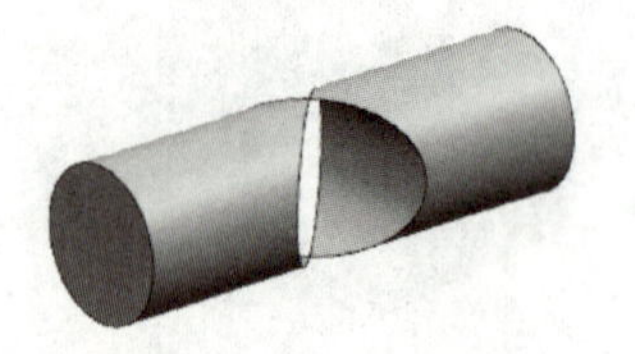

图 2-11　布尔 – 减去

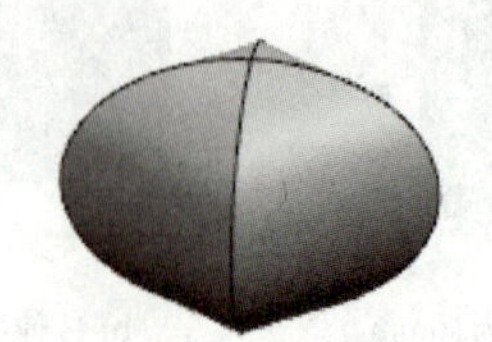

图 2-12　布尔 – 相交

2. 任务实施

（1）用拉伸命令创建 140mm × 120mm × 40mm 原始长方体　新建模型文件，以长方体的左后上顶点为原点。选择“插入”→“设计特征”→“拉伸”命令，单击“拉伸”对话框中的“绘制截面”按钮，选择 *XY* 平面，用“矩形”命令绘制图 2-13 所示的矩形，标注尺寸“140”“120”，完成草图绘制。设置拉伸方向向下（参考图样高度尺寸基准），拉伸开始距离为“0”，结束距离为“40”，单击“确定”按钮后得到图 2-14 所示实体。

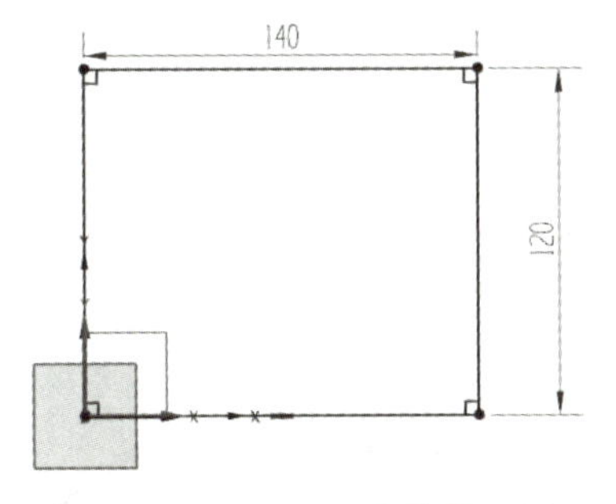

图 2-13　原始长方体草图

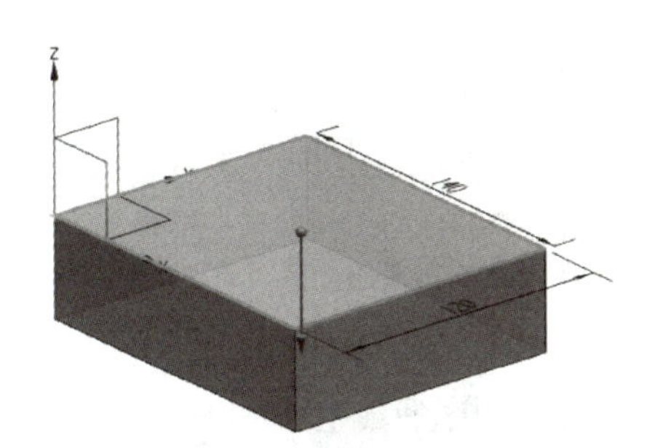

图 2-14　原始长方体

（2）创建左侧矩形槽　选择“拉伸”命令，绘制矩形槽截面，选择原始长方体上表面作为草图平面，调整草图坐标系和视图方向同基准坐标系一致，绘制矩形并标注尺寸“74”“96”，如图 2-15 所示。单击“确定”按钮后回到“拉伸”对话框，设置拉伸方向向下，开始距离为“0”，结束距离为“30”（图 2-16），单击“确定”按钮后得到图 2-17 所示的矩形槽。这时不可以进行拔模，因为绘制矩形时采用的是底面尺寸，拔模要单独进行，如果以顶面标注尺寸可以同时拔模。

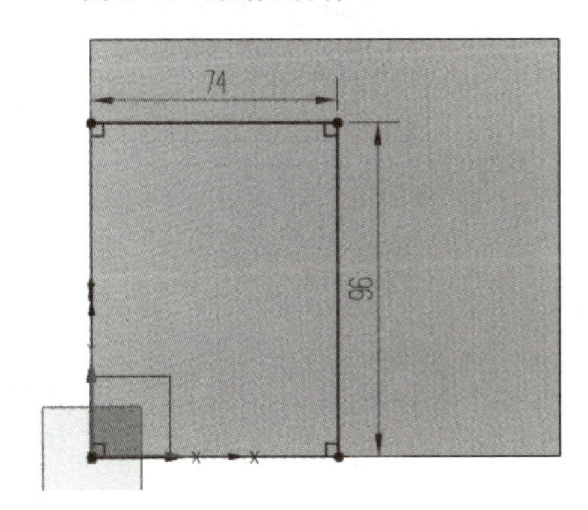

图 2-15　切割左侧矩形槽草图

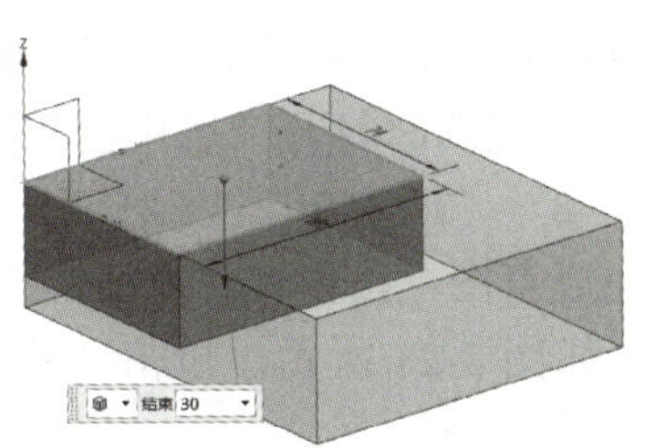

图 2-16　拉伸切割左侧矩形槽设置

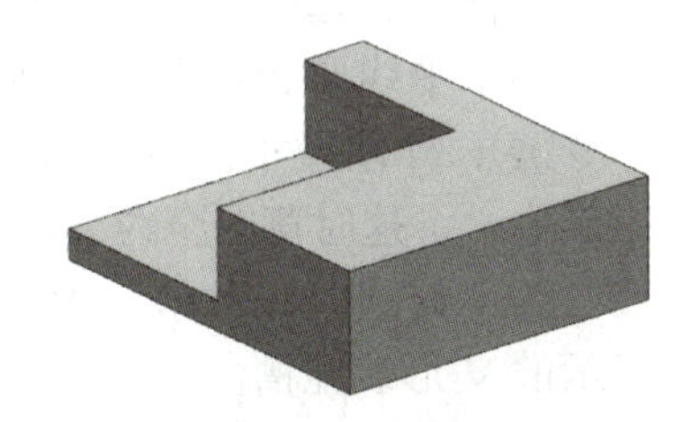

图 2-17　切割左侧矩形槽

拔模两个侧面。选择“插入”→“细节特征”→“拔模”命令，按图 2-18 所示设置“拔模”对话框。设置矢量方向为 ZC 轴，固定面为矩形槽底面，要拔模的面为矩形槽的两个侧面，角度为 10°，单击“确定”按钮后得到图 2-19 所示的拔模特征。

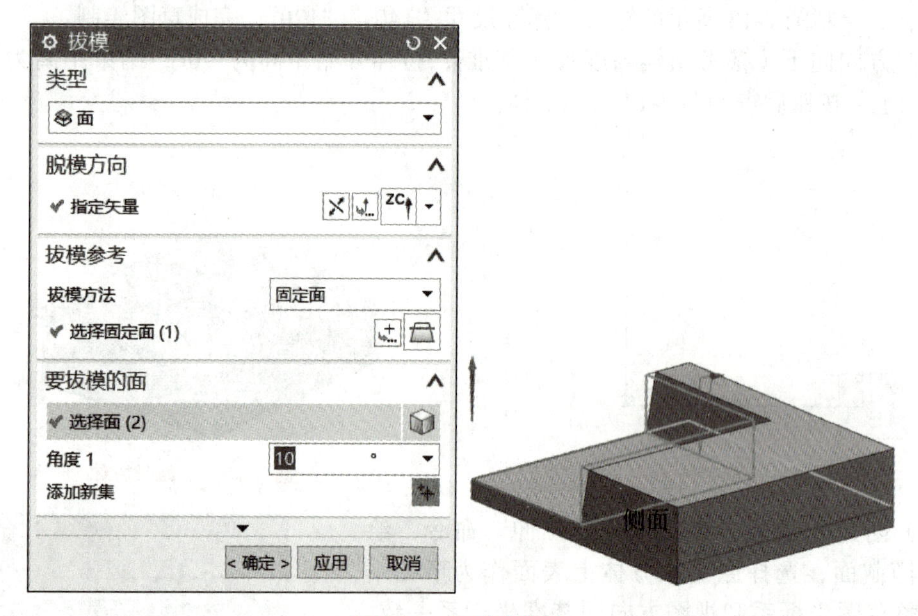

图 2-18 矩形槽拔模

图 2-19 两个侧面的拔模特征

（3）创建 V 形装配槽　用拉伸切割方式创建 V 形装配槽。选择“拉伸”命令，绘制 V 形槽截面，选择长方体的前侧面为草绘平面，绘制 V 形装配槽草图，如图 2-20 所示。三角形水平线要和长方体边线平齐（绘制直线时打开“启用捕捉点”中的“点在曲线上”命令），标注尺寸“33”“20”“1”“2”“2”“90°”“45°”，斜线交点是 2mm×2mm 矩形中心，这时草图全约束，单击“完成草图”按钮，返回“拉伸”对话框。设置“结束”为“贯通”，“布尔”为“减去”，如图 2-21 所示。单击“确定”按钮后得到图 2-22 所示的 V 形装配槽。

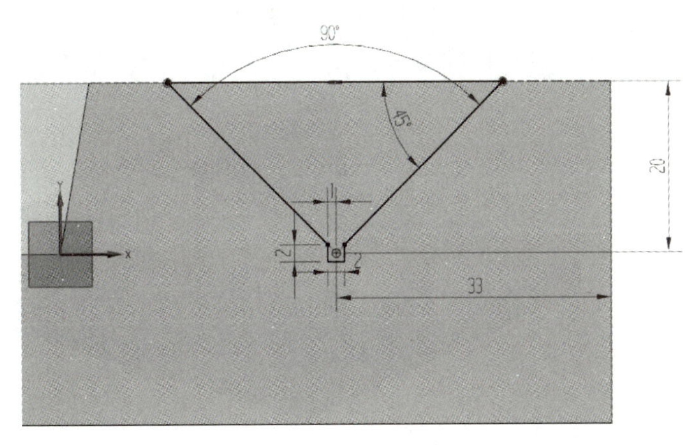

图 2-20　绘制 V 形装配槽草图

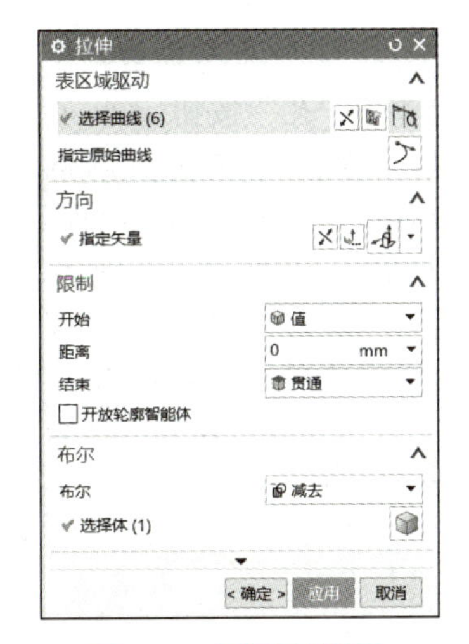

图 2-21　贯通切割设置

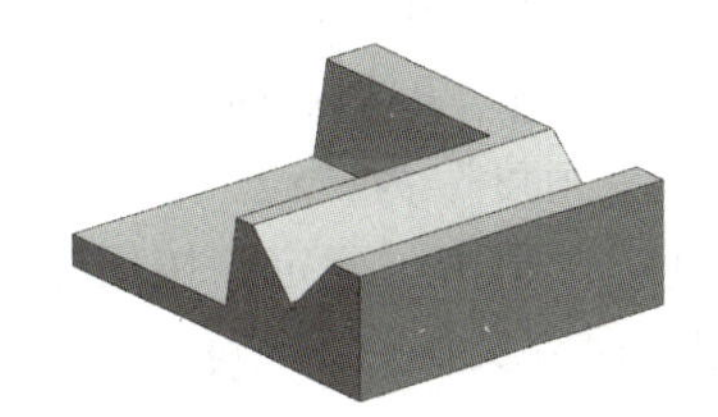

图 2-22　贯通切割得到 V 形装配槽

（4）倒 R6mm、R1mm 圆角　选择“插入”→“细节特征”→“边倒圆”命令或单击“倒圆角”按钮，按图 2-23 所示设置“边倒圆”对话框，选择左侧矩形槽的 3 条边，设置半径 1 为“6”，如图 2-24 所示。进行同样的操作，继续倒 R1mm 圆角，选择 V 形装配槽上表面的两条棱边，设置半径为“1”，单击“确定”后得到图 2-25 所示的倒圆角特征。

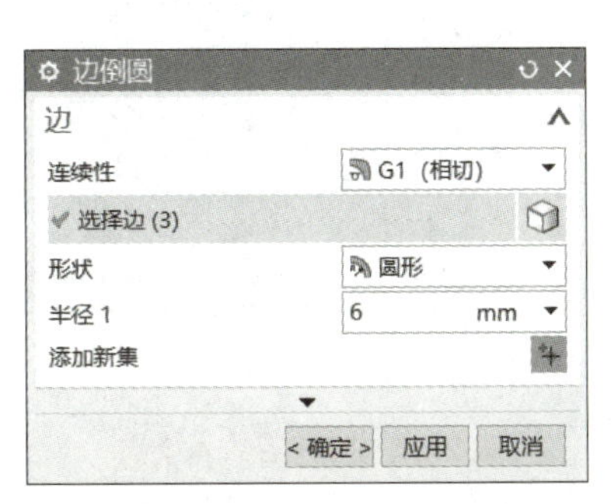

图 2-23　“边倒圆”对话框

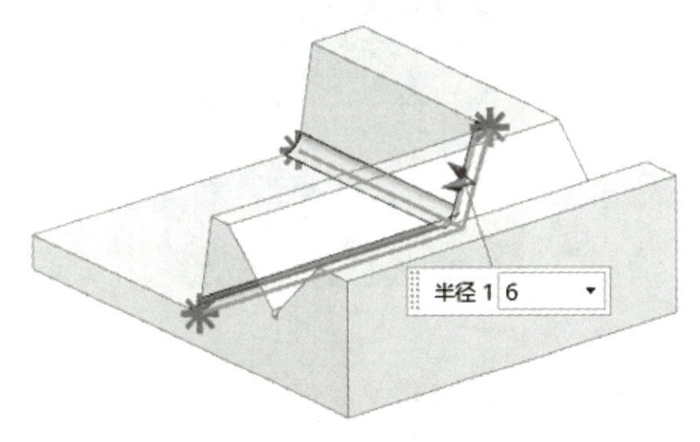

图 2-24　3 条边倒 R6mm 圆角

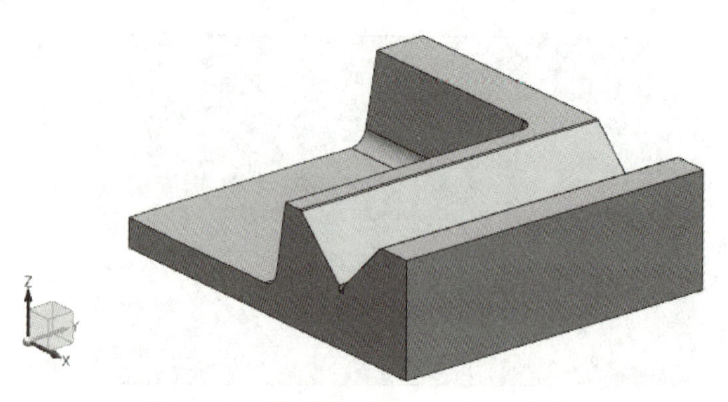

图 2-25　实体边倒 R6mm 和 R1mm 圆角

（5）创建矩形槽的 4 个埋头通孔　利用 UG NX 中的“孔”命令完成埋头通孔的创建。选择“插入”→“设计特征”→“孔”命令（或单击“孔”按钮），在“孔”的对话框中单击“绘制截面”按钮，选择矩形槽的底平面，按 <F8> 键调整俯视图为图样方向，先绘制左下角点，标注尺寸“28”“20”（图 2-26）。对点进行阵列，以得到图 2-27 所示的 4 个点。进行点阵列时，单击“阵列曲线”按钮，按图 2-28 所示设置“阵列曲线”对话框，方向 1（X 方向）数量为“2”，节距为“33”；方向 2（Y 方向）数量为“2”，节距为“42”，方向 1 和方向 2 的“选择线性对象”分别为 X 轴、Y 轴。完成草图后返回“孔”对话框，按图 2-29 所示设置埋头孔参数。设置“埋头直径”为“12”，“埋头角度”为“82°”，“直径”为“6”（深度 6.5 作为参考尺寸），“深度限制”为“贯通体”，单击“确定”按钮后得到图 2-30 所示 4 个埋头通孔，至此完成 V 形装配板的造型，保存文件。

注意：创建孔也可以使用拉伸切割功能，但要绘制截面草图。对于 UG NX 已有的孔类型直接调用比较便捷。

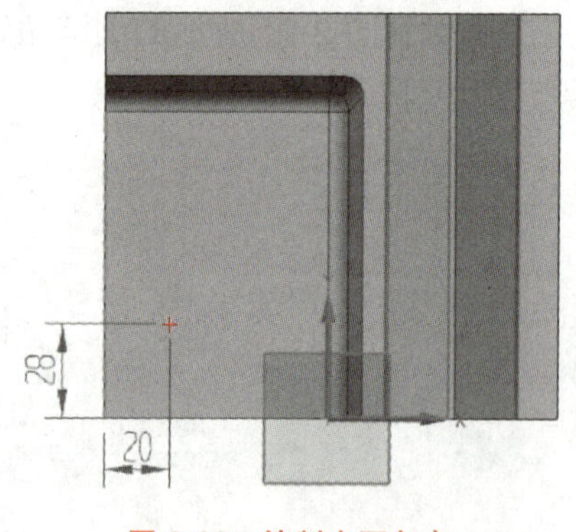

图 2-26　绘制左下角点

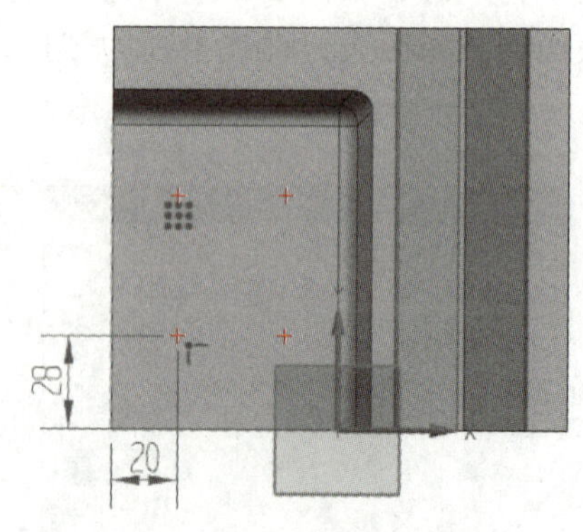

图 2-27　阵列后的 4 个点

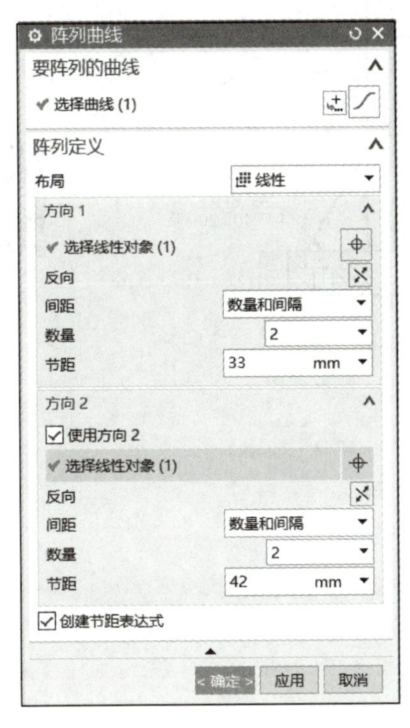

图 2-28　阵列 4 个点的设置

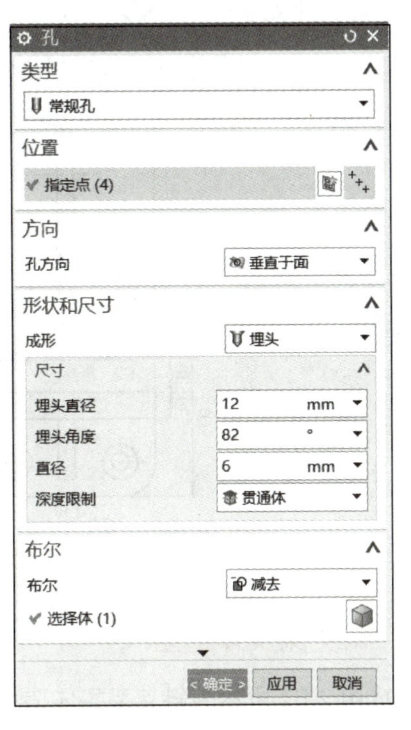

图 2-29　埋头孔设置

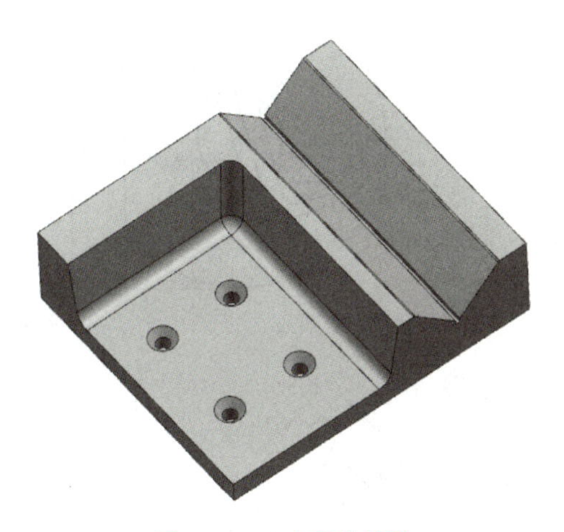

图 2-30　4 个埋头通孔

3. 任务小结与拓展

V 形装配板的主体是拉伸特征，左侧矩形槽用拉伸切割（布尔减去）完成；埋头孔调用孔命令及阵列创建；右侧的 V 形装配槽用拉伸切割创建。先创建主体拉伸特征再进行拔模、倒圆角、孔、阵列细节特征。该任务训练的主要操作是拉伸切割（布尔减去）、创建孔、实体边倒圆、线性阵列和拔模。

根据所学实体建模知识完成图 2-31 所示的简单轴座的实体建模。

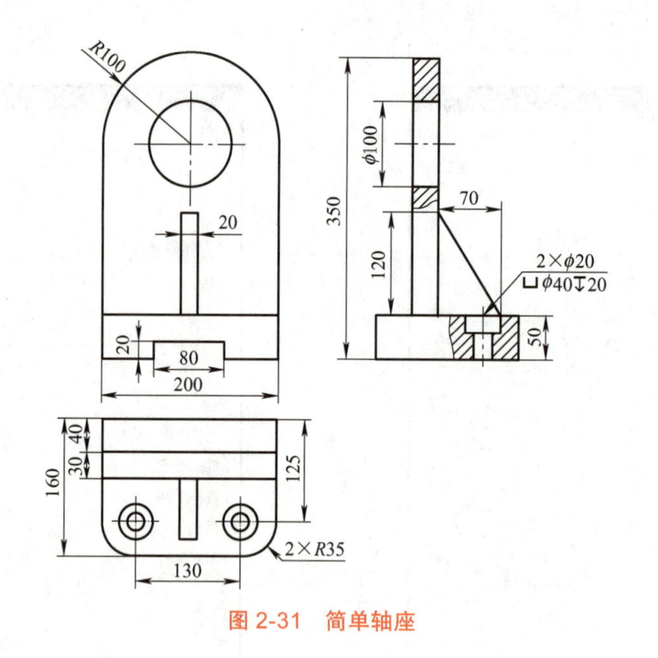

2.1.1 拓展

图 2-31　简单轴座

2.1.2　斜支架实体造型

完成图 2-32 所示的斜支架实体造型。

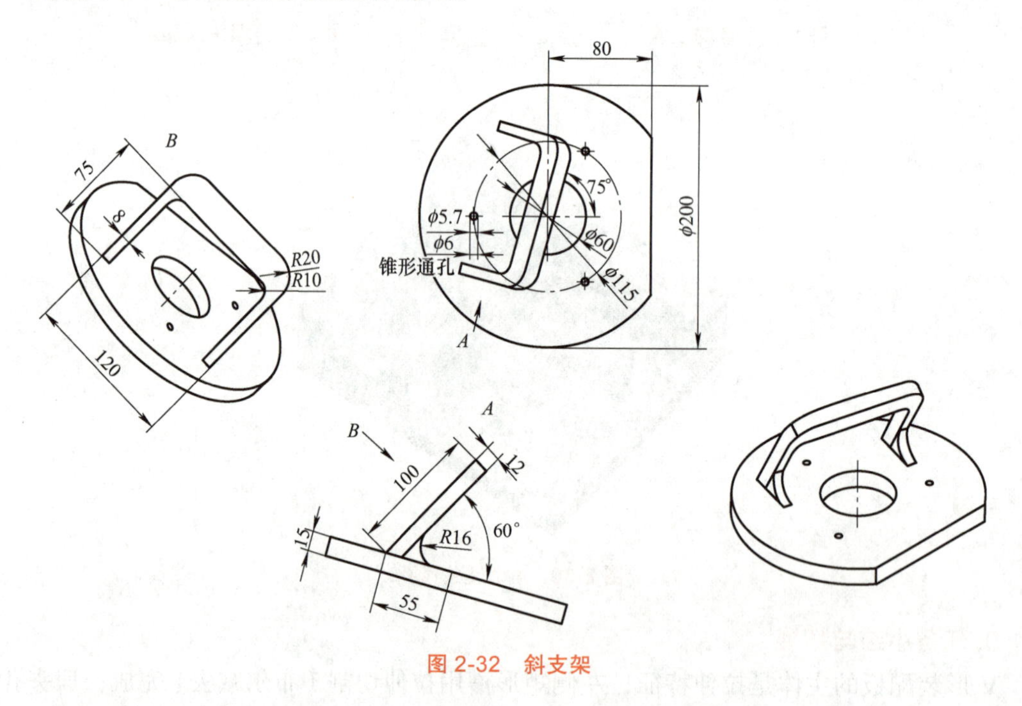

图 2-32　斜支架

1. 任务分析

（1）造型思路　斜支架是一个支架类零件，由底板和支架组成，都可以通过拉伸特征创建，先创建底板再创建斜向支架。该模型尺寸不多，但支架是斜向布置，因此要创建对应的基准平面，这是该实体造型的重点。

根据斜支架的尺寸和形状特征，造型思路如下，造型流程如图 2-33 所示。

1）在 *XY* 平面绘制底板草图，标注外圆直径为 200mm，内圆直径为 60mm，水平距离为 80mm。继续绘制斜向支架的参考线，标注尺寸 75° 和 55mm。

2）底板拉伸为实体，拉伸距离为 15mm，方向向下。

3）创建 60° 斜向基准平面，用“成一角度”方式。

4）绘制支架草图。用矩形命令，标注尺寸 120mm、100mm、60mm、75mm、8mm、8mm，并倒 *R*20mm、*R*10mm 圆角，把长 104mm 的水平线转为参考线。

5）创建支架拉伸实体。选择方向为斜面的法向，拉伸距离为 12mm，和底板进行布尔合并运算。

6）支架两处倒 *R*16mm 圆角。

7）在底板上创建 3 个锥形通孔，大径为 6mm、小径为 5.7mm、锥度为 1∶50、半锥角为 0.57°，分布在直径为 115mm 的圆上。先草绘孔的位置，再用孔特征完成创建。

通过斜支架的绘制主要掌握的命令有“拉伸”“基准平面”“倒圆角”“孔－锥孔”“阵列曲线”。

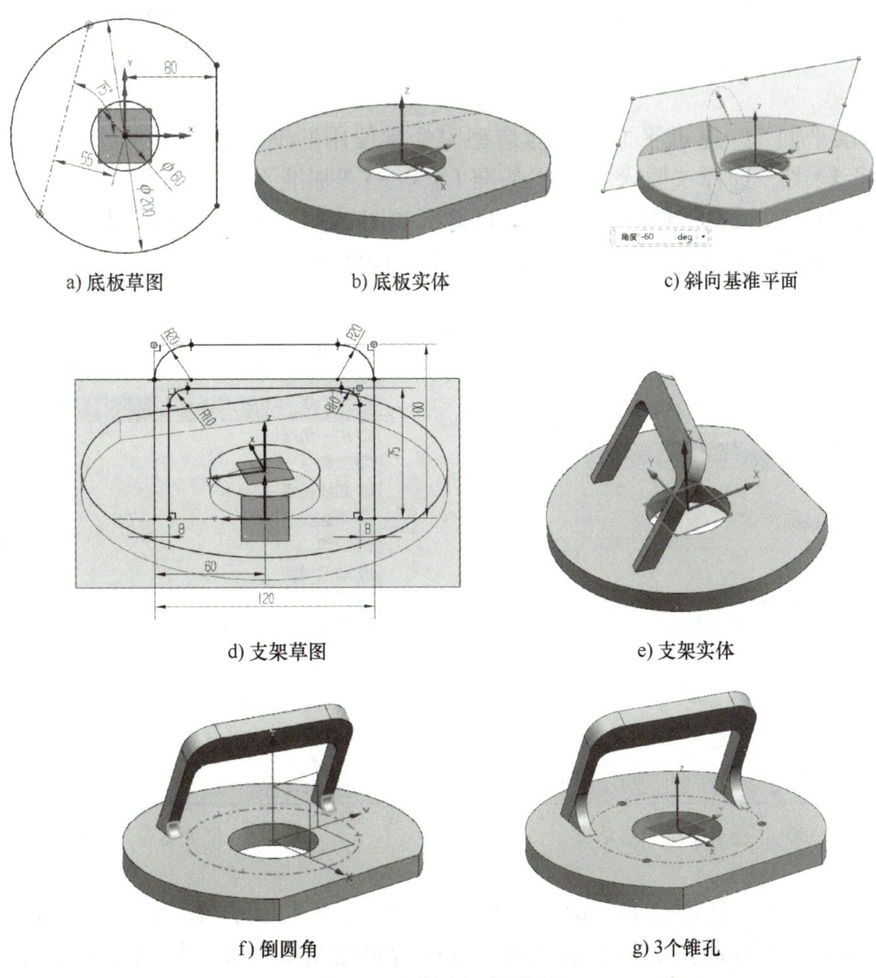

a) 底板草图　b) 底板实体　c) 斜向基准平面

d) 支架草图　e) 支架实体

f) 倒圆角　g) 3个锥孔

图 2-33　斜支架造型流程

（2）基准特征　基准特征是实体造型的辅助工具，起到定位和参考的作用。因此，基准特征并不能直接用于得到具体的实体结构。例如，创建图 2-34 所示的三通阀实体，该模型有一个倾斜结构，要创建这个倾斜结构就要创建一个倾斜的基准平面。

基准特征主要包括基准平面、基准轴、基准点及基准坐标系。选择“插入”→“基准/点”命令，可以得到图 2-35 所示的基准菜单。

图 2-34　三通阀实体

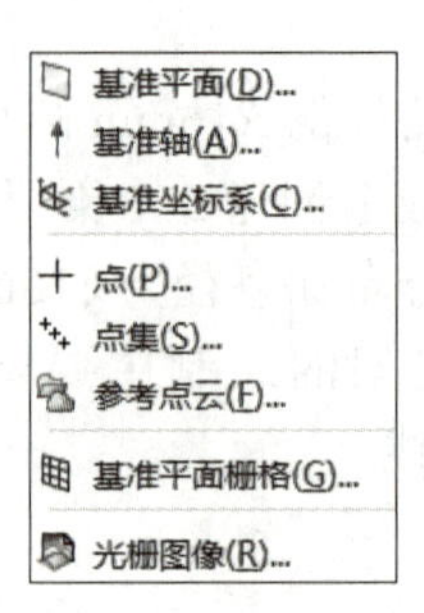

图 2-35　基准菜单

1）基准平面。基准平面是实体造型时经常使用的辅助平面，通过该功能可以在非现有平面上绘图。选择“插入”→“基准/点”→“基准平面”命令，弹出图 2-36 所示的“基准平面”对话框。创建基准平面的类型如图 2-37 所示，常用的类型是“按某一距离”“成一角度”“曲线和点”“点和方向”和“曲线上”。

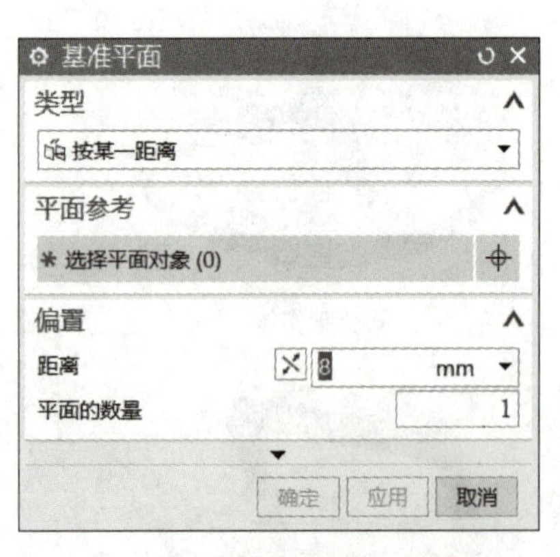

图 2-36　“基准平面”对话框

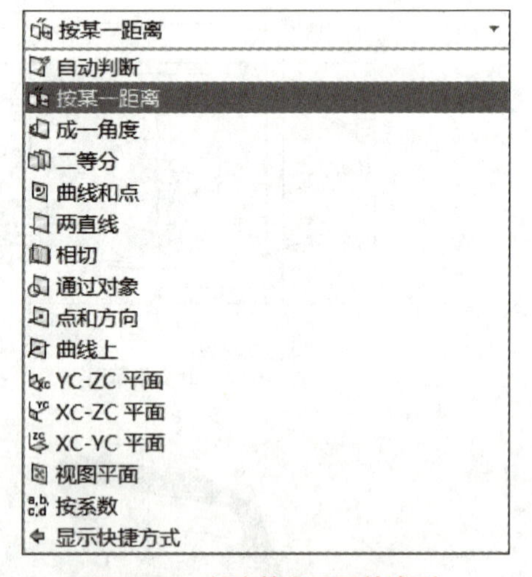

图 2-37　创建基准平面的类型

① 按某一距离。新创建的基准平面与所选择的参考平面平行，并且按指定距离创建。如图 2-38 所示，要在距离底板上表面高 15mm 处创建基准平面。按图 2-39 所示设置“基准平面”对话框，“反向”命令可以切换箭头方向。

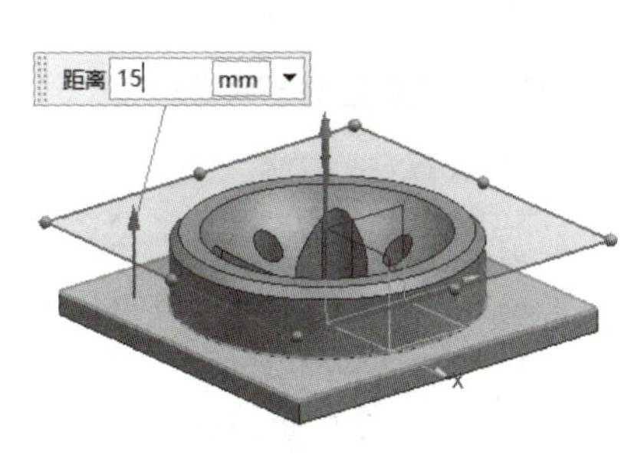

图 2-38　创建平行的基准平面

图 2-39　“按某一距离”设置

② 成一角度。创建的基准平面通过所选的轴，并且与所选参考平面成指定角度。如图 2-40 所示，创建一个新的基准平面，使之与底板上表面成 30° 倾角，上表面的边线作为轴，对话框设置如图 2-41 所示。

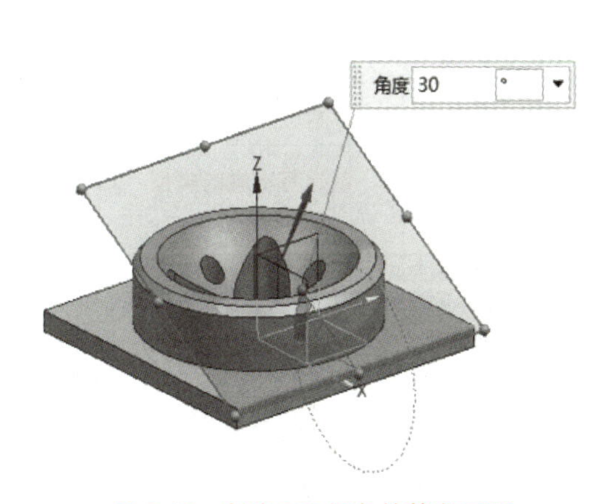

图 2-40　创建 30° 倾角的基准平面

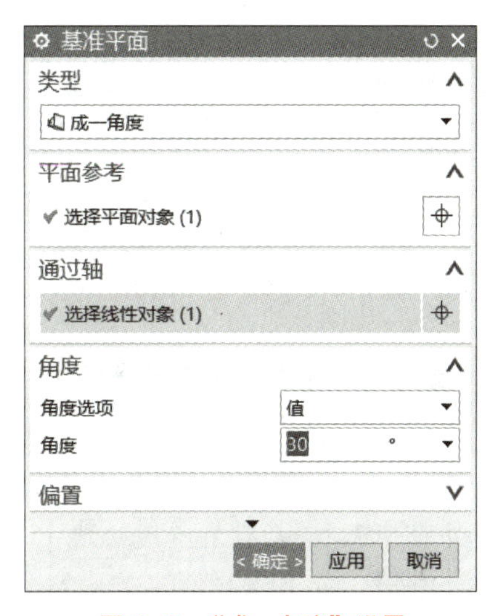

图 2-41　“成一角度”设置

③ 曲线和点。创建的基准平面通过所选的点，并且与所选曲线垂直。如图 2-42 所示，创建一个基准平面，使之通过样条曲线的指定点（这里是端点），并与曲线垂直，对话框设置如图 2-43 所示。

2）基准轴 ↑。在实体造型中，基准轴可以作为创建特征的参考，也可以作为创建基准轴的参考。选择“插入”→“基准 / 点”→“基准轴”命令，得到图 2-44 所示的“基准轴”对话框。创建基准轴的类型如图 2-45 所示，常用的类型是“交点”“曲线 / 面轴”“曲线上的矢量”“点和方向”和“两点”。

3）基准点＋。点是最小的几何单元，由点可以得到线，由线可以得到面，所以在创建基准轴或者基准面时，如果没有合适的点，可以通过“基准点”命令进行创建。

选择“插入”→“基准 / 点”→“点”命令，得到图 2-46 所示的“点”对话框。创建基准点的类型如图 2-47 所示，常用的类型是“现有点”“端点”和“交点”。

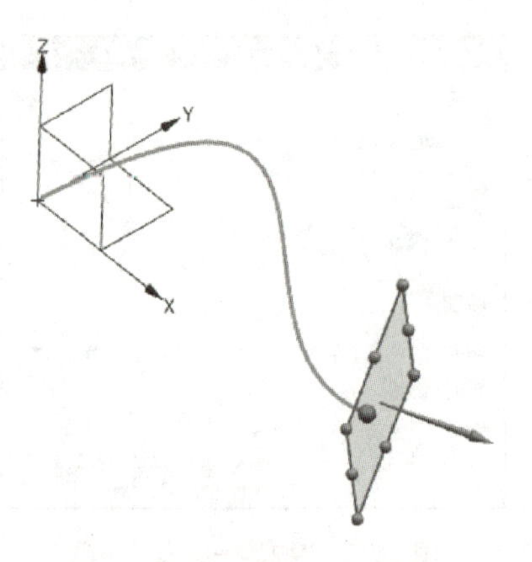

图 2-42　通过“曲线和点”创建基准平面

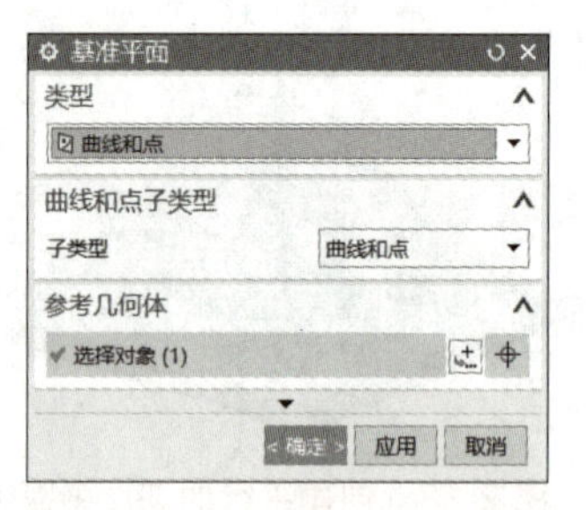

图 2-43　“曲线和点”设置

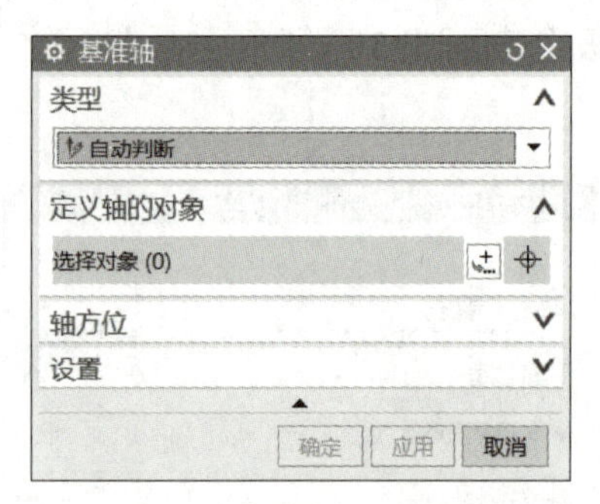

图 2-44　“基准轴”对话框

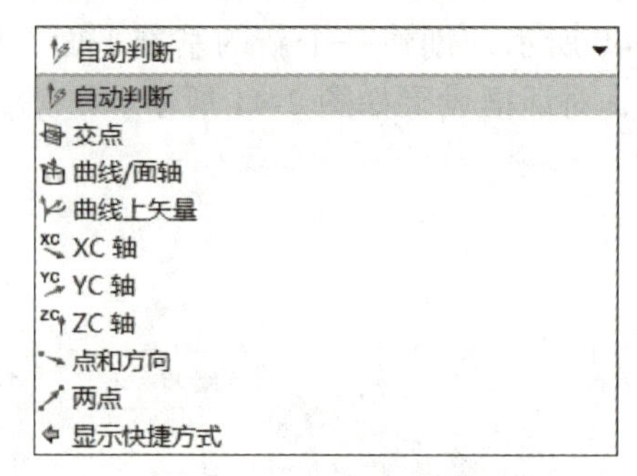

图 2-45　创建基准轴的类型

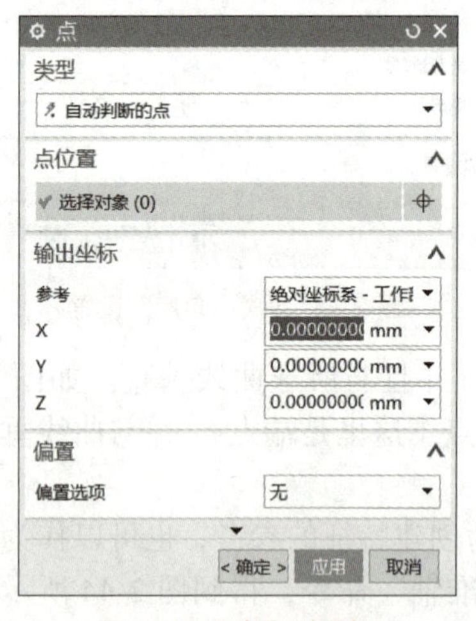

图 2-46　“点”对话框

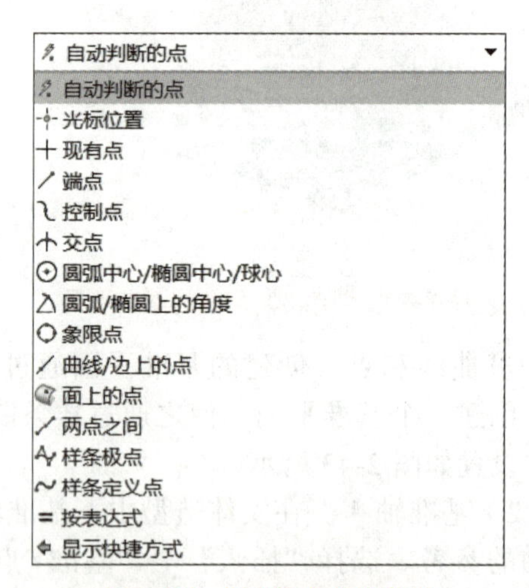

图 2-47　创建基准点的类型

4）基准坐标系。UG NX 的坐标系有 3 种：绝对坐标系（ACS）、工作坐标系（WCS）和基准坐标系（CSYS）。

① 绝对坐标系（ACS）　绝对坐标系是固定的、不可移动的、不可见的，原点坐标为 X=0、Y=0、Z=0。图 2-48a 所示为绘图区左下角的模型视觉指示图标，表示绝对坐标系的方位，并不是真正意义的坐标系。

② 工作坐标系（WCS）　如图 2-48b 所示，工作坐标系是用户自己创建的坐标系，可以建立在任何方位，从而在不同的角度和位置创建几何体。工作坐标系可以任意移动、旋转。工作坐标系可以有多个，但只有一个坐标系可以成为当前 WCS。

③ 基准坐标系（CSYS）　基准坐标系大部分情况都是用作基准，根据造型的需要可以随时创建、删除、隐藏、旋转或者移动。创建新文件时，UG NX 将创建基准坐标系 CSYS，以深蓝色呈现，如图 2-48c 所示。基准坐标系 CSYS 提供一组关联的对象，包括 3 个轴、3 个现有平面（*XYO*、*YZO*、*ZXO*）、1 个坐标系和 1 个原点。

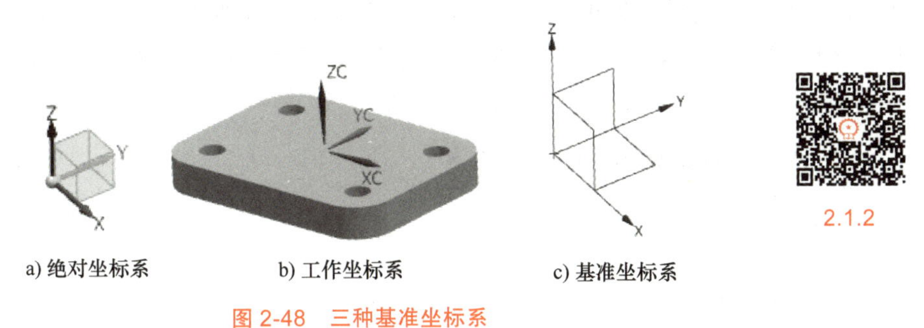

a) 绝对坐标系　　b) 工作坐标系　　c) 基准坐标系

图 2-48　三种基准坐标系

2. 任务实施

（1）创建底板拉伸草图　在 *XY* 平面上绘制图 2-49 所示的“底板草图”，标注大圆直径为 200mm、小圆直径为 60mm，水平距离为 80mm。继续绘制斜向支架的参考线，标注尺寸 75° 和 55mm。

（2）创建底板拉伸实体　单击“拉伸”按钮，按照图 2-50 所示设置“拉伸”对话框。单击“选择曲线”，选择已绘制的“底板草图”，设置拉伸距离为 15mm，方向向下，单击“确定”按钮后得到图 2-51 所示的底板拉伸实体。

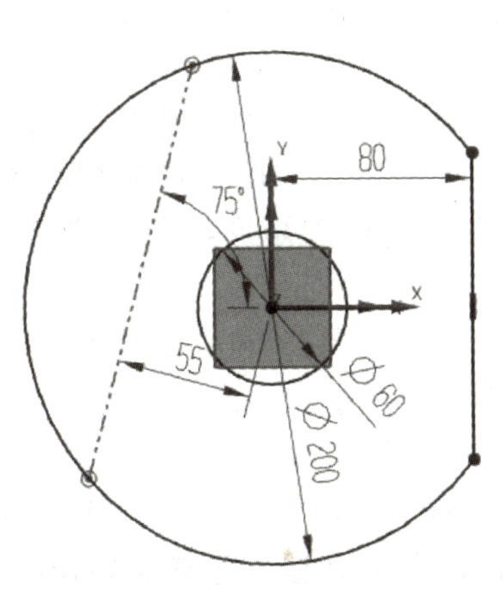

图 2-49　底板草图

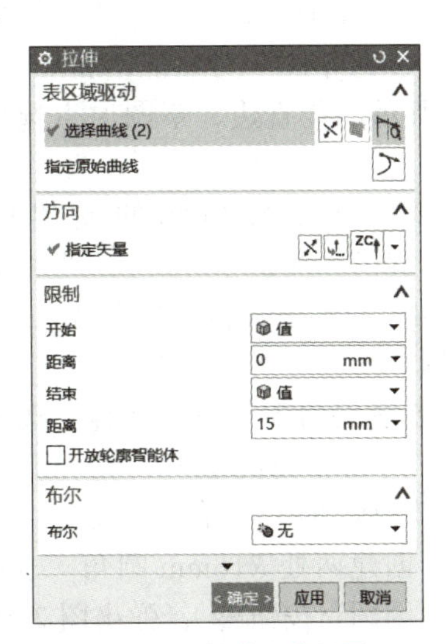

图 2-50　拉伸实体设置

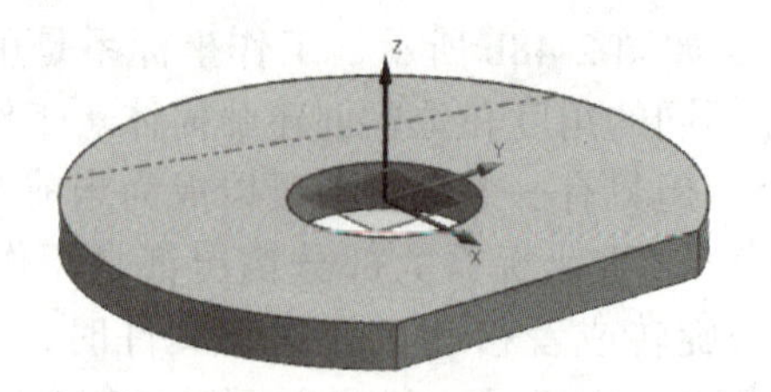

图 2-51　底板拉伸实体

（3）创建 60° 斜向基准平面　选择“插入”→“基准 / 点”→“基准平面”命令，按照图 2-52 所示设置对话框。“平面参考”选择底板拉伸实体的上表面，“通过轴”选择图 2-49 中的参考线，“角度”设置为“–60°”，单击“确定”按钮后得到图 2-53 所示的基准平面。

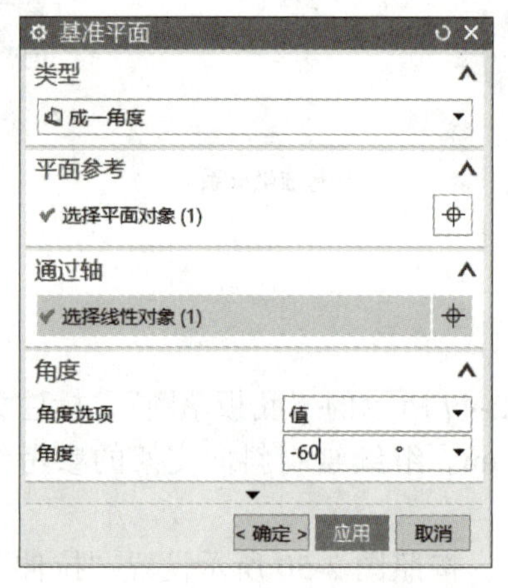

图 2-52　创建 60° 斜向基准平面

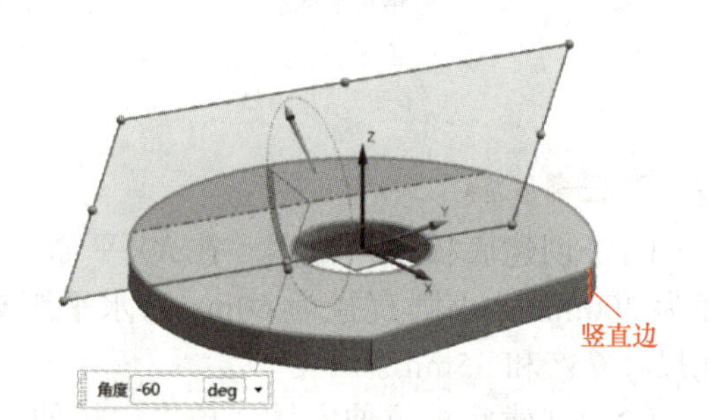

图 2-53　创建完成的 60° 斜向基准平面

（4）创建支架拉伸实体

1）草图截面的选择。单击“拉伸”按钮，单击“绘制截面”按钮，弹出图 2-54 所示的“创建草图”对话框，新平面选择 60° 斜向基准平面，草图竖直方向的参考选择图 2-53 所示的竖直边，草图原点选择参考线中点，单击“确定”按钮后进入草图绘制界面。

2）绘制图 2-55 所示的支架草图。用“矩形”命令，绘制两次，标注尺寸“120”“100”“60”“75”“8”“8”，并倒圆角“*R*20”“*R*10”，最后把长为“104”（120–8–8）的水平线转为参考线（尽量不删除，以免同时删除矩形约束），草图全约束，完成绘制。

3）创建斜向支架拉伸实体。选择“拉伸”命令，按照图 2-56 所示设置“拉伸”对话框，方向为斜面的法向，拉伸距离为 12mm，和底板进行布尔“合并”运算（为倒 *R*16mm 圆角做准备），单击“确定”按钮后得到图 2-57 所示的斜向支架拉伸实体。

（5）创建两处 *R*16mm 圆角　选择“插入”→“细节特征”→“边倒圆”命令（或单击“边倒圆”按钮），弹出图 2-58 所示的“边倒圆”对话框。选择支架长度为 8mm 的两条棱边、圆角半径设置为 6mm，单击“确定”按钮后得到图 2-59 所示的倒圆角效果。

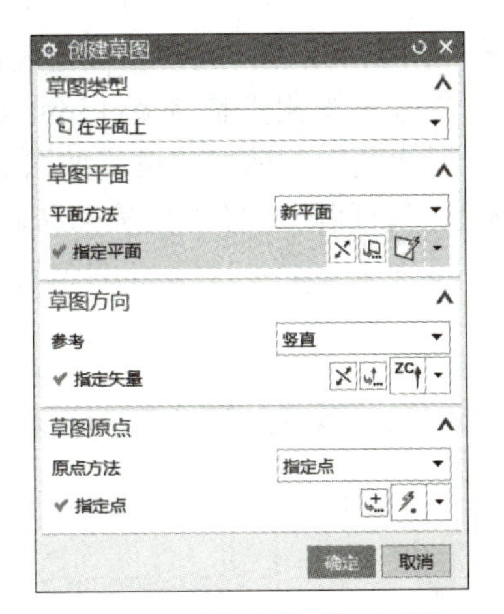

图 2-54　“创建草图”对话框

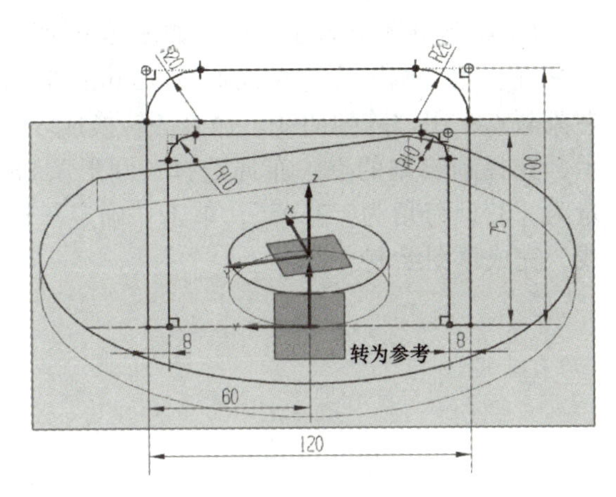

图 2-55　绘制支架草图

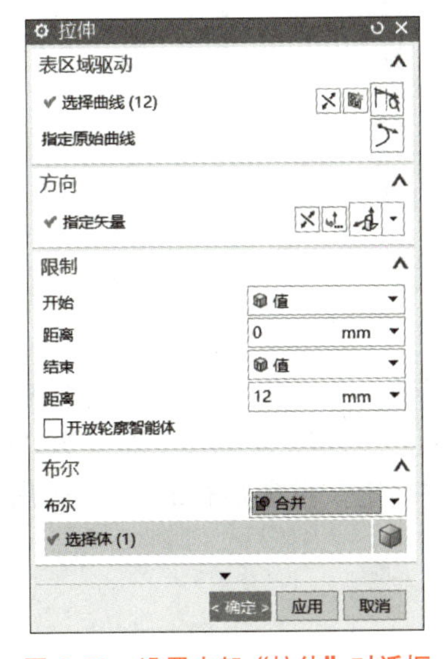

图 2-56　设置支架“拉伸”对话框

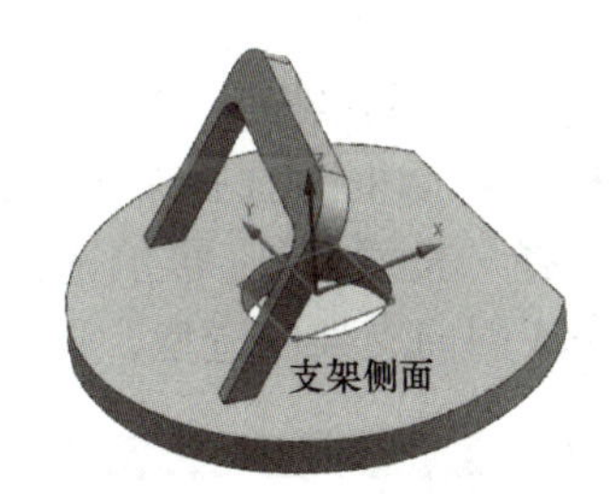

图 2-57　斜向支架拉伸实体

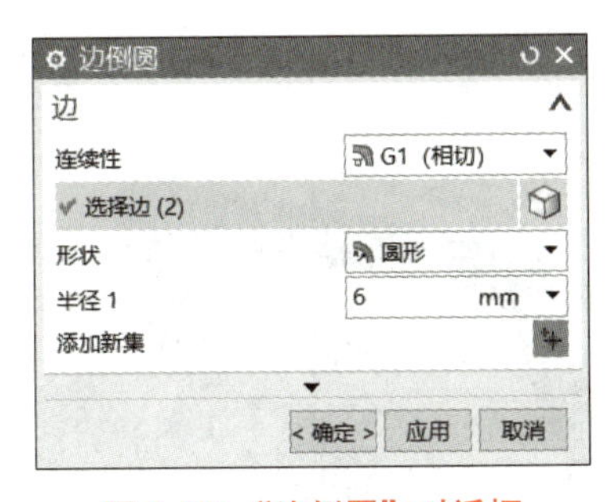

图 2-58　“边倒圆”对话框

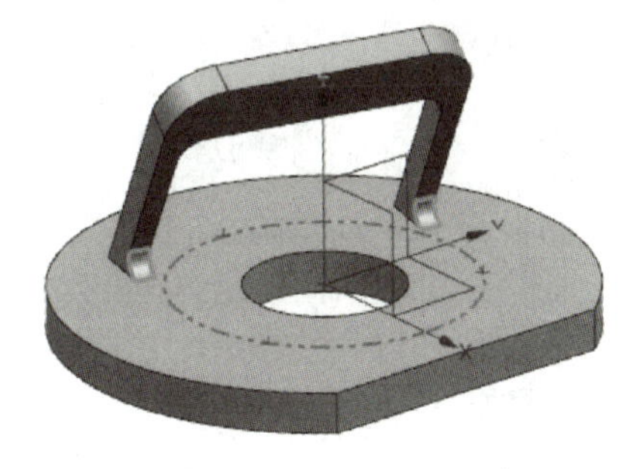

图 2-59　两处 *R*6mm 圆角

（6）创建板上锥形通孔　底板上有 3 个锥形通孔，其大径为 6mm，小径为 5.7mm，锥度为 1 : 50，半锥角为 0.57°，分布在直径为 115mm 的圆上，左侧锥孔位置可以确定，因此在草图上绘制这个孔的中心点，阵列得到其他两个点，使用“孔”命令得到孔特征。

1）绘制草图上的 3 个点，如图 2-60 所示。单击“草图”按钮，选择底板上表面为草绘平面，用“圆”命令○绘制 ϕ115mm 圆，用“点”命令＋绘制点捕捉 ϕ115mm 圆的最左象限点；用“阵列曲线”命令转换成 3 个点，“阵列曲线”对话框的设置如图 2-61 所示，选择刚绘制的点，布局选择“圆形”，指定点为原点，间距选择“数量和跨距”，数量为“3”，跨角为“360°”，单击“确定”按钮后得到 3 个点；将 ϕ115mm 的圆转为参考线，完成草图绘制。

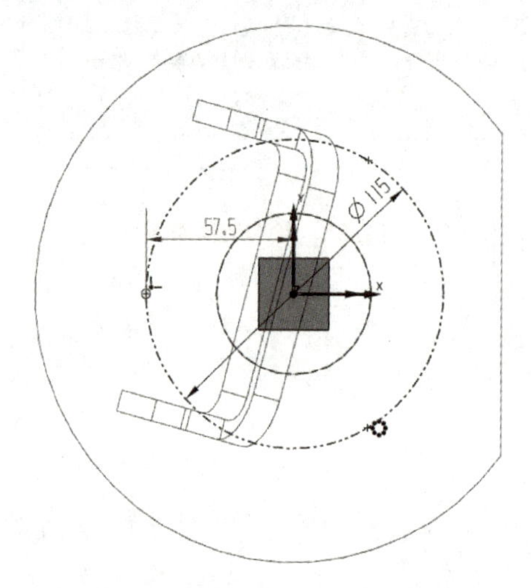

图 2-60　绘制草图上的 3 个点

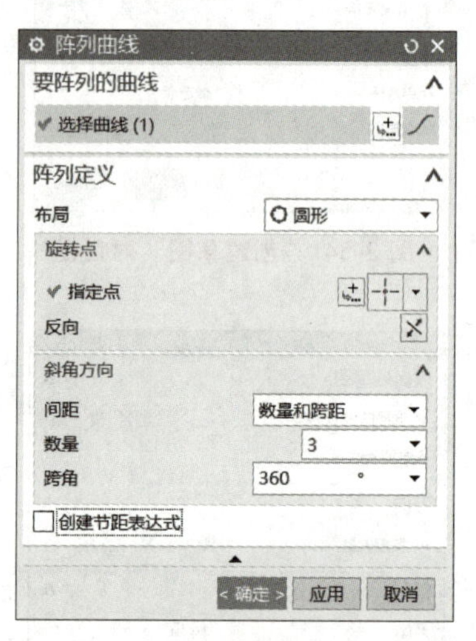

图 2-61　“阵列曲线”对话框

2）创建锥形通孔特征。选择“插入”→“设计特征”→“孔”命令，按照图 2-62 所示设置“孔”对话框。选择 3 个点，成形选择“锥孔”，直径为“6”，锥角为“0.57°”，深度限制选择“贯通体”，布尔选择“减去”，单击“确定”按钮后得到图 2-63 所示的锥孔，至此完成斜向支架的造型，保存文件。

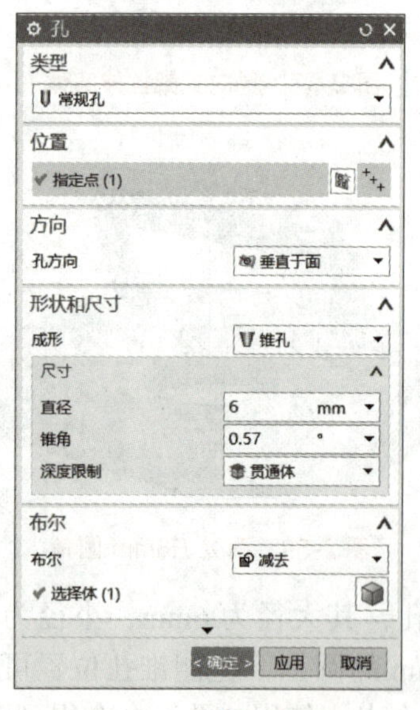

图 2-62　“孔”对话框

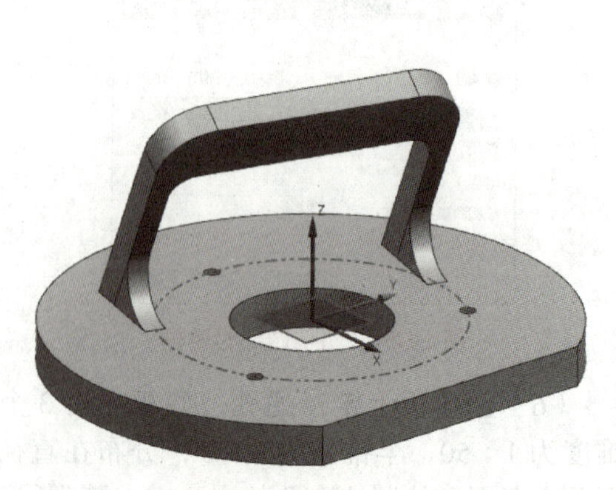

图 2-63　创建 3 个锥孔

3. 任务小结与拓展

斜支架的主体特征是拉伸实体，底板和斜向支架都是拉伸特征。该任务的关键是斜向支架的创建，需要先创建斜向的基准平面，这在零件造型时会经常遇到，是基础拉伸造型的进阶。该任务训练的主要操作是拉伸实体、基准平面创建、实体倒斜角、线性阵列、锥孔创建。

根据所学实体建模知识创建图 2-64 所示的简单斜板零件。

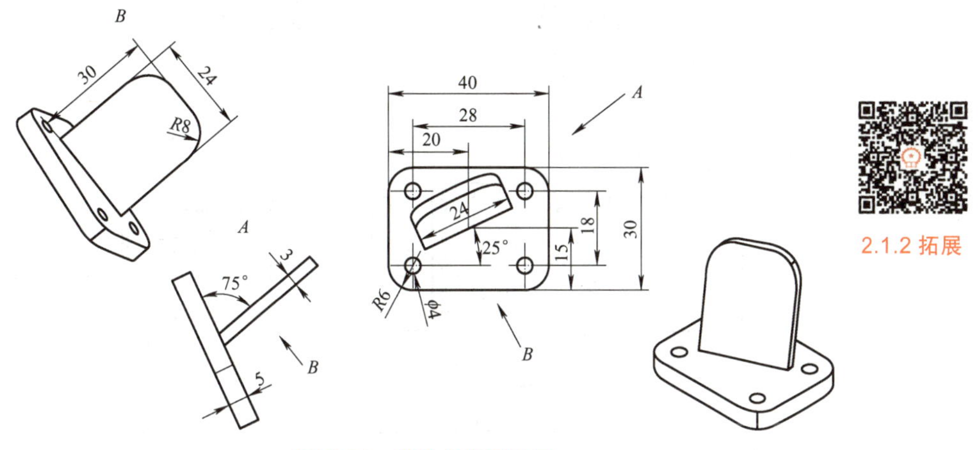

图 2-64　简单斜板零件图

2.1.2 拓展

提示：底板自行创建，斜板的创建过程如下。

（1）创建斜向 WCS　隐藏基准坐标系（深蓝色），按快捷键 <W> 显示 WCS，选择“菜单”→“格式”→“WCS”→“定向”命令，选择“自动判断”模式，选择底板上表面，使坐标系处于面中心。双击 WCS 坐标系，选择 *XC*、*YC* 之间的小球，使之绕 *ZC* 轴旋转 25°，拖动小球向里确定旋转方向（图 2-65）。角度是逆时针旋转为正，可以直接输入“25”并按 <Enter> 键；选择 *YC*、*ZC* 之间的小球，使之绕 *XC* 轴旋转 15°，拖动小球向外确定旋转方向（图 2-66）；选择 *XC* 轴箭头，沿 *XC* 轴向后移 12mm（图 2-67）。

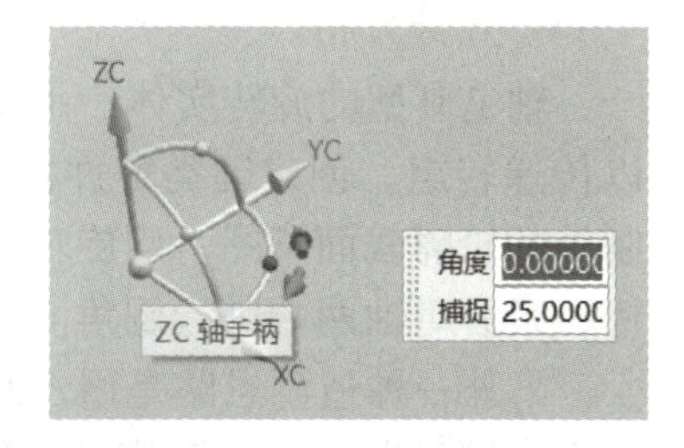

图 2-65　绕 *ZC* 向里旋转 25°

（2）插入长方体　长方体尺寸为长 24mm、宽 3mm、高 30mm，顶点参考 WCS 的原点（0，0，0），即可生成图 2-64 所示的斜向板。

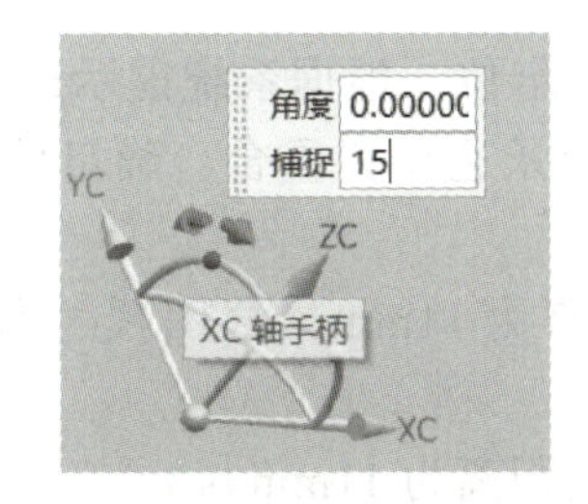

图 2-66　绕 *XC* 向外旋转 15°

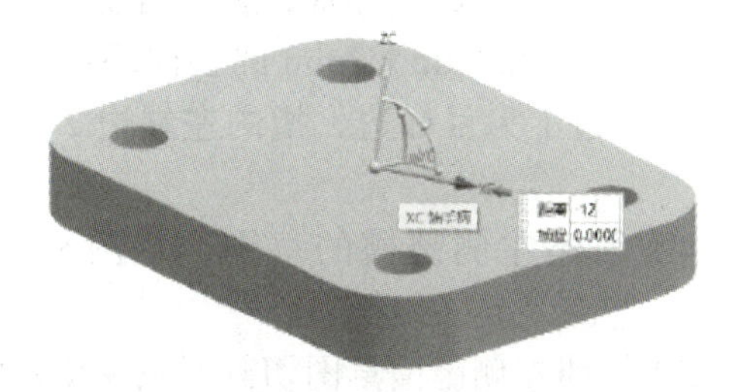

图 2-67　把 *XC* 向后移动 12mm

2.1.3　传动轴实体造型

完成图 2-68 所示的传动轴实体造型。

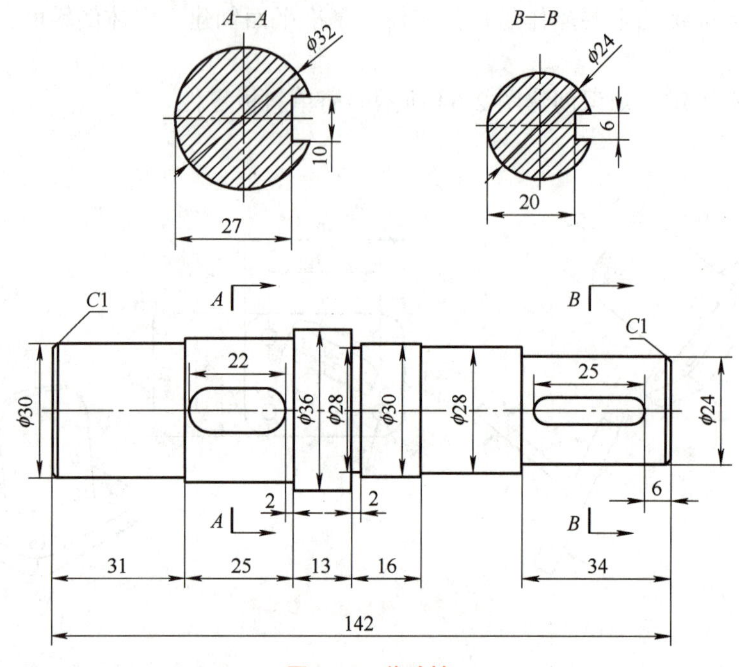

图 2-68　传动轴

1. 任务分析

轴是典型的旋转实体，由多段不同直径的轴段构成，轴上设有键槽结构，用来装配键以传递转矩。创建轴类零件模型的通常思路是截面草图旋转方式：在 *XZ* 或 *YZ* 平面内绘制轴的轮廓截面草图，用旋转功能造型；再创建基准平面，用键槽命令或拉伸切割生成键槽；最后对轴两端进行倒角。

另外一种造型思路是用“圆柱体”命令建立各个轴段，进行布尔合并运算。初学者两种方案都可以尝试。键槽可以用拉伸切割或键槽功能创建，拉伸切割功能的适用范围广，键槽功能的针对性强，效率更高；基准平面可以用“按某一距离”和“点和方向”方式创建。

根据模型结构和尺寸，传动轴实体造型的思路如下，造型流程图如图 2-69 所示。

1）在 *XZ* 平面内绘制图 2-69a 所示草图并标注尺寸。

2）旋转草图成实体轴，旋转角度为 360°。

3）创建 ϕ28mm × 2mm 的径向环槽，确定后进行槽定位，根据系统提示选择 ϕ36mm 圆柱右端边 1 为目标边，槽的左端边 2 为刀具边，使两条边位置重合，确定后得到径向环槽。

4）创建左侧键槽的草图，草图和 *XY* 平面的距离为 11mm，草图尺寸如图 2-69d 所示。

5）拉伸左侧键槽草图切割形成左侧键槽，向下切割距离为 11mm。

6）用“键槽”命令创建右侧键槽，键槽长 25mm、宽 6mm、深 4mm，标注定位尺寸为 6mm。

7）左右两端倒角 C1。

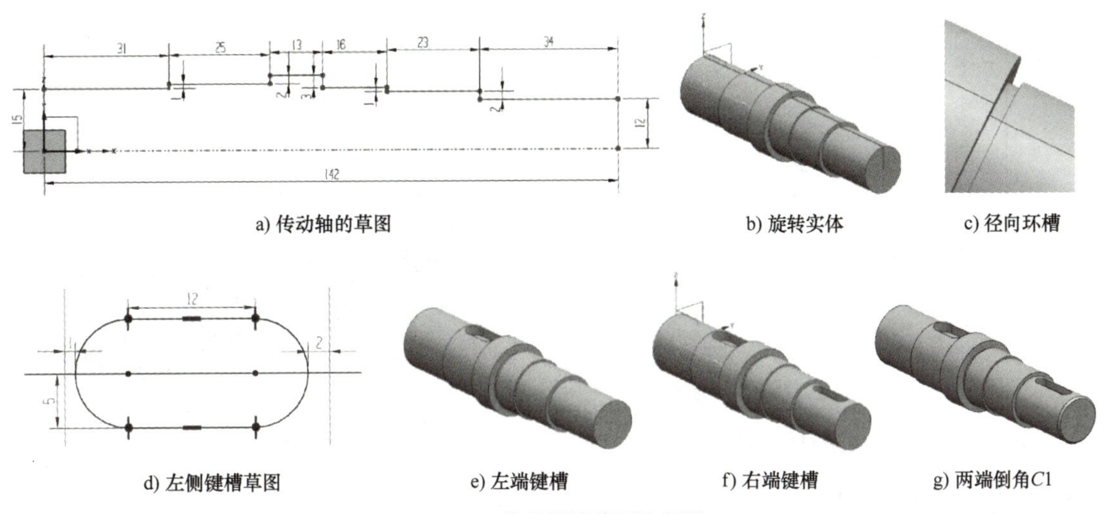

a) 传动轴的草图　b) 旋转实体　c) 径向环槽

d) 左侧键槽草图　e) 左端键槽　f) 右端键槽　g) 两端倒角C1

图 2-69　传动轴的造型流程图

通过传动轴的造型主要掌握的命令有“旋转”“基准平面”“槽”“键槽”“倒角”。

2.1.3

2. 任务实施

（1）绘制传动轴的草图　选择“插入”→“草图”命令，选择 XZ 平面，用“轮廓”命令绘制轴的轮廓草图，轮廓皆由水平线或竖直线构成，如图 2-70 所示；ϕ28mm × 2mm 的径向环槽用“槽”命令完成，草图中不绘制；长度为 142mm 的中心线转为参考线。

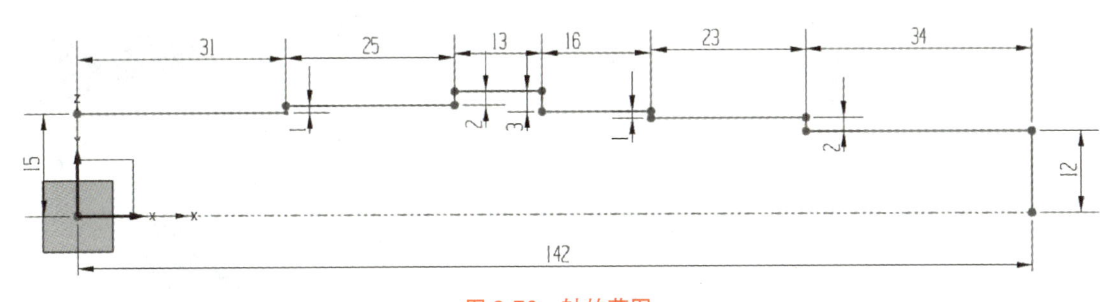

图 2-70　轴的草图

（2）旋转草图成实体轴　选择“插入”→“设计特征”→“旋转”命令（或单击“主页”选项卡中的“旋转”按钮），弹出图 2-71 所示的“旋转”对话框。设置 X 轴为参考线，旋转角度为 0° ～ 360°，单击“确定”按钮后得到图 2-72 所示的实体轴。如果轴的草图绘制成上下对称的轮廓，则设置旋转角度为 0° ～ 180°，避免自交叉报警。

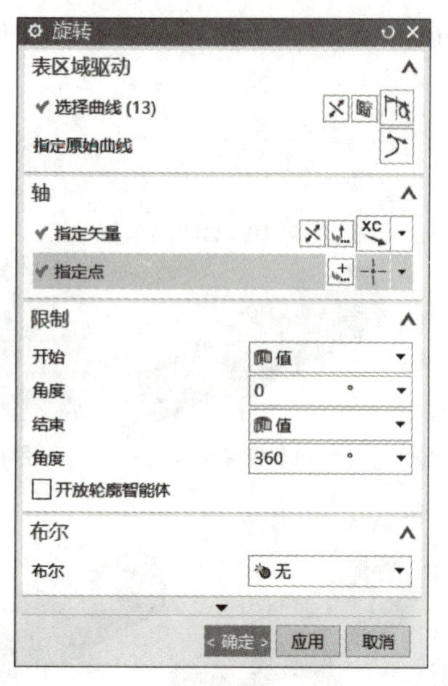

图 2-71　轴的旋转设置

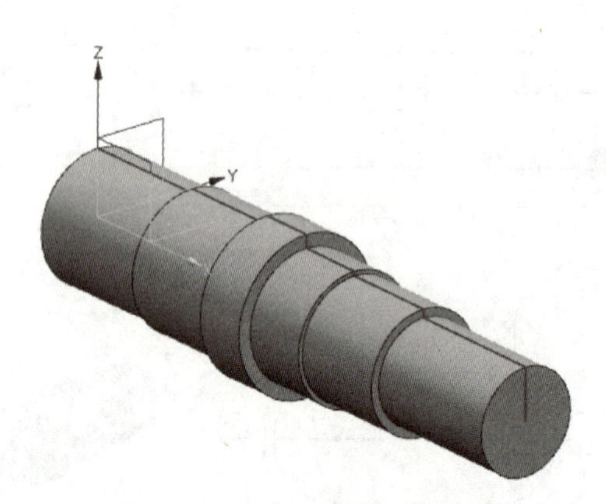

图 2-72　旋转得到的实体轴

（3）创建 ϕ28mm × 2mm 的径向槽　选择“插入”→“设计特征”→“槽”命令，弹出图 2-73 所示的“槽”对话框。选择“矩形”，放置面为 ϕ30mm 的圆柱面（图 2-74），设置矩形槽的尺寸为直径 28mm、宽 2mm（图 2-75），单击“确定”按钮后进行槽定位。根据系统提示选择 ϕ36mm 圆柱右端边 1 为目标边，槽的左端边 2 为刀具边（图 2-76），使两条边位置重合，如图 2-77 所示。单击“确定”按钮后得到图 2-78 所示的径向环槽。

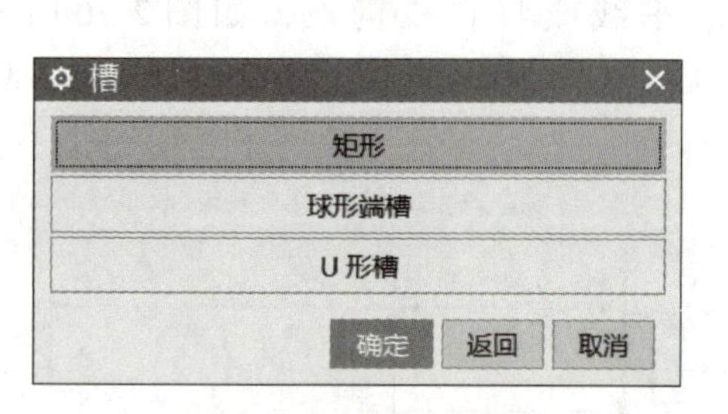

图 2-73　选择矩形槽

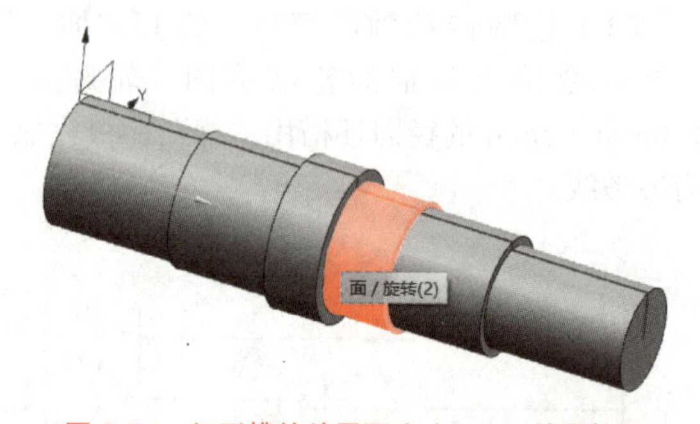

图 2-74　矩形槽的放置面为 ϕ30mm 的圆柱面

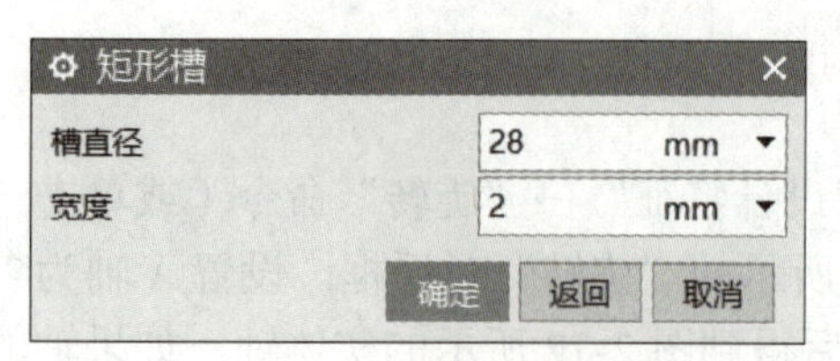

图 2-75　设置矩形槽尺寸

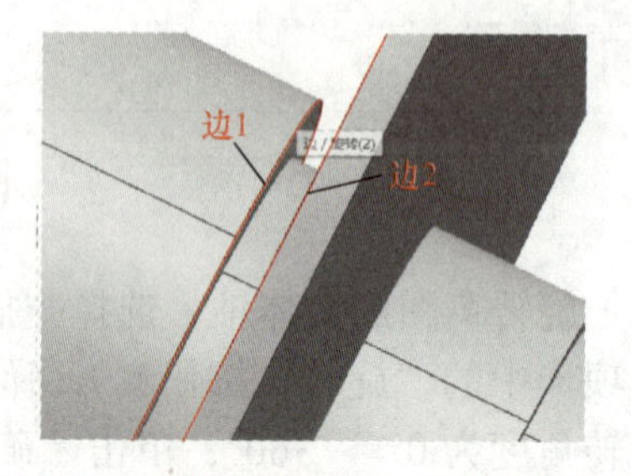

图 2-76　目标边为边 1、刀具边为边 2

图 2-77　两条边位置重合

图 2-78　ϕ28mm × 2mm 的径向环槽

（4）用拉伸切割方式创建左侧键槽

1）先创建基准平面，在该平面上绘制键槽，再进行拉伸切割。选择“插入”→“基准 / 点”→“基准平面”命令，设置“基准平面”对话框（图 2-79），选择“按某一距离”类型，平面参考面选择 *XY* 面，设置距离为 11mm 方向向上，单击“确定”按钮后得到图 2-80 所示的自定义平面。

2）在基准平面上创建图 2-81 所示的键槽草图，键槽左右位置不对称，距离左端为 1mm、右端为 2mm；选择“拉伸”命令，设置拉伸参数，选择键槽草图，指定矢量为 *ZC* 轴，向下切割，距离为 11mm，得到图 2-82 所示的键槽。

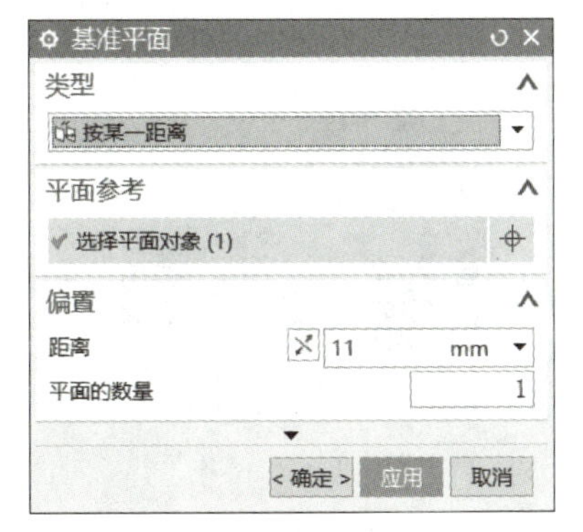

图 2-79　创建距离 *XY* 面 11mm 的基准平面设置

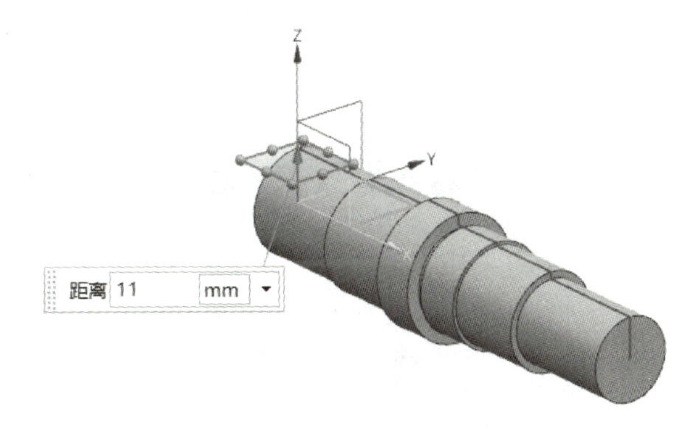

图 2-80　创建的基准平面

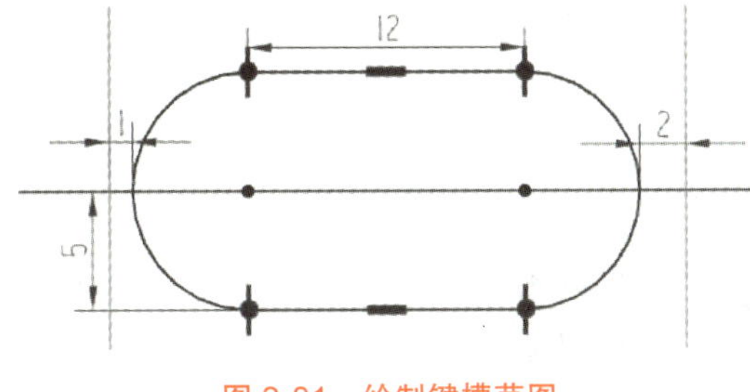

图 2-81　绘制键槽草图

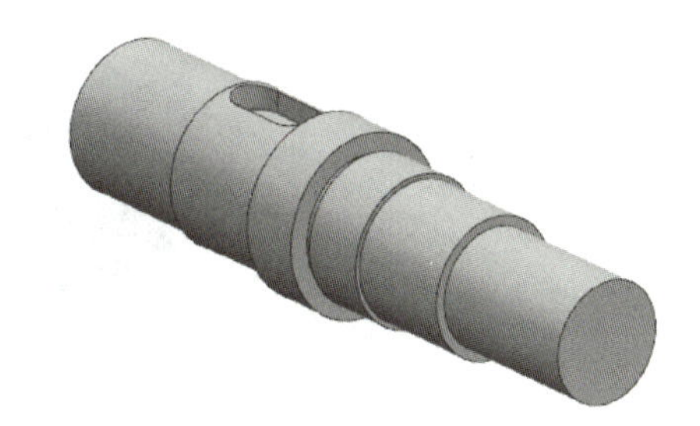

图 2-82　拉伸切割左端键槽

（5）用“键槽”命令创建右侧键槽

1）先创建基准平面。选择“插入”→“设计特征”→“基准平面”命令，设置“基准平面”对话框，如图 2-83 所示。选择“点和方向”类型，通过右端 ϕ24mm 圆的最上象限点，指定矢量为 *ZC* 轴，单击“确定”按钮得到图 2-84 所示的基准平面。

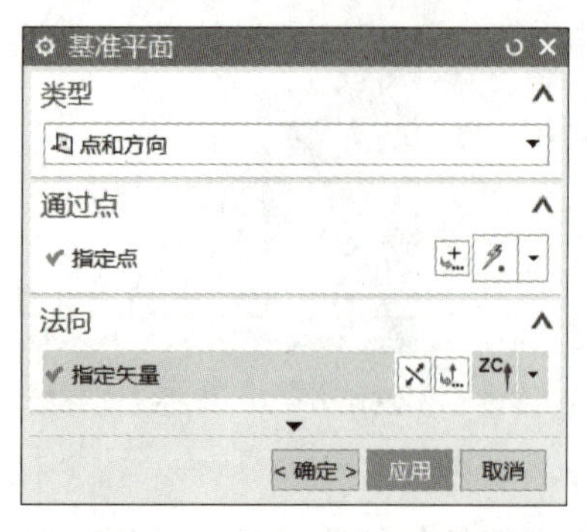

图 2-83 “基准平面”对话框

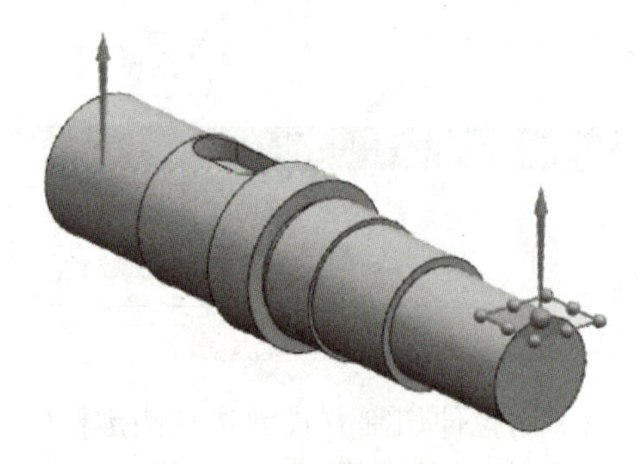

图 2-84 创建的基准平面

2）用“键槽”命令创建键槽特征。若“键槽”命令被隐藏，用命令查找器搜索“键槽”，在搜索结果中选择“键槽（原有）”，在“槽”对话框中选择“矩形槽”，放置面选择刚创建的基准平面，箭头方向向下，水平参考选择 *X* 轴，设置矩形键槽尺寸，如图 2-85 所示，长度为 25mm，宽度为 6mm，深度为 4mm，用水平尺寸定位方式确定键槽位置，ϕ28mm 右端边线到键槽左端圆弧中心的距离为 6mm，如图 2-86 所示，单击“确定”按钮后得到图 2-87 所示的键槽。

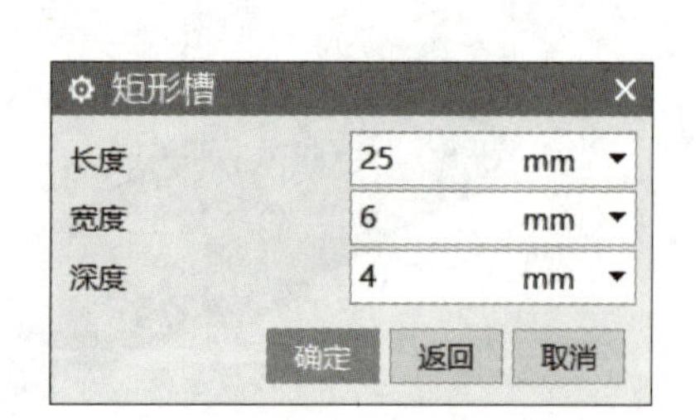

图 2-85 设置矩形键槽尺寸

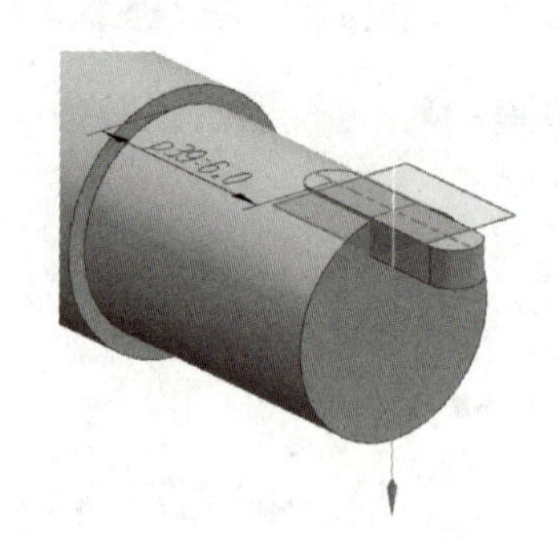

图 2-86 标注水平距离“6mm”

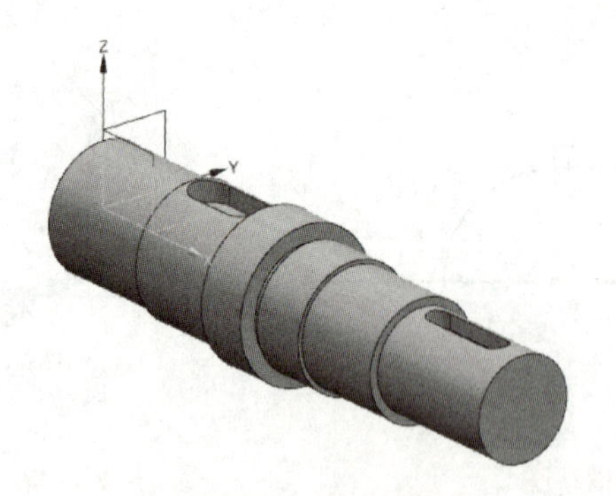

图 2-87 创建右端键槽

（6）左右两端倒角 *C*1 选择“插入”→“细节特征”→“倒斜角”命令，进入图 2-88 所示的“倒斜角”对话框，选取左右两端边线，对称倒角，设置距离为 1mm，单击“确定”按钮后得到图 2-89 所示倒角 *C*1。至此完成传动轴的造型，保存文件。

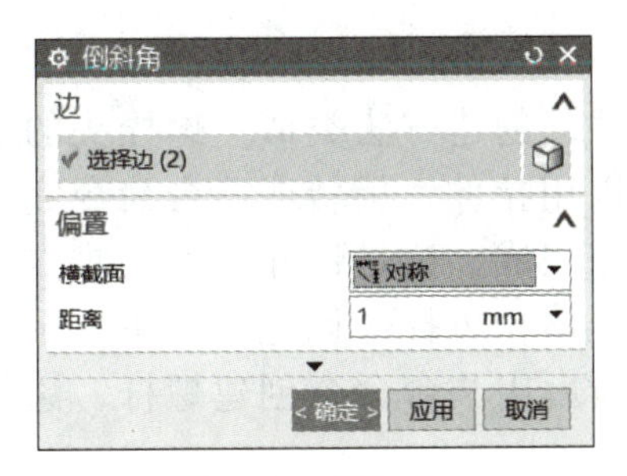

图 2-88　倒角 C1

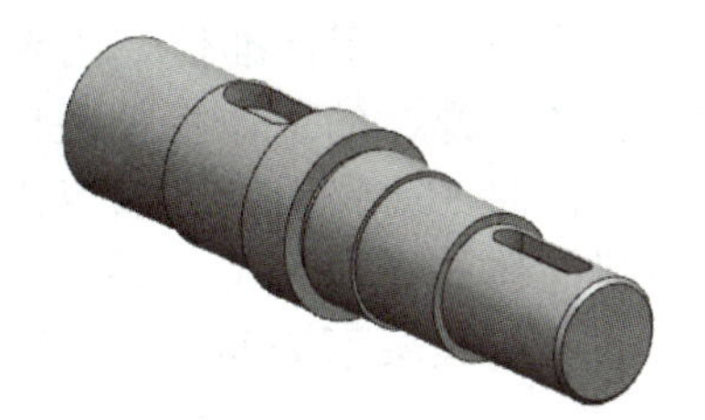

图 2-89　倒角后的传动轴

3. 任务小结与拓展

轴类零件是回转体，主体特征用“旋转”命令创建。一般是在侧面上绘制截面草图，经旋转得到主体，再用槽、键槽或拉伸切割等命令创建轴上结构。该任务训练的主要操作是回转体、槽、基准平面、键槽、倒角的创建。

试完成图 2-90 所示的法兰实体造型。

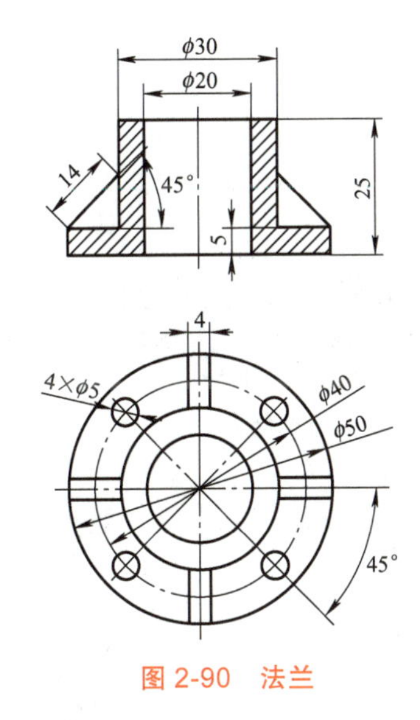

图 2-90　法兰

2.1.3 拓展

2.1.4　螺栓实体造型

完成图 2-91 所示的螺栓实体造型。

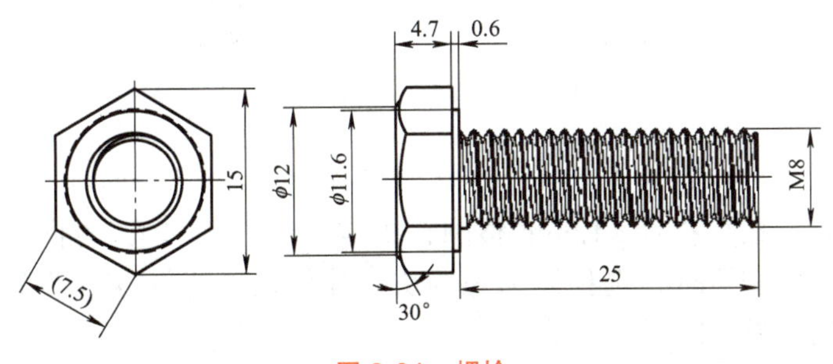

图 2-91　螺栓

1. 任务分析

螺栓和螺母是常用标准件，两者都属于紧固件，创建方法类似。螺栓头的主体特征是拉伸实体，螺杆的主体特征是回转实体，可以用拉伸、旋转或凸台命令完成。螺栓头的下表面是30°斜面，可以用拔模或倒角命令完成，这是螺栓造型的难点。造型时，以薄圆柱体的底面为尺寸基准，先绘制薄圆柱体，再拉伸创建螺栓头，用拔模拉伸的方式修剪螺栓头下表面，使之成30°斜面，最后用凸台命令创建螺杆，添加螺纹特征。

根据螺栓的形状特征，造型思路如下，造型流程图如图2-92所示。

1）创建ϕ11.6mm × 0.6mm薄圆柱体，指定矢量为*ZC*轴，指定点为原点。

2）创建拉伸原始螺栓头。先在*XY*平面上（*Z*=0）用曲线命令绘制正六边形，边长为7.5mm、中心位于原点（0，0，0）。拉伸正六边形成螺栓头，选择六边形曲线，指定矢量为*ZC*轴，拉伸方向向下，拉伸距离为4.7mm，布尔合并运算。

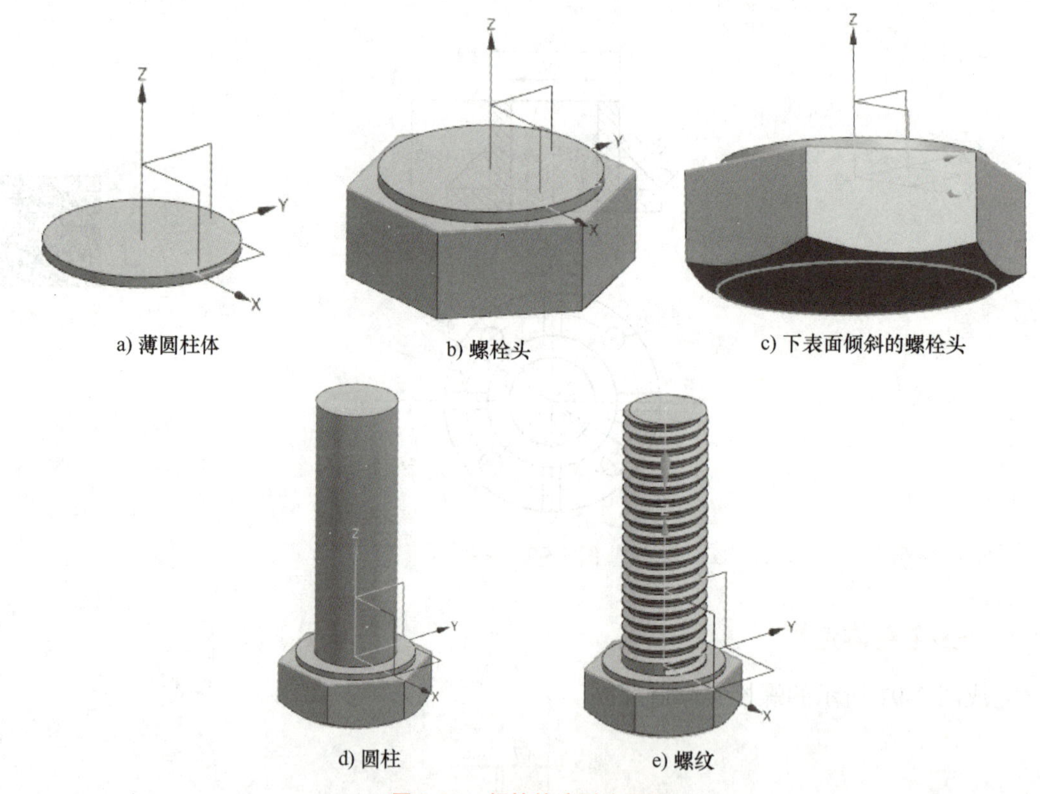

a) 薄圆柱体　b) 螺栓头　c) 下表面倾斜的螺栓头

d) 圆柱　e) 螺纹

图2-92　螺栓的造型流程图

3）创建螺栓头下表面的30°斜面。在螺栓头的下表面用曲线命令绘制ϕ12mm整圆，中心点在原点；拔模拉伸ϕ12mm整圆，指定矢量为*ZC*轴，方向向上，拉伸距离为5.3mm，进行布尔相交运算，选择体为螺栓头，拔模角度为-60°，设置“拔模”为“从截面”，“角度选项”为“单侧”。

4）用“凸台”命令创建圆柱。设置直径为8mm，高度为25mm，进行圆心重合定位。

5）用“螺纹”命令创建螺纹特征。选择圆柱面，根据螺纹的生成方向选择“右旋”或“左旋”，设置小径为 6.75mm，长度为 25mm，螺距为 1.25mm，角度为 60°，至此完成螺栓的造型。

通过螺栓的造型主要掌握的命令有“圆柱体”“多边形”“拉伸－拔模”“凸台”“螺纹”。

2. 任务实施

（1）创建 ϕ11.6mm × 0.6mm 薄圆柱体　选择“插入”→“设计特征”→“圆柱体”命令，设置圆柱直径为 11.6mm，高度为 0.6mm，指定矢量为 *ZC* 轴，指定点为原点，如图 2-93 所示。单击“确定”按钮后得到图 2-94 所示的薄圆柱体。

2.1.4

图 2-93　薄圆柱体设置

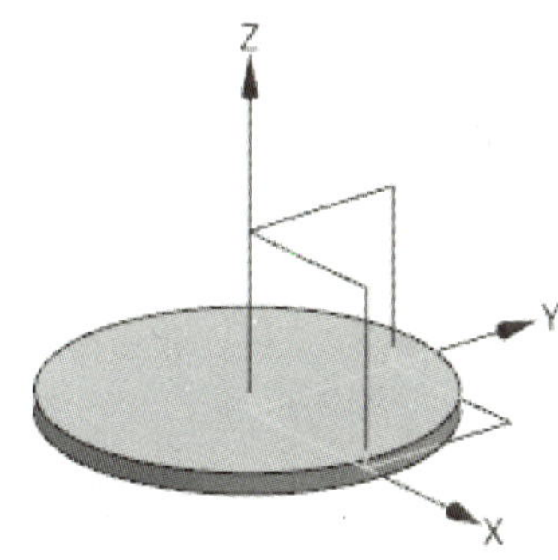

图 2-94　创建薄圆柱体

（2）拉伸创建原始螺栓头　先绘制正六边形，可以用草图完成，也可以用曲线完成。根据图样尺寸“7.5”，用曲线下的多边形命令更方便。选择“插入”→“曲线”→“多边形”命令，输入多边形边数为“6”，在“多边形”对话框中选择“多边形边”（图 2-95），单击“确定”按钮后输入内切圆半径为“7.5”（图 2-96），多边形的中心位于原点（0，0，0），即正六边形位于 *XY* 平面上（*Z*=0）。单击“确定”按钮后得到图 2-97 所示的正六边形。

然后用“拉伸”命令创建螺栓头实体。选择“拉伸”命令，按照图 2-98 所示设置“拉伸”对话框，选择六边形曲线，设置指定矢量为 *ZC* 轴，方向向下，拉伸距离为 4.7mm，进行布尔“合并”运算，单击“确定”按钮后得到图 2-99 所示的螺栓头。

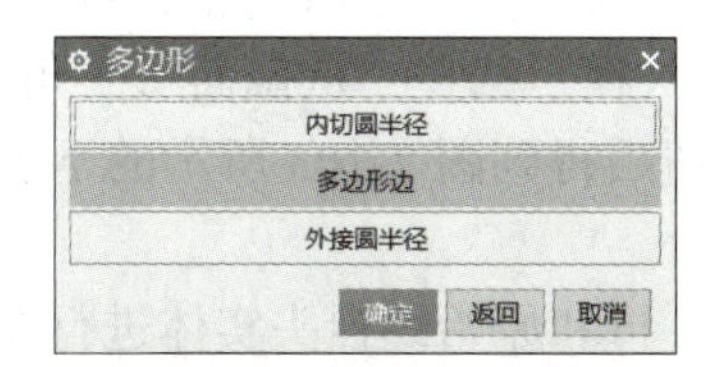

图 2-95　选择“多边形边”选项

图 2-96　输入内切圆半径

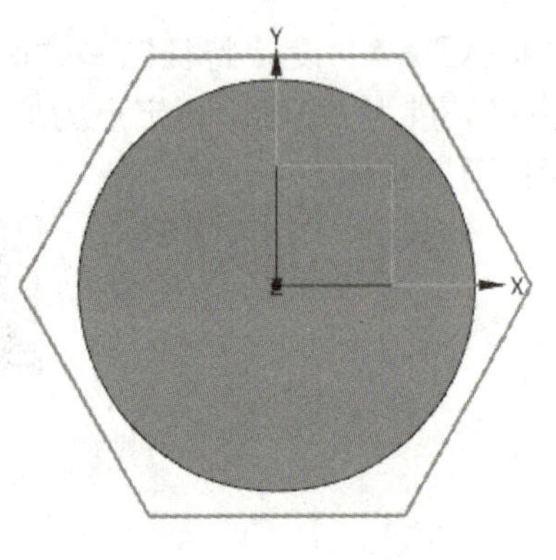

图 2-97　绘制正六边形

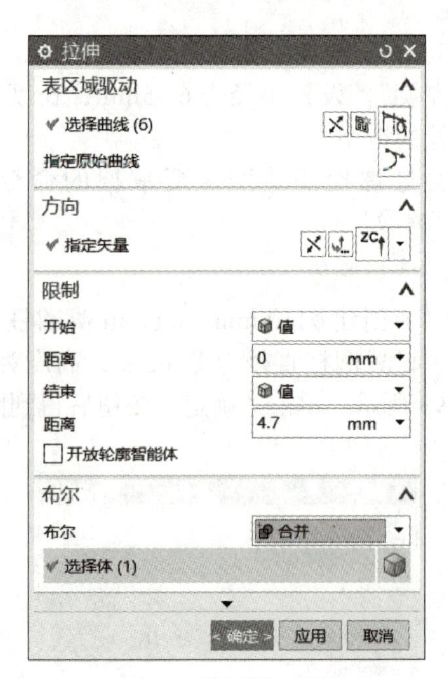

图 2-98　“拉伸”对话框

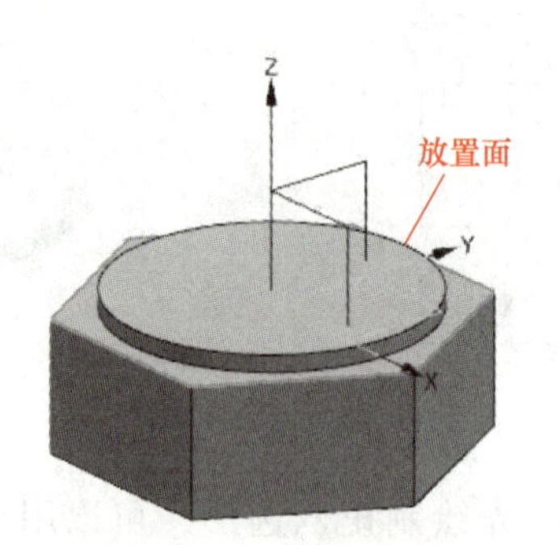

图 2-99　拉伸原始螺栓头

（3）创建螺栓头下表面的 30° 斜面　螺栓头下表面边缘是一个斜面，倾斜角范围为 15° ～ 30°，这里以 30° 为尺寸创建斜面。

1）用曲线命令绘制 ϕ12mm 圆。选择“插入”→“曲线”→“圆弧 / 圆”命令，按照图 2-100 所示设置“圆弧 / 圆”对话框。设置圆心在原点，半径为 6mm，选择平面为螺栓头的下表面（图 2-101），在“限制”选项组中勾选“整圆”，单击“确定”按钮后得到图 2-101 所示的 ϕ12mm 整圆。

2）创建 30° 的斜面。选择“拉伸”命令，按照图 2-102 所示设置“拉伸”对话框，通过拔模得到 30° 斜面。选取 ϕ12mm 圆，指定矢量为 *ZC* 轴，方向向上，拉伸距离为 5.3mm，进行布尔相交运算，选择体为原始螺栓头，“拔模”选择“从截面”，“角度选项”选择“单侧”，“角度”为“-60°”，单击“确定”按钮后得到图 2-103 所示的下表面倾斜的螺栓头。

另一种方法是创建圆柱体，对圆柱体的边倒斜角，再和原始螺栓头实体进行布尔相交运算。

图 2-100　“圆弧 / 圆”的对话框

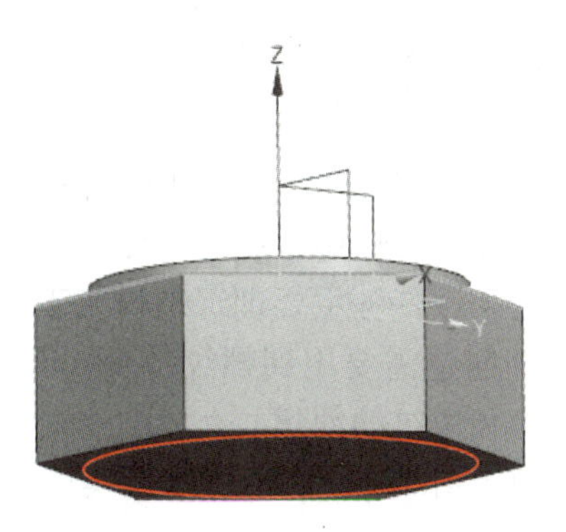

图 2-101　绘制 ϕ12mm 圆

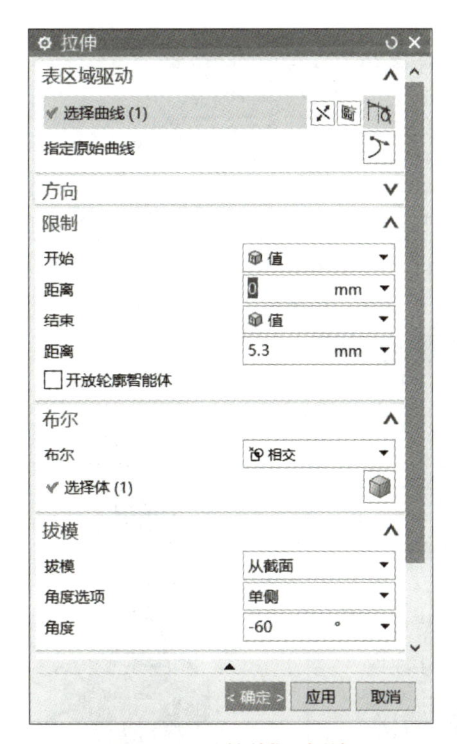

图 2-102　“拉伸”对话框

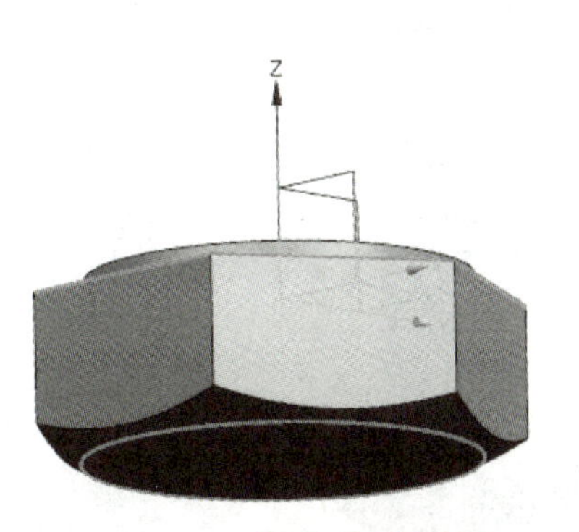

图 2-103　下表面倾斜的螺栓头

（4）用“凸台”命令创建圆柱凸台　可以使用设计特征里的圆柱体、拉伸、旋转或凸台命令完成圆柱凸台的创建，这里用“凸台”命令创建。通过命令查找器搜索“凸台”命令，选择凸台（原有），弹出图 2-104 所示的“支管”对话框。选择薄圆柱体的上表面为放置面（图 2-99），按照图 2-104 所示设置凸台尺寸，直径为 8mm，高度为 25mm，单击“确定”按钮后对凸台进行圆心重合定位。定位选择“点落在点上”命令，目标对象选择放置面的圆心，选择“圆弧中心”（图 2-105），单击“确定”按钮后得到图 2-106 所示的圆柱凸台。

（5）创建螺纹特征　选择“插入”→“设计特征”→“螺纹”命令，选择圆柱凸台的侧面，根据螺纹的生成方向勾选“右旋”，设置螺纹尺寸（图 2-107），单击“确定”按钮后得到图 2-108 所示的螺纹。至此完成螺栓的造型，保存文件。

3. 任务小结与拓展

螺栓由薄圆柱体、螺栓头、螺杆 3 部分构成，都可以用“拉伸”命令完成创建。薄圆柱体和螺杆还可以用“旋转”命令完成，这里使用更便捷的“圆柱体”和“凸台”命令。该任务主要训练螺栓头下表面 30° 斜面的创建，用“拔模”命令完成；螺杆创建需要用到螺纹特征。该任务训练的主要操作是圆柱体、拔模特征、凸台和螺纹的创建。

2.1.4 拓展

试创建图 2-109 所示的螺母实体。

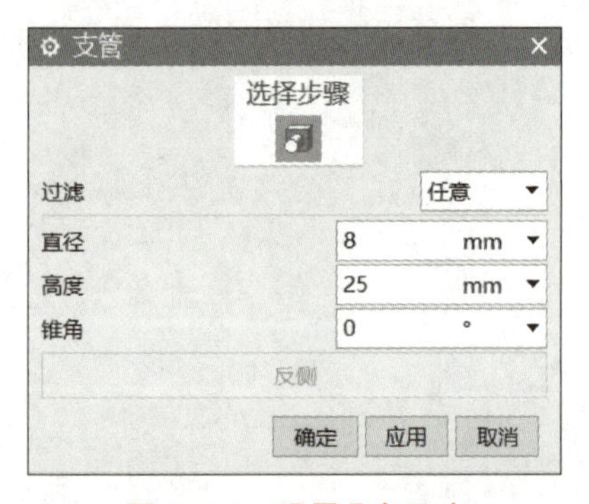

图 2-104　设置凸台尺寸

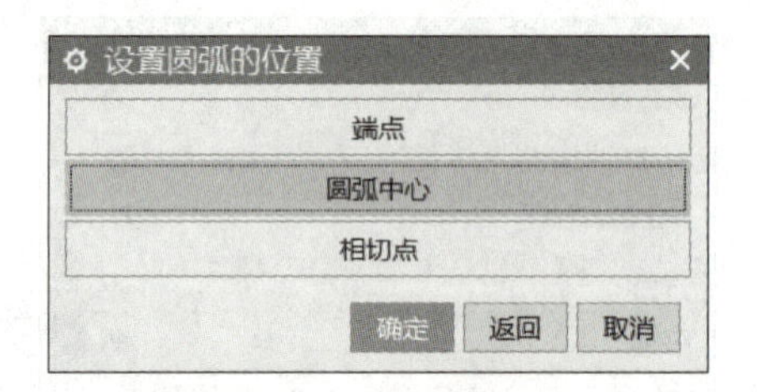

图 2-105　圆心重合设置

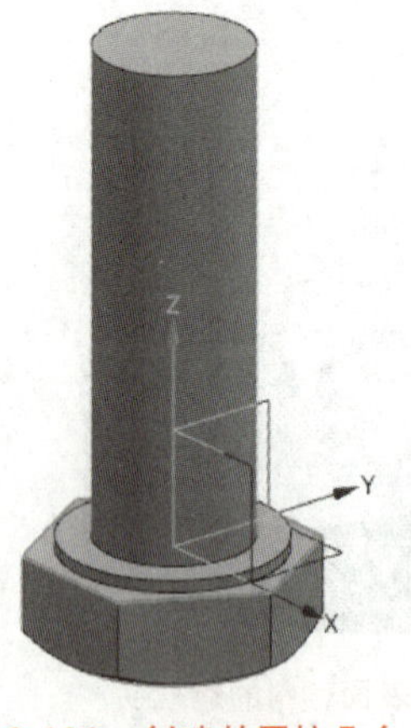

图 2-106　创建的圆柱凸台

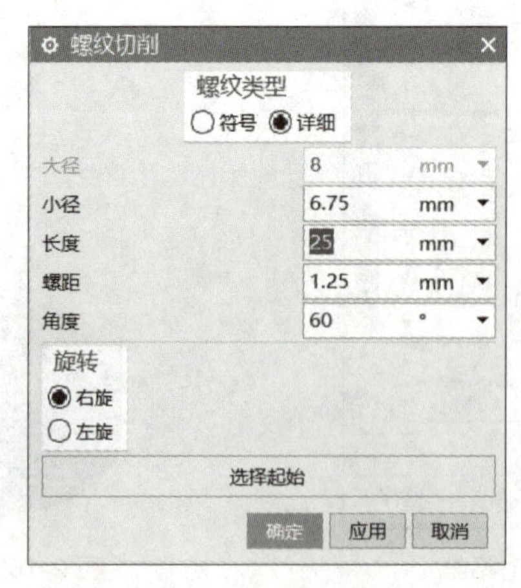

图 2-107　螺纹尺寸设置

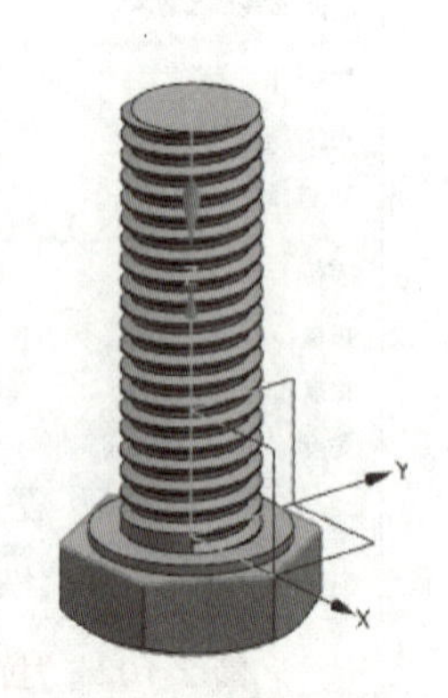

图 2-108　创建的螺纹

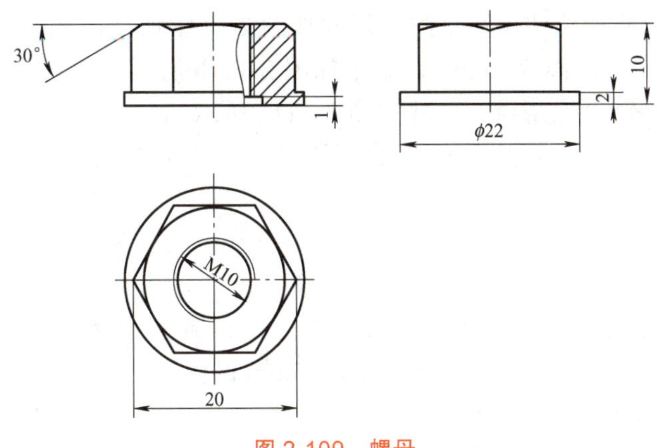

图 2-109　螺母

2.1.5　压块拉环实体造型

完成图 2-110 所示的压块拉环实体造型。

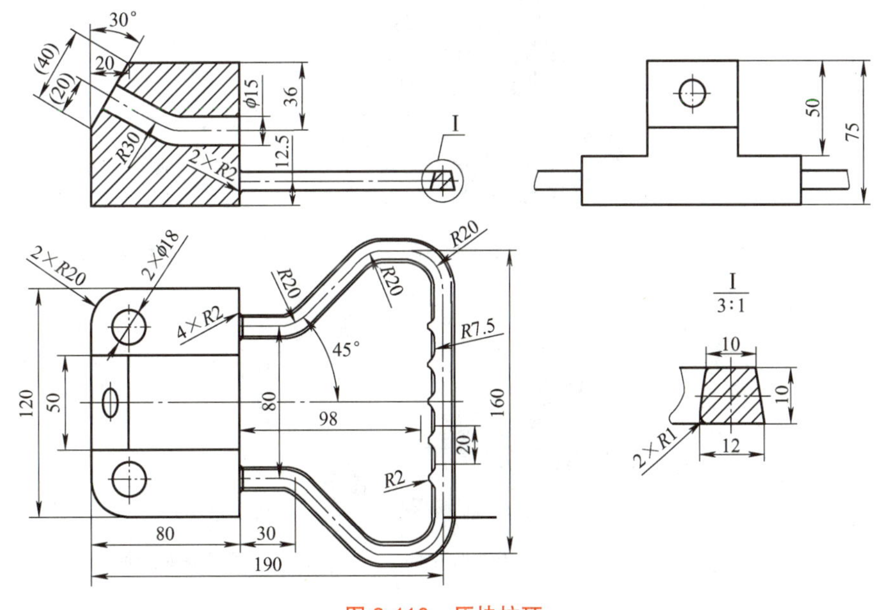

图 2-110　压块拉环

1. 任务分析

（1）造型思路　压块拉环分为左右两个部分，左边压块的主体用拉伸完成创建，在此基础上用“管道”命令创建内部的弯道，也可以用一个圆截面沿着一条引导线扫掠完成内部弯道的造型；两条竖直边倒 *R*20mm 圆角；用偏置和角度方式倒斜角。右边是拉环，主体使用“扫掠”命令完成，截面为放大视图中的梯形（图 2-110），路径为俯视图中的线框，属于单一截面单一路径扫掠；手握处造型用拉伸特征完成；两处进行实体边倒 *R*20mm 圆角。

压块拉环的造型过程如下，造型流程图如图 2-111 所示。

1）在 *YZ* 平面上绘制拉伸压块草图，尺寸如图 2-111a 所示。

2）拉伸草图，拉伸距离为 80mm，结果如图 2-111b 所示。

3）在 *XY* 平面绘制扫掠路径，尺寸如图 2-111c 所示。

4）在压块右侧立面上绘制扫掠截面草图，标注尺寸“5”“6”“10”“17.5”，如图 2-111d 所示。

5）创建拉环扫掠实体，用单一截面、单一引导线方式进行创建，结果如图 2-111e 所示。

6）绘制手握处拉伸实体草图，在扫掠实体上表面绘制一个线框：两个 *R*7.5mm 圆弧、一条竖直线、*R*2mm 倒圆角，竖直线和 2 个 *R*7.5mm 圆弧相切，尺寸如图 2-111f 所示。线性阵列成 5 个线框，阵列节距为 20mm。

7）创建手握处拉伸实体。选择 5 个线框，拉伸距离为 10mm。

8）所有实体合并运算。把压块、扫掠实体和 5 个拉伸实体进行合并。

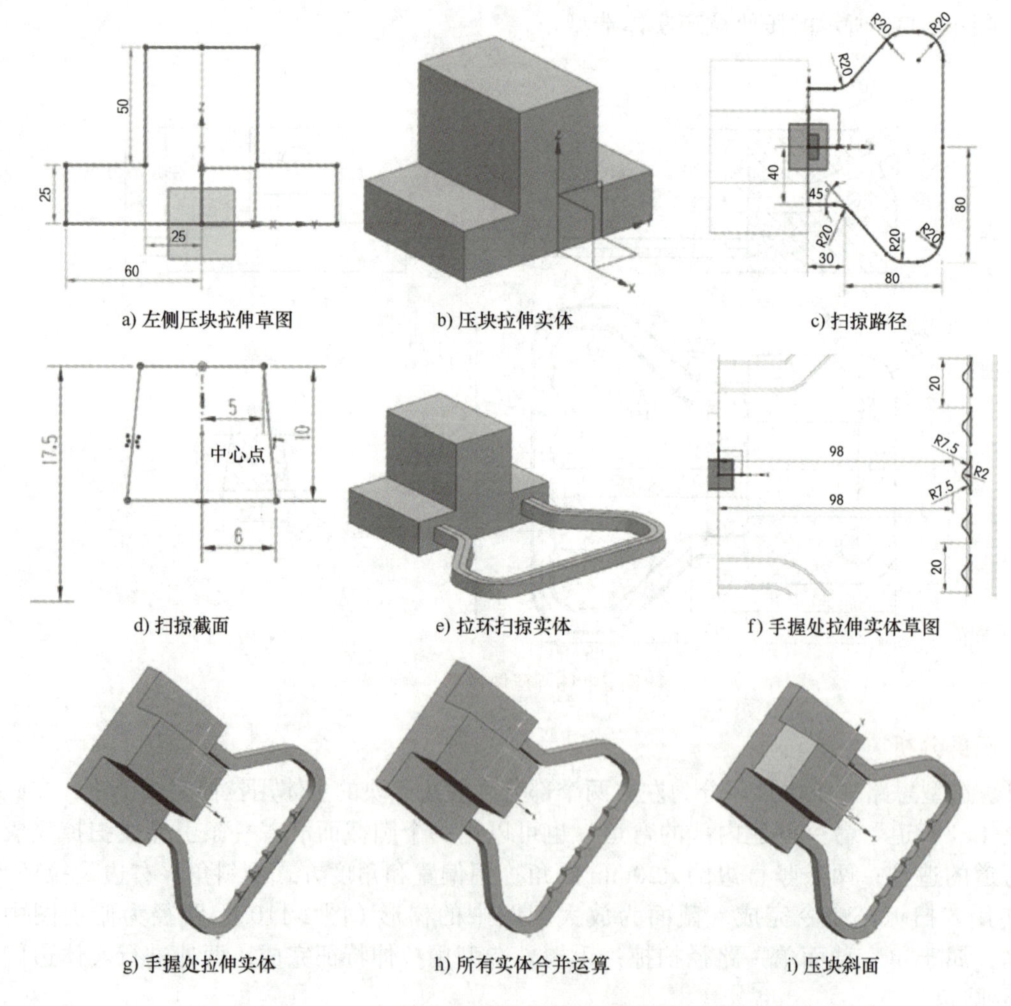

a) 左侧压块拉伸草图　b) 压块拉伸实体　c) 扫掠路径

d) 扫掠截面　e) 拉环扫掠实体　f) 手握处拉伸实体草图

g) 手握处拉伸实体　h) 所有实体合并运算　i) 压块斜面

图 2-111　压块拉环造型流程图

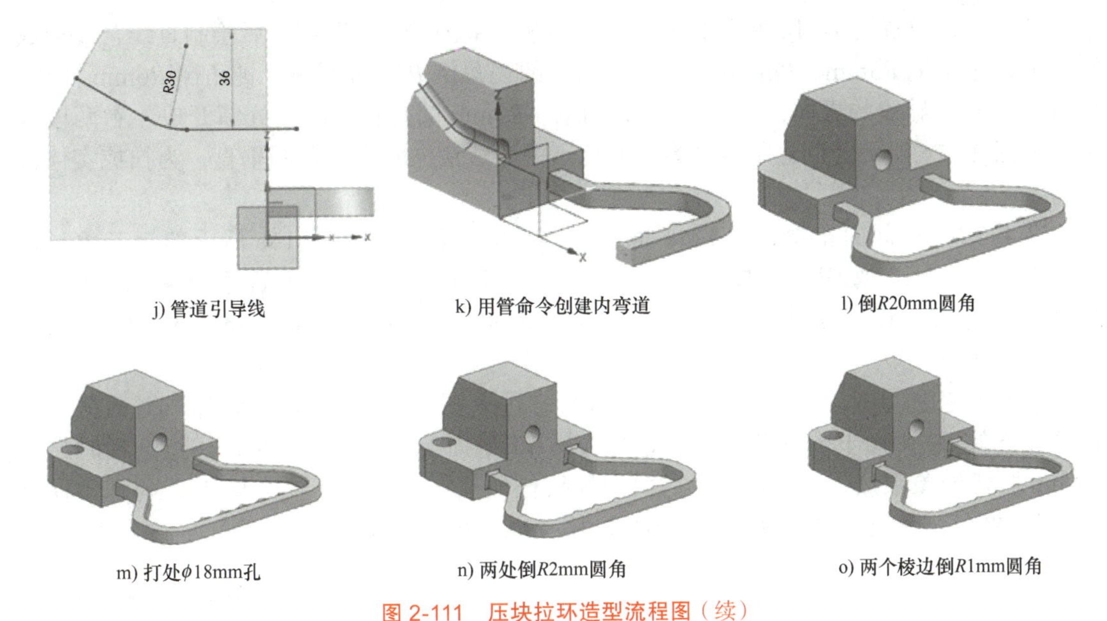

j) 管道引导线　k) 用管命令创建内弯道　l) 倒R20mm圆角

m) 打处ϕ18mm孔　n) 两处倒R2mm圆角　o) 两个棱边倒R1mm圆角

图 2-111　压块拉环造型流程图（续）

9）创建左侧压块的斜面，用倒斜角方式，将左侧面上棱边偏置 20mm，角度为 60°。

10）绘制内弯道的管道引导线，选择 *XZ* 平面绘制草图，尺寸如图 2-111j 所示，起始点从斜线中点开始，终止点超过压块侧面。

11）用管道命令创建内弯道。进入“管”对话框，引导线选择 3 条曲线，设置外径为 15mm，内径为 0mm，选择布尔减去运算。

12）创建左侧压块 *R*20mm 圆角特征，选择压块拐角的两条竖直线，设置圆角半径为 20mm。

13）用孔命令创建左侧压块两处 ϕ18mm 孔特征，孔的位置捕捉 *R*20mm 圆的圆心，选择“简单孔”，设置直径为 18mm，选择“贯通体”和布尔减去运算。

14）拉伸实体和扫掠实体连接处用边倒圆命令倒 *R*2mm 圆角。

15）扫掠实体的两条手握内侧棱边用边倒圆命令倒 *R*1mm 圆角，选择扫掠实体的内侧上下两条棱边，设置圆角半径为 1mm，完成压块拉环的造型并保存文件。

通过压块拉环的造型主要掌握的命令有“扫掠”“管道”“组合 – 合并”“倒圆角”“视图 – 截面”。

（2）扫掠。扫掠是指将截面轮廓沿着给定的曲线路径掠过而得到实体特征，需要先绘制截面轮廓和曲线路径，曲线路径作为截面的引导线。相对于拉伸和旋转来说，扫掠得到的实体是不规则的实体。下面通过创建空间五角星实体说明扫掠特征的操作步骤。选择“菜单”→“插入”→“扫掠 W”→“扫掠 S”命令（或单击“扫掠”按钮），进入“扫掠”对话框。

扫掠分为单一截面单一路径扫掠、多截面单一路径扫掠和多截面多路径扫掠。

1）单一截面单一路径扫掠。扫掠的截面和路径只有 1 个。举例说明：创建图 2-112 所示的空间五角星实体模型。操作步骤如下。

① 绘制 *XY* 平面上的扫掠曲线路径（图 2-113）。进入 *XY* 平面绘制草图，单击“多边

形”按钮⊙，设置图 2-114 所示的正五边形参数，单击“确定”按钮后绘制直线，修剪成平面五角星；倒 *R*3mm、*R*6mm 圆角，五角星的锐角倒 *R*3mm 圆角，钝角倒 *R*6mm 圆角。为方便观察引导线的方向，把五角星最上面的 *R*3mm 圆角在象限点处断开成左右两段圆弧，如图 2-115 所示。创建断点是为了使该点的曲线法向和截面草图垂直，为扫掠实体做准备。

② 绘制扫掠截面轮廓，在 *YZ* 平面（图 2-116a）上绘制图 2-116b 所示的正三角形草图。单击“草图”按钮，选择 *YZ* 平面，单击“多边形”按钮，设置边数为 3，选择外接圆半径方式，设置圆半径为 3mm，方位角为 90°，中心点捕捉 *R*3mm 圆弧的象限点（图 2-115）。

③ 创建扫掠实体。单击“扫掠”按钮，进入图 2-117 所示的“扫掠”对话框，截面曲线选择 *YZ* 平面上的三角形，引导线选择 *XY* 平面上的平面五角星，注意选择时靠近 *R*3mm 圆弧的象限点；截面位置为“沿引导线任何位置”或“引导线末端”，勾选“保留形状”，单击“确定”按钮后得到图 2-112 所示的五角星实体。

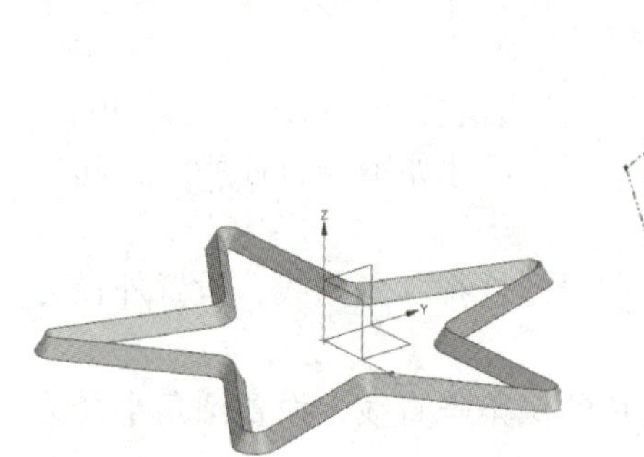

图 2-112　空间五角星扫掠实体

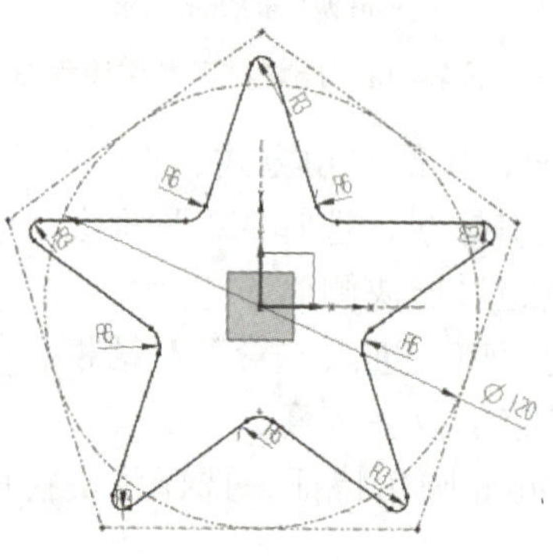

图 2-113　扫掠曲线路径—*XY* 平面

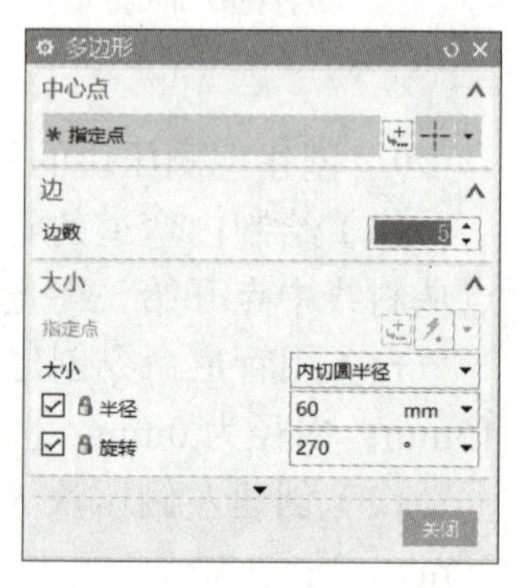

图 2-114　“多边形”对话框

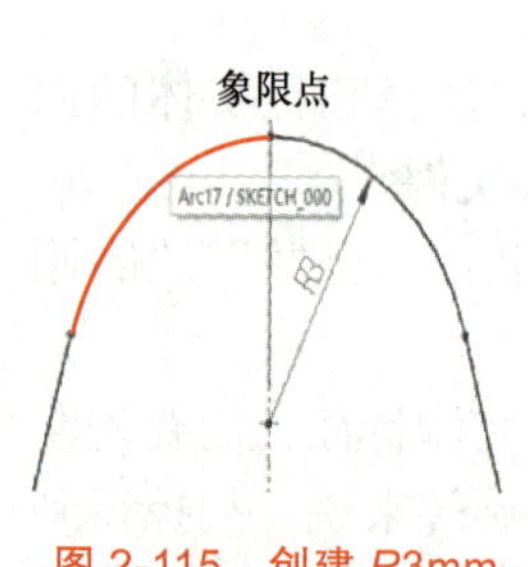

图 2-115　创建 *R*3mm 圆弧断点

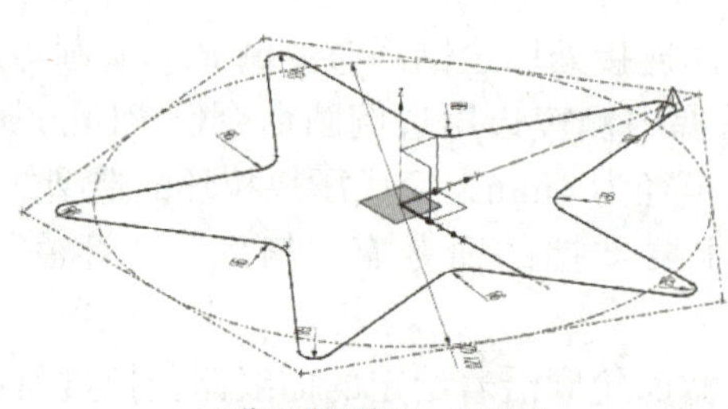

a) 截面草图位置—*YZ* 平面

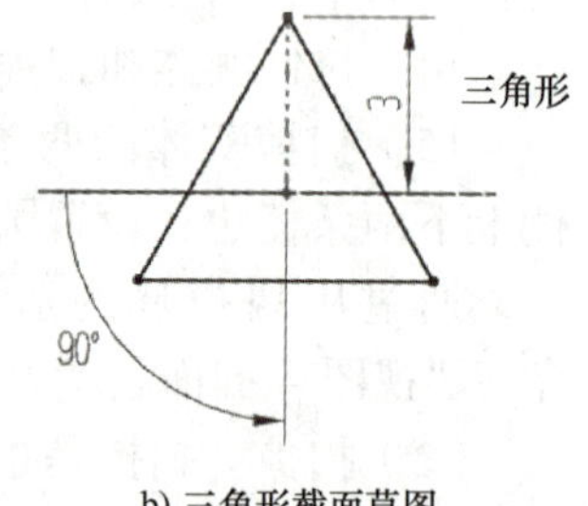

b) 三角形截面草图

图 2-116　扫掠截面草图

创建扫掠特征，需要遵循以下规则。

① 扫掠引导线可以是封闭的，也可以是开放的，但是不能自相交。

② 相比于截面轮廓尺寸，引导线的圆弧转角不能太小，否则截面轮廓经过圆弧时会出现实体自身相交，导致创建扫掠特征失败。

③ 一般地要保持扫掠实体的截面方向和引导线垂直，因此要勾选图 2-117 所示的“扫掠”对话框中的“保留形状”复选框。

④ 绘制截面草图时，要保证草图的法向和该点的引导线方向一致，本例中截面轮廓绘制在 *YZ* 平面中，其法向和该象限点的引导线方向一致，否则实体会偏斜，如图 2-118 所示。

2）多截面单一路径扫掠。扫掠的截面超过 1 个，扫掠的路径只有 1 个。

举例说明：根据图 2-119 所示的内六角扳手及其尺寸，创建图 2-120 所示的内六角工具实体。

分析：扳手短端截面为正六边形，长端截面为圆形，用扫掠的多截面单一路径方式建模。

操作步骤如下。

① 在 *XY* 草图平面绘制扫掠路径，如图 2-121 所示，草图原点位于两直线交点。

② 绘制扫掠截面 1，如图 2-122 所示。创建基准平面 1，该平面和 *YZ* 平面相距 140mm，位于其左侧。在基准平面 1 上绘制直径为 6mm 的整圆。

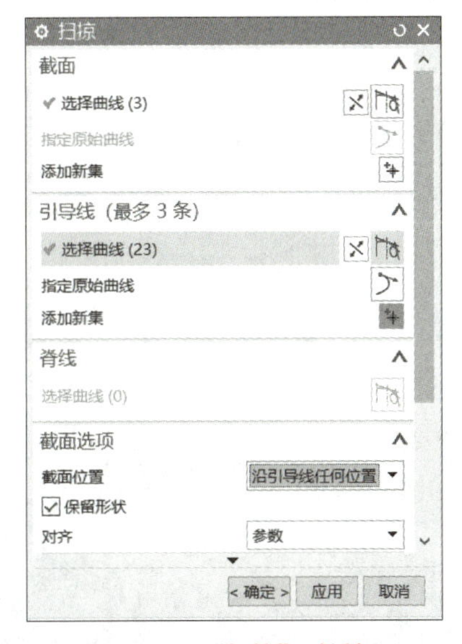

图 2-117 “扫掠”对话框

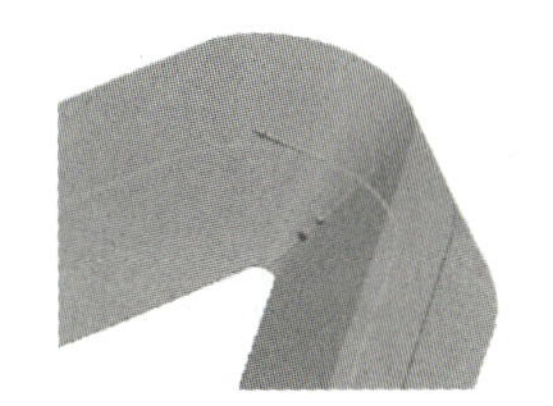

图 2-118 偏斜的五角星

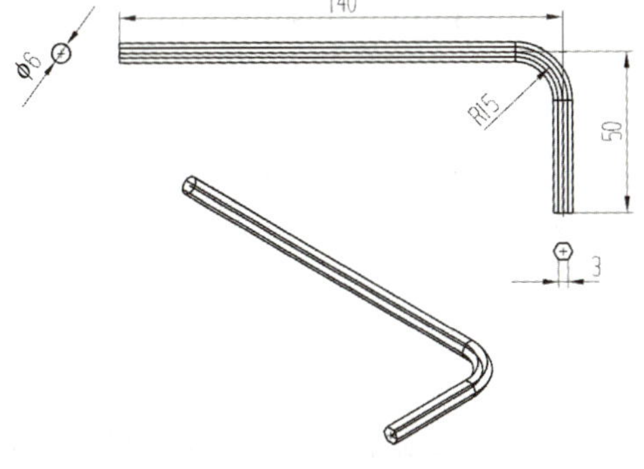

图 2-119 内六角扳手及其尺寸

图 2-120 内六角工具实体

③ 绘制扫掠截面 2，如图 2-122 所示。创建基准平面 2，该平面和 *XZ* 相距 50mm，

位于其前面。在基准平面 2 上绘制正六边形，输入外接圆半径“3”、旋转角度“0°”。

④ 创建扫掠实体。选择“扫掠”命令，按照图 2-123 所示的“扫掠”对话框设置相关参数，选择 1 个截面后，通过选择“添加新集”再选取另一个截面，引导线选择图 2-121 中的路径曲线，单击“确定”按钮后得到图 2-120 所示的扫掠实体。

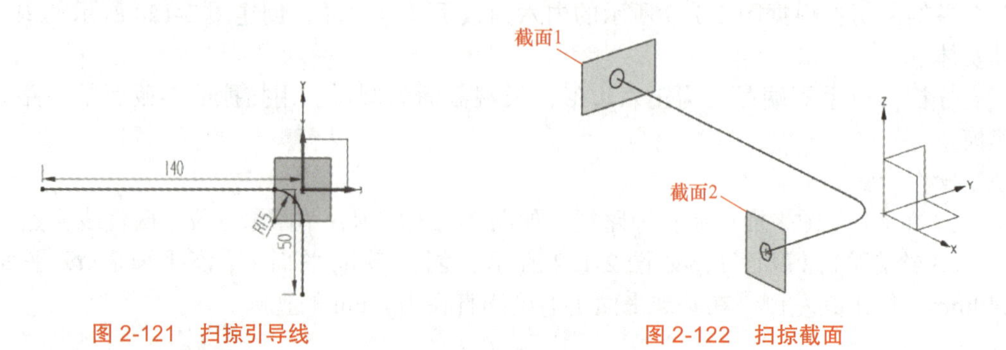

图 2-121　扫掠引导线

图 2-122　扫掠截面

3）多截面多路径扫掠。扫掠的截面和路径都超过 1 个。

举例说明：创建图 2-124 所示的双通道实体。

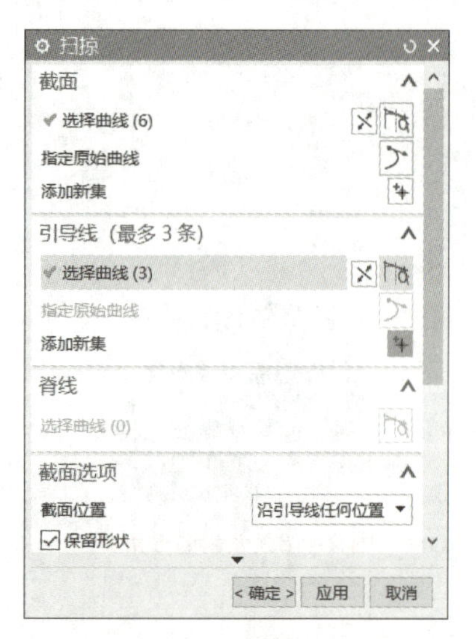

图 2-123　扫掠设置 – 多截面

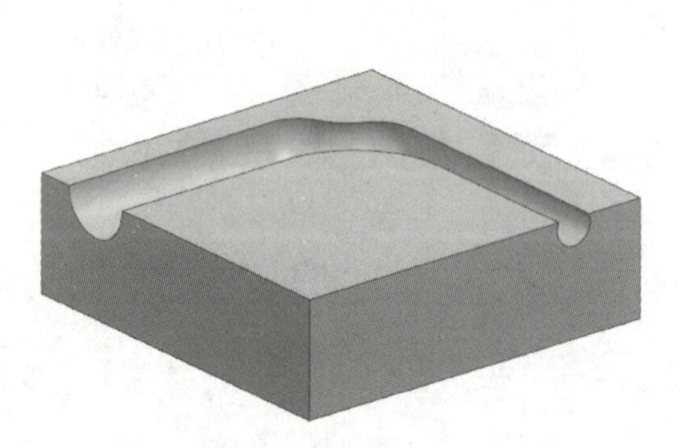

图 2-124　双通道实体

操作步骤如下。

① 创建 100mm × 100mm × 30mm 的立方体，如图 2-125 所示。选择“插入”→“设计特征”→“长方体”命令，设置长、宽、高尺寸分别为“100”“100”“30”，指定点为原点，单击“确定”按钮即可。

② 绘制扫掠截面 1，如图 2-126 所示。单击“草图”按钮，选择长方体的左前表面 1，绘制截面 1 草图，即 R10mm 半圆。

③ 绘制扫掠截面 2，如图 2-127 所示。单击“草图”按钮，选择长方体的右前表面 2，绘制截面 2 草图，即 ϕ10mm 圆弧。

④ 绘制扫掠路径 1 和路径 2，如图 2-128 所示。

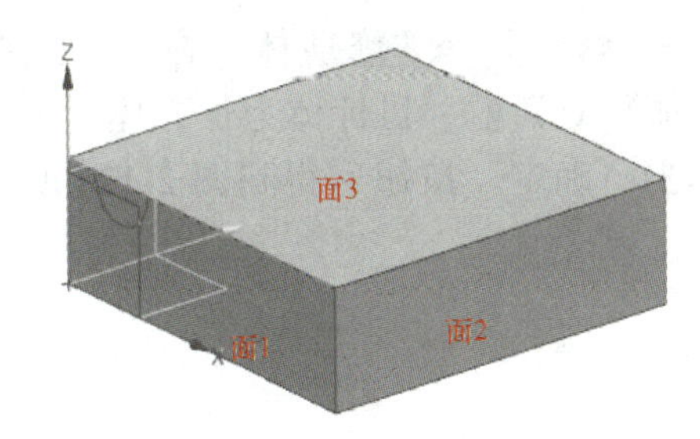

图 2-125　原始长方体

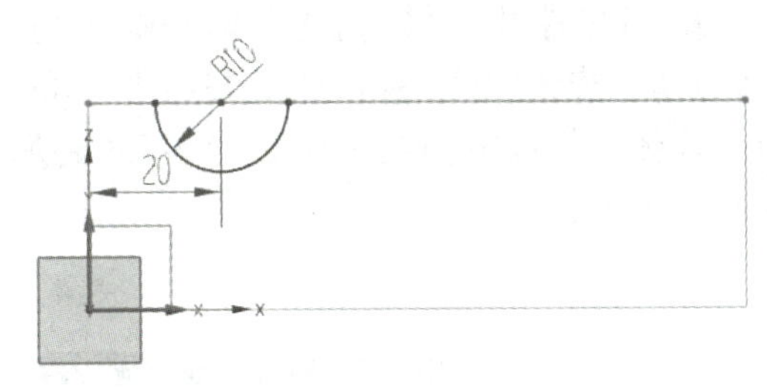

图 2-126　扫掠截面 1

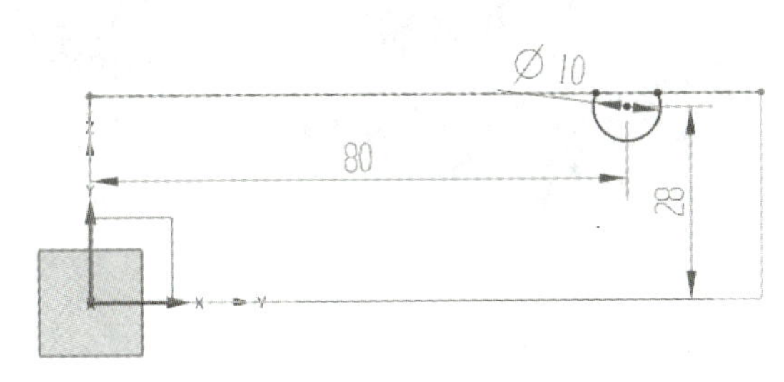

图 2-127　扫掠截面 2

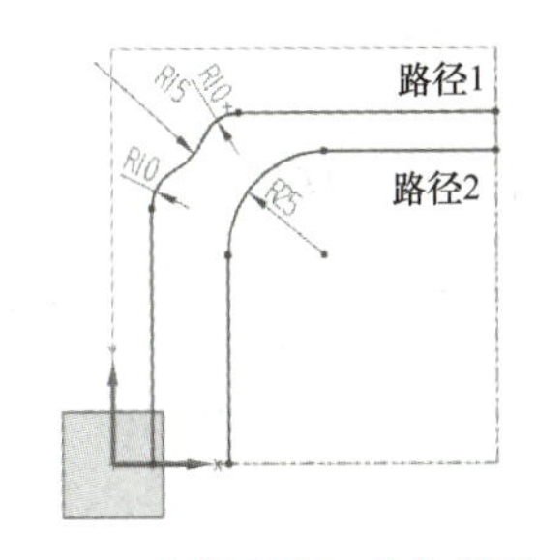

图 2-128　扫掠路径 1 和扫掠路径 2

a）绘制扫掠路径 1。单击“草图”按钮，选择上表面 3 作为草图平面，用直线、圆、快速修剪、倒圆角命令绘制路径 1。直线的起点为侧面圆弧的端点，*R*15mm 圆心位于水平线和竖直线的交点，并标注尺寸“*R*15”“*R*10”“*R*10”。

b）继续绘制扫掠路径 2。用直线、倒圆角命令绘制扫掠路径 2。直线的起点为侧面圆弧的端点，并标注尺寸“*R*25”。

⑤ 创建扫掠实体。选择“扫掠”命令，按照图 2-129a 所示的“扫掠”对话框进行参数设置，选择 1 个截面后，通过选择“添加新集”再选取另一个截面，选取时保证截面开始的方向一致，如都是从外向里，如图 2-129b 所示；以同样的方式选择引导线（用单条曲线方式连续选取路径），选取时保证路径的方向一致，如都是从左向右；勾选“保留形状”，设置“体类型”为“片体”，单击“确定”按钮后得到扫掠片体。

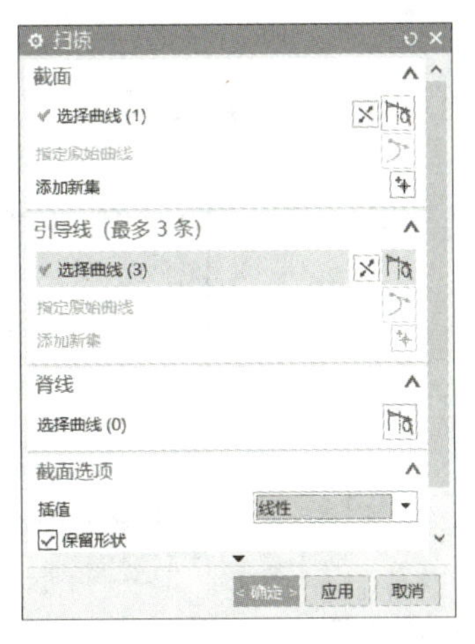

a）“扫掠”对话框

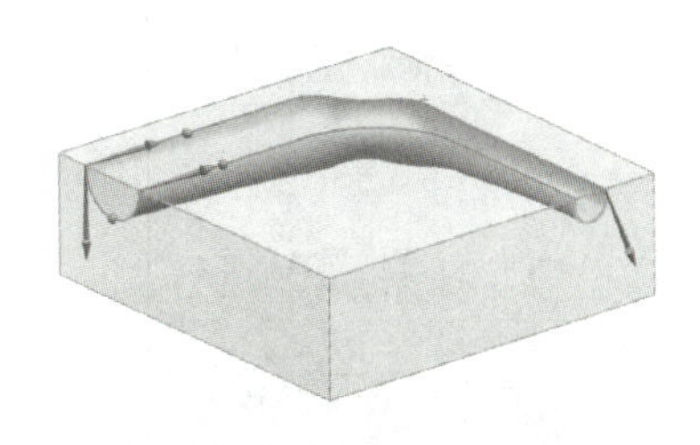

b）选择曲线时的方向一致

图 2-129　多截面多路径扫掠

⑥ 用扫掠片体修剪长方体。选择“插入”→“修剪”→“修剪体”命令（或单击“修剪体”按钮），弹出图 2-130a 所示的“修剪体”对话框，目标体为长方体，工具为扫掠片体，修剪方向向上，如图 2-130b 所示，单击“确定”按钮后得到图 2-124 所示的双通道实体。

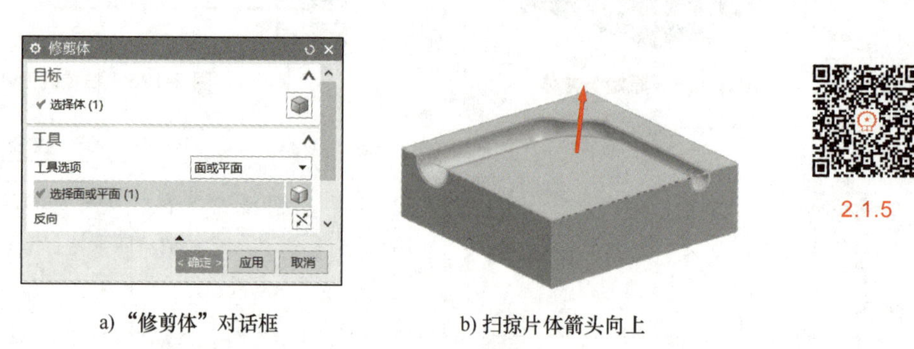

a)“修剪体”对话框　　b) 扫掠片体箭头向上

图 2-130　修剪体后的双通道实体

2. 任务实施

（1）创建左侧压块拉伸实体　选择“拉伸”命令，弹出图 2-131 所示的“拉伸”对话框，单击“绘制截面”按钮，选择 *YZ* 平面，绘制图 2-132 所示的拉伸实体草图。设置拉伸参数，拉伸距离为 80mm，指定矢量为 *XC* 轴，方向向后，单击“确定”按钮后得到图 2-133 所示的实体。坐标原点位于侧立面底线中点。

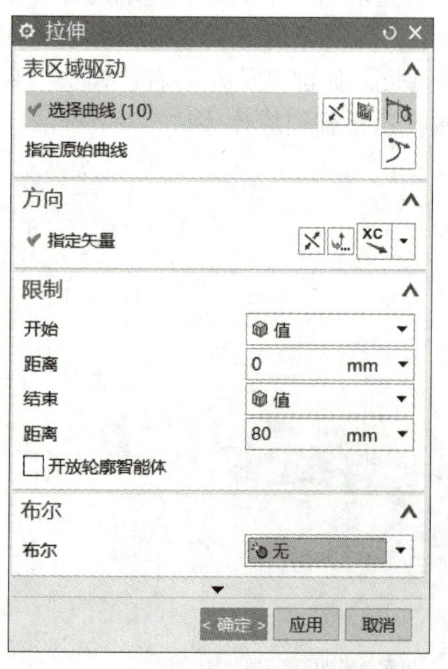

图 2-131　“拉伸”对话框

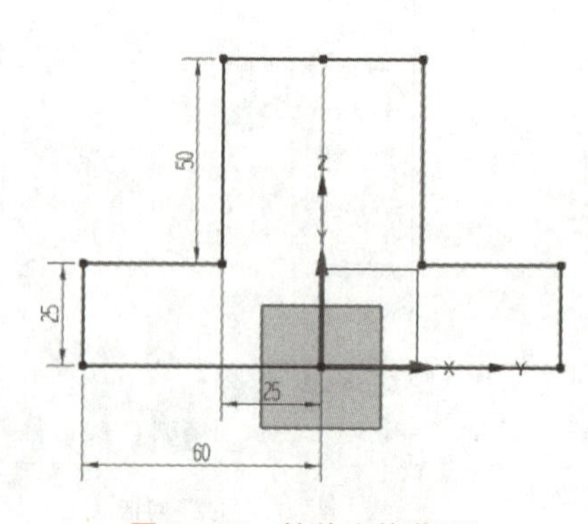

图 2-132　拉伸实体草图

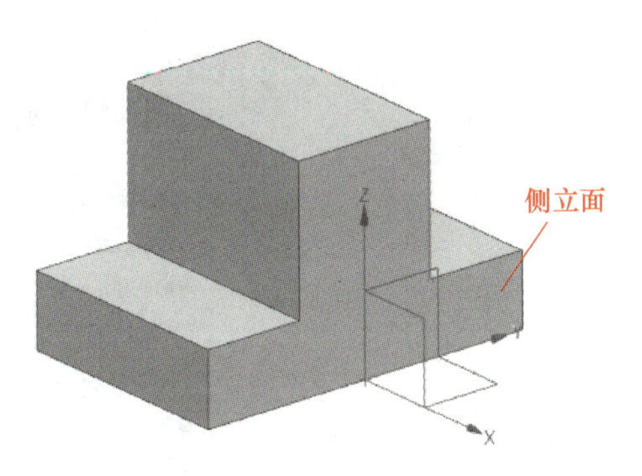

图 2-133　压块拉伸实体

（2）创建右侧拉环扫掠实体

1）先创建拉环扫掠路径所在的基准平面 1。选择“基准平面”命令，设置“基准平面”对话框（图 2-134）。选择“按某一距离”类型，新建基准平面和 *XY* 平面平行，向上偏置距离为 12.5mm，单击“确定”按钮，完成基准平面 1 的创建。

2）绘制拉环扫掠路径草图。进入草图基准平面 1，用“轮廓”命令先绘制第 4 象限中的 1/2 路径，并标注尺寸“40”“30”“80”“80”“45°”，倒 3 次 *R*20mm 圆角；选择绘制的 1/2 路径，用“镜像曲线”命令相对于 *X* 轴镜像，得到图 2-135 所示的拉环扫掠路径草图。把和 *Y* 轴重合的竖直线转为参考线。

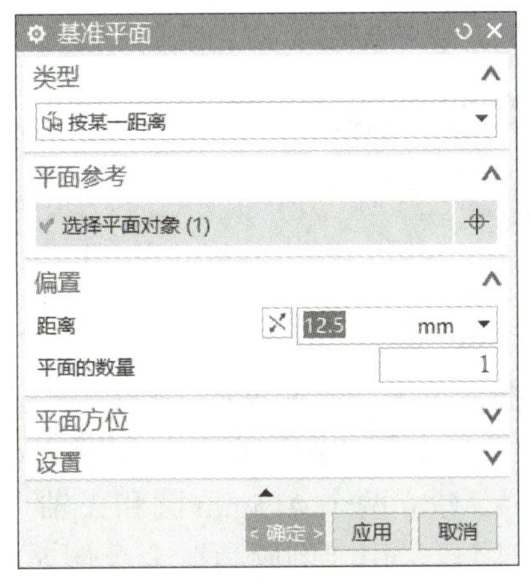

图 2-134　“基准平面”对话框

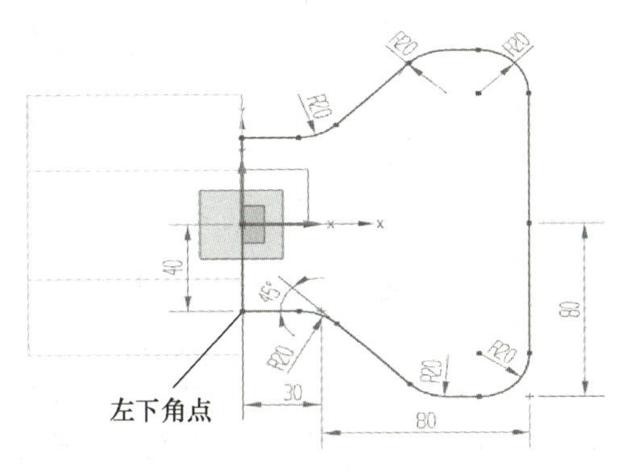

图 2-135　拉环扫掠路径草图

3）绘制拉环扫掠截面草图。单击“草图”按钮，选择侧立面（图 2-133），以图 2-135 所示的左下角点（0，−40，12.5）为梯形中心绘制 1/2 梯形。标注尺寸“5”“6”“10”“17.5”，镜像后得到图 2-136 所示的截面草图。暂时不倒 *R*1mm 圆角，用“特征”工具栏中的“边倒圆”命令完成。

4）创建拉环扫掠实体。单击“扫掠”按钮，按照图 2-137 所示设置“扫掠”对话框，依次选择截面曲线和引导线（都只有 1 个新集），注意引导线从截面位置开始选择，勾选“保留形状”，单击“确定”按钮后得到图 2-138 所示的拉环扫掠实体。

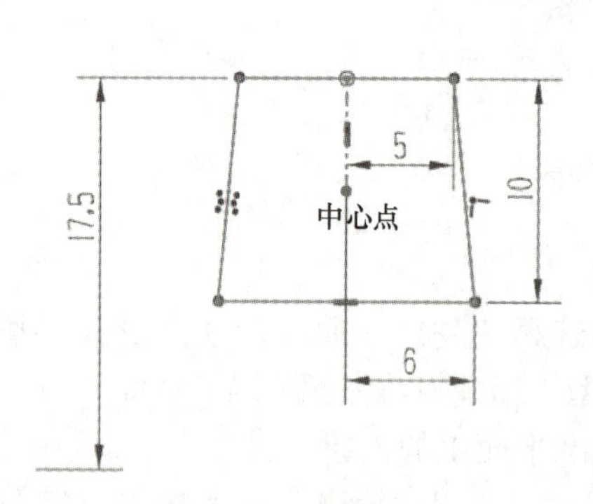

图 2-136　拉环截面草图

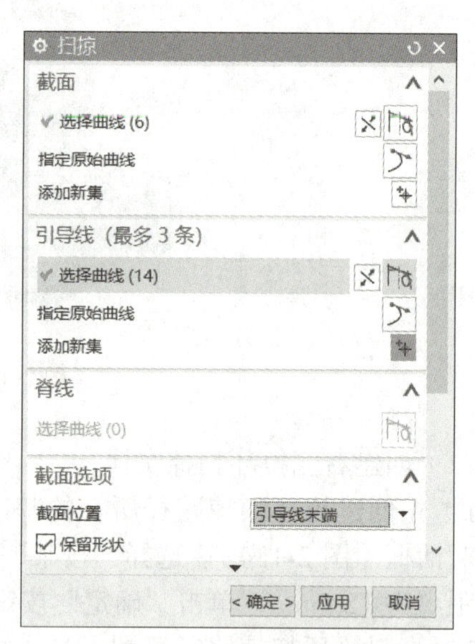

图 2-137　“扫掠”对话框

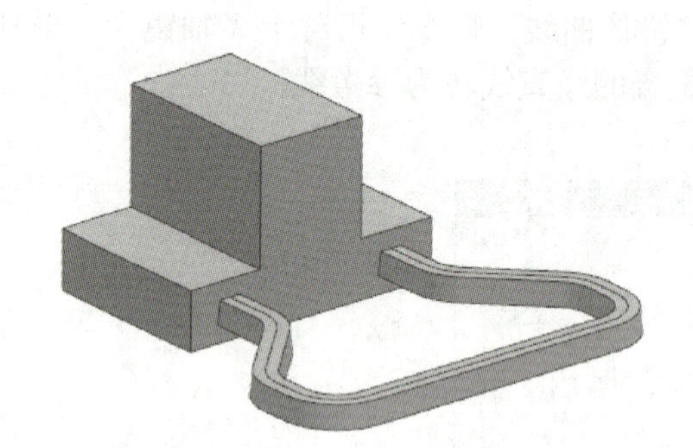

图 2-138　拉环扫掠实体

（3）创建手握处拉伸特征　进入“拉伸”对话框，单击“绘制截面”按钮，选择扫掠实体上表面作为草绘平面，绘制图 2-139 所示拉伸草图。用“圆”命令绘制两个 ϕ15mm 圆，标注两个尺寸“ϕ15”，标注两个水平尺寸“98”，建立两个 ϕ15mm 圆和 *X* 轴“相切”约束。绘制竖直线，其起点和终点分别是圆弧的象限点。用“倒圆角”命令倒 *R*2mm 圆角。用“快速修剪”命令修剪成图 2-140 所示的 1 个线框。用“阵列曲线”命令复制成 5 个线框。第 1 次线性阵列：选择中间线框，设置数量为“3”，节距为“20”，沿 *Y* 轴方向阵列；第 2 次线性阵列：选择中间线框，设置数量为“3”，节距为“20”，沿 *Y* 轴反向阵列。单击“完成草图”按钮，按照图 2-141 所示设置拉伸参数，拉伸方向沿 *ZC* 轴向下，拉伸距离为 10mm，布尔运算为“无”，单击“确定”按钮后得到图 2-142 所示的手握处拉伸实体。

（4）把所有实体进行合并运算　选择“插入”→“组合”→“合并”命令，目标体选择压块，工具体选择扫掠实体和 5 个拉伸实体，单击“确定”按钮后得到图 2-143 所示的 1 个实体，为倒 *R*1mm 圆角做准备。至此完成手握部分的实体造型。

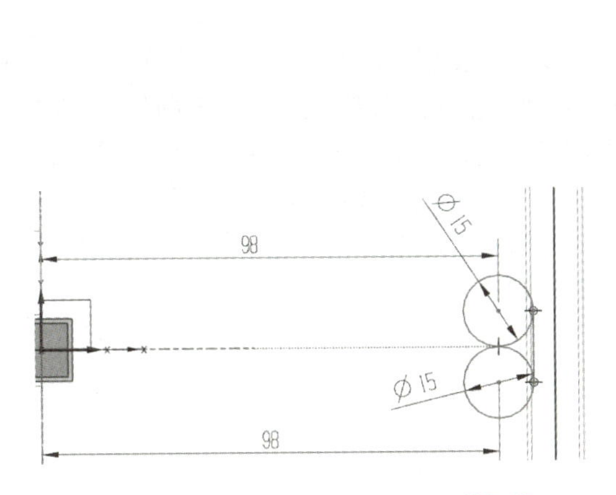

图 2-139　绘制两个 ϕ15mm 圆及其切线

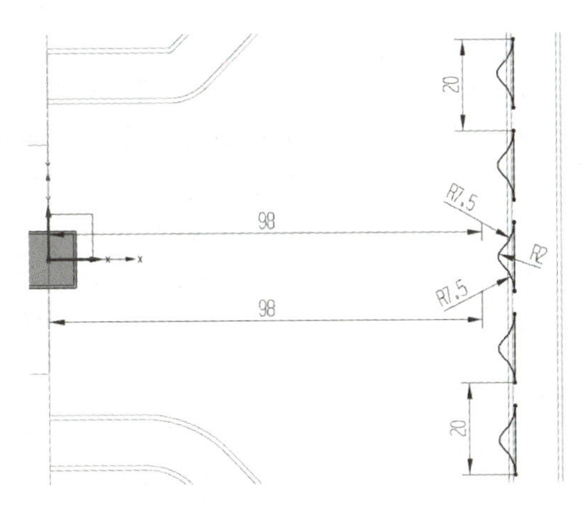

图 2-140　倒 *R*2mm 圆角、修剪、偏置手握部分草图

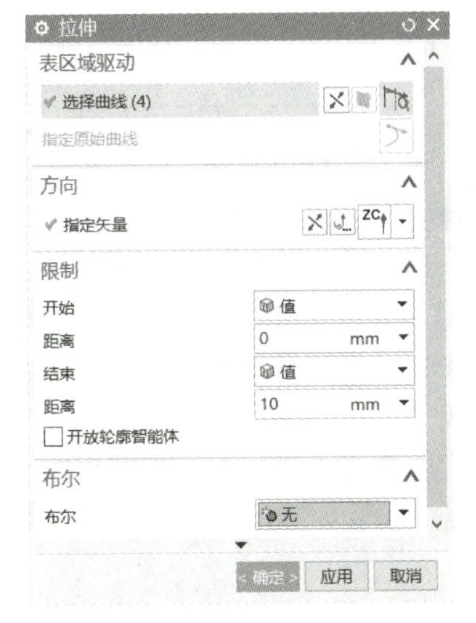

图 2-141　“拉伸”对话框

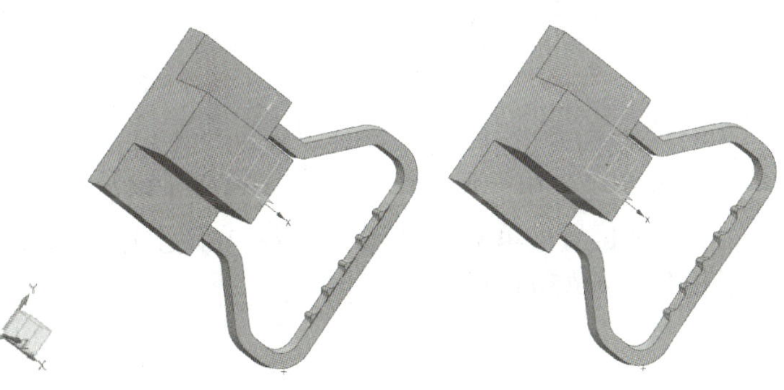

图 2-142　手握部分拉伸实体　　图 2-143　实体合并效果

（5）创建左侧压块的斜面　选择“插入”→“细节特征”→“倒斜角”命令，按照图 2-144 所示设置“倒斜角”对话框。选择棱边（图 2-145），选择“偏置和角度”类型，设置距离为 20mm，角度为 60°，单击“确定”按钮后完成倒斜角特征，如图 2-146 所示。

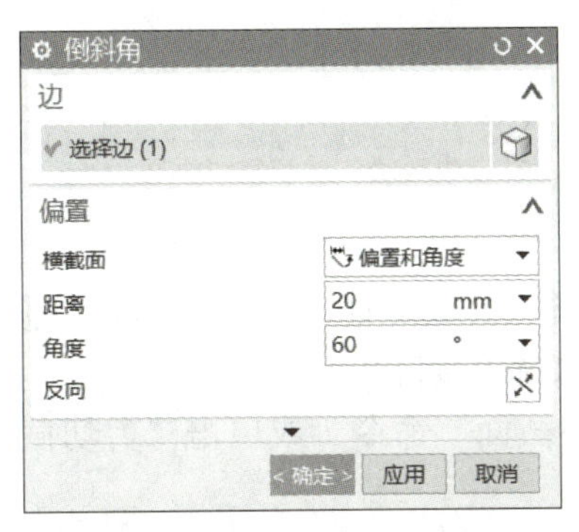

图 2-144　“倒斜角”对话框

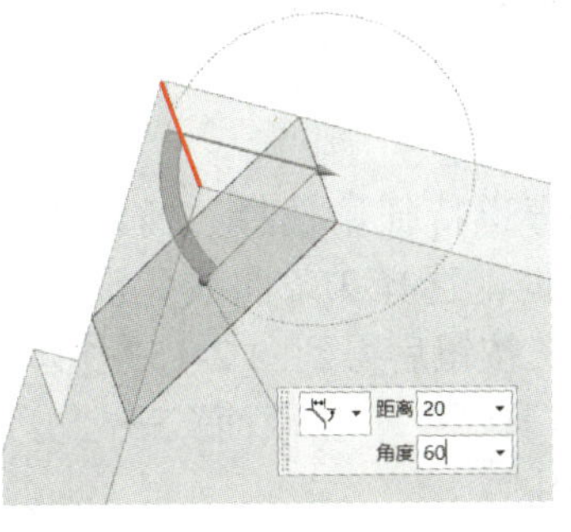

图 2-145　选择倒斜角棱边

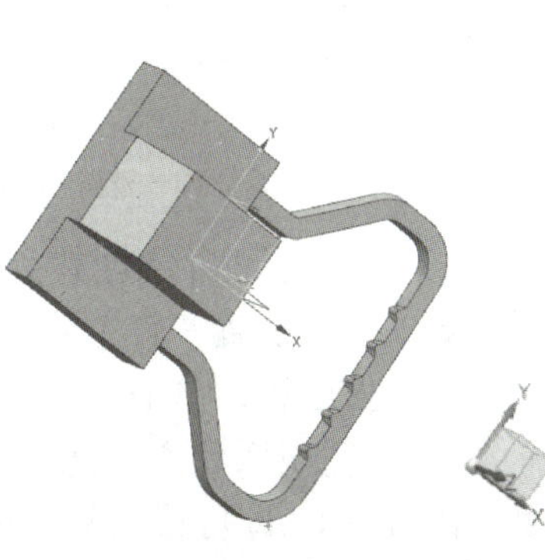

图 2-146　倒斜角特征

（6）创建左侧压块的内弯道

1）创建剖切视图。为了便于观察内弯道，假想剖切。选择“菜单”→“视图”→“截面”→“新建截面”命令（或单击“新建截面”按钮），按照图 2-147 所示设置“视图剖切”对话框。剖切平面的法向为 Y 轴方向，指定平面过 Y 轴零点，单击“确定”按钮后得到图 2-148 所示的视图截面。另一种方法如图 2-149 所示，单击左侧“资源条”的第 1 个“装配导航器”按钮，在“截面”文件夹中右击，选择“新建截面”命令，同样可以进入图 2-147 所示的“视图剖切”对话框。

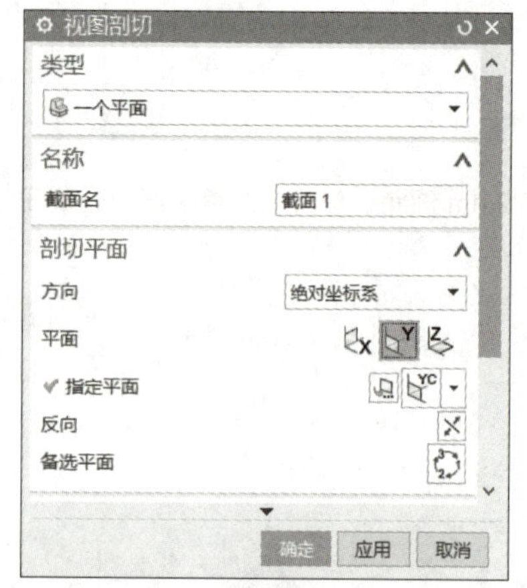

图 2-147 “视图剖切”对话框

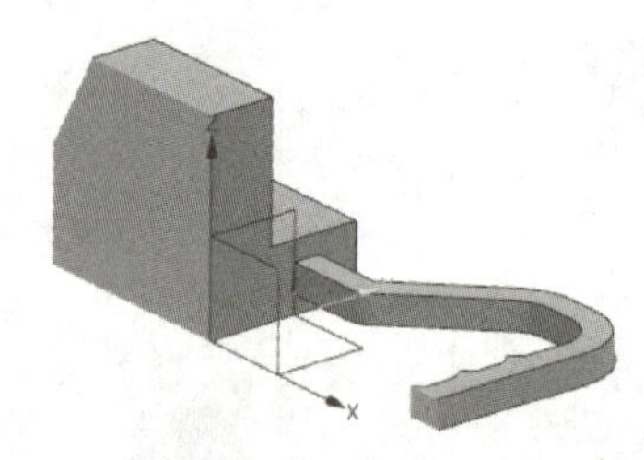

图 2-148 视图截面

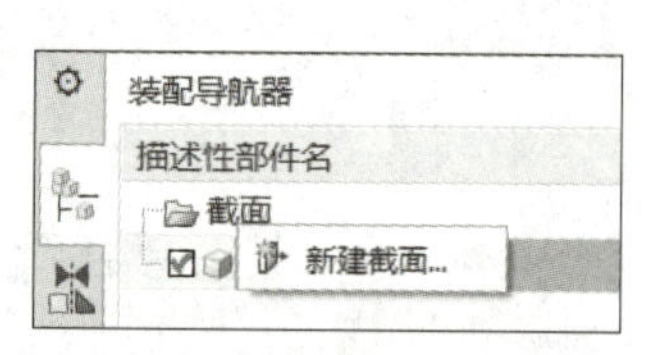

图 2-149 创建视图截面

2）绘制内弯道引导线。单击“草图”按钮，选择 XZ 平面，在该平面上绘制图 2-150 所示的引导线。用“直线”命令从斜线（图 2-151）中点开始，当出现“垂直”约束时，在合适位置处单击得到起始线段；在距上边线 36mm 处绘制水平线，超出 X 轴正向，长度任意；倒 R30mm 圆角。

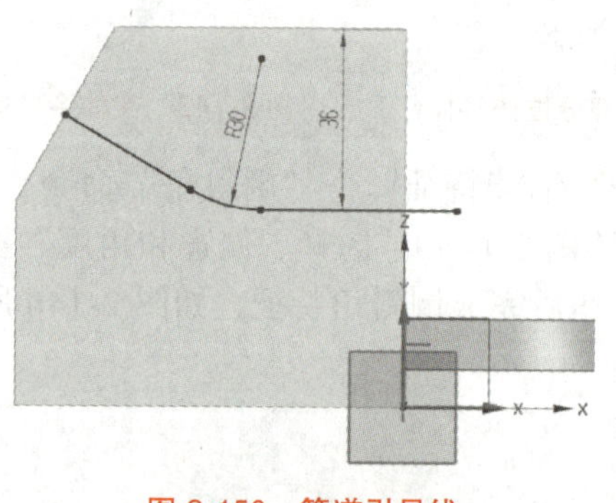

图 2-150 管道引导线

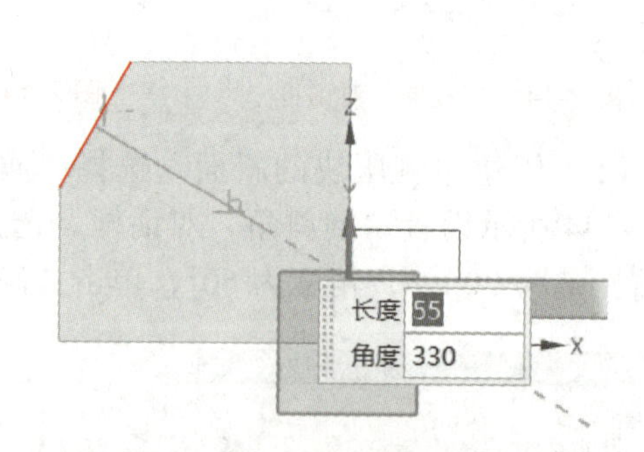

图 2-151 引导线起始位置和斜线垂直

3）用“管”命令创建内弯道特征。选择“插入”→“扫掠”→“管”命令，按照图 2-152 所示设置“管”对话框，选择 3 条曲线，设置外径为 15mm，内径为 0mm，进行布尔减去运算，单击“确定”按钮后得到图 2-153 所示的内弯道特征。

4）恢复视图状态。选择“视图”→“截面”→“剪切截面”命令（或单击“剪切截面”按钮），即可移除剖切视图。

（7）创建左侧压块 R20mm 圆角特征　左侧拉伸实体拐角竖直线倒 R20mm 圆角。选择“插入”→“细节特征”→“边倒圆”命令，选择两条竖直线，设置圆角半径为 20mm，单击“确定”按钮后得到图 2-154 所示圆角特征。

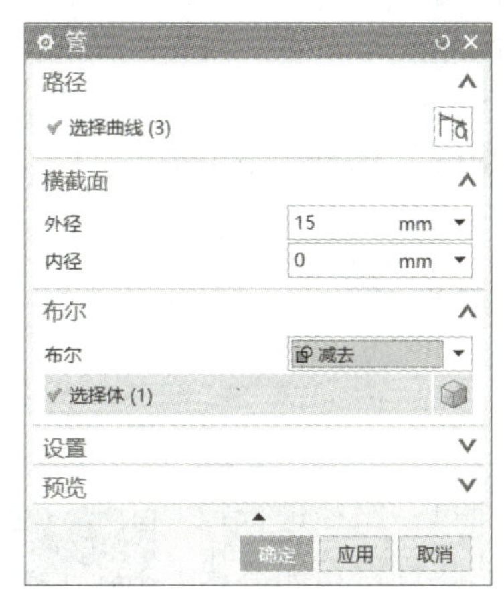

图 2-152　“管”对话框

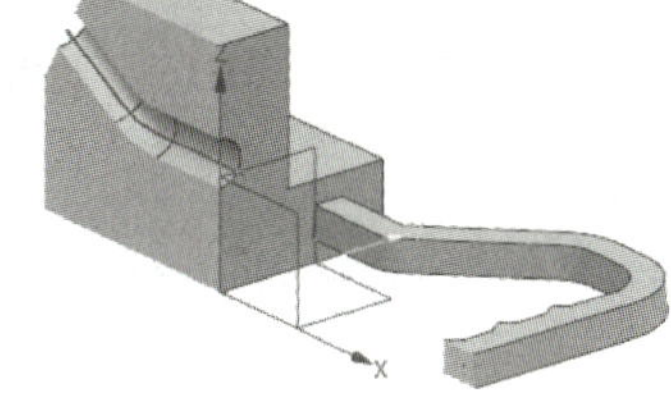

图 2-153　生成的内弯道剖视图

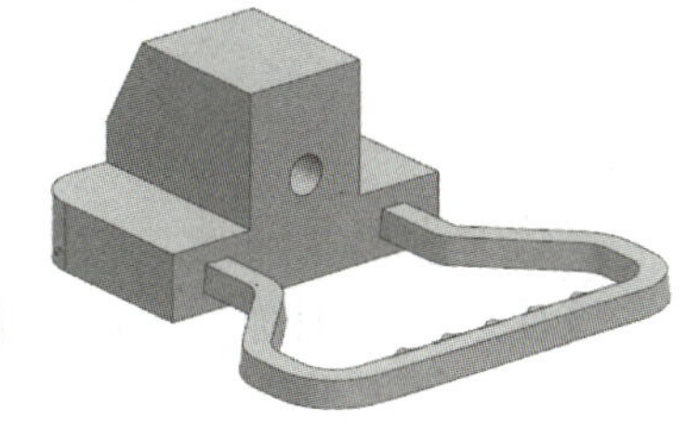

图 2-154　倒 R20mm 圆角

（8）创建左侧压块两个 ϕ18mm 孔特征　单击“孔”按钮，按照图 2-155 所示设置孔参数。孔的位置捕捉 R20mm 圆的圆心，设置“成形”为“简单孔”，“直径”为“18mm”，“深度限制”为“贯通体”，进行布尔减去运算，单击“确定”按钮后得到图 2-156 所示的左右两个孔。

（9）拉伸实体和扫掠实体连接处倒 R2mm 圆角　单击“边倒圆”按钮，选择 2 个扫掠截面线框（选择时过滤器为“相连曲线”，显示方式切换为 静态线框），设置半径为 2mm，单击“确定”按钮后得到图 2-157 所示的圆角特征。

图 2-155　ϕ18mm 孔的设置

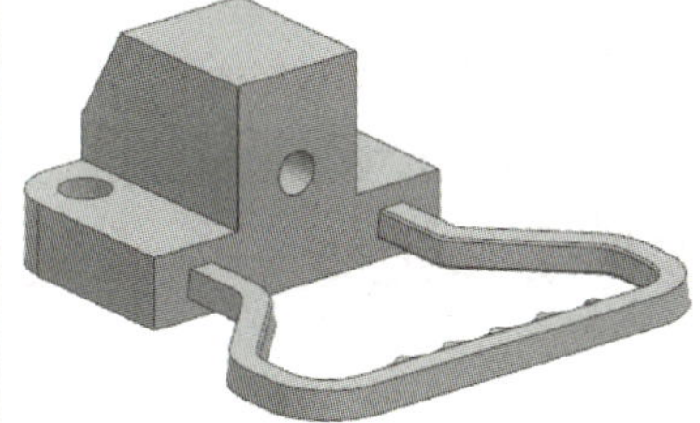

图 2-156　创建两个 ϕ18mm 孔

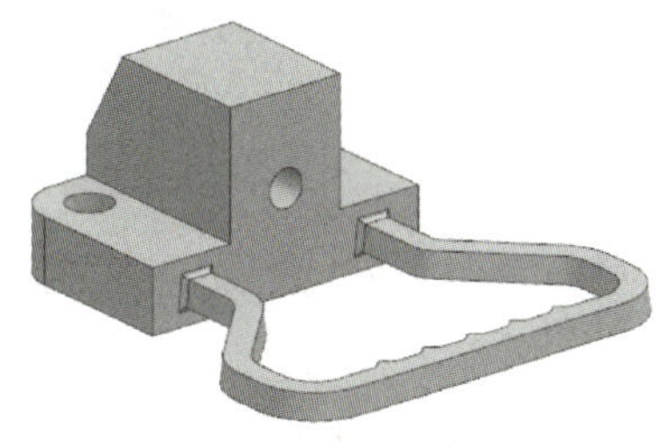

图 2-157　倒两处 R2mm 圆角

（10）扫掠实体两条手握内侧棱边倒 R1mm 圆角　单击“边倒圆”按钮，选择扫掠实体的内侧上下两条棱边，设置半径为 1mm，单击“确定”按钮后得到图 2-158 所示的边倒圆特征。至此完成压块拉环的造型，保存文件。

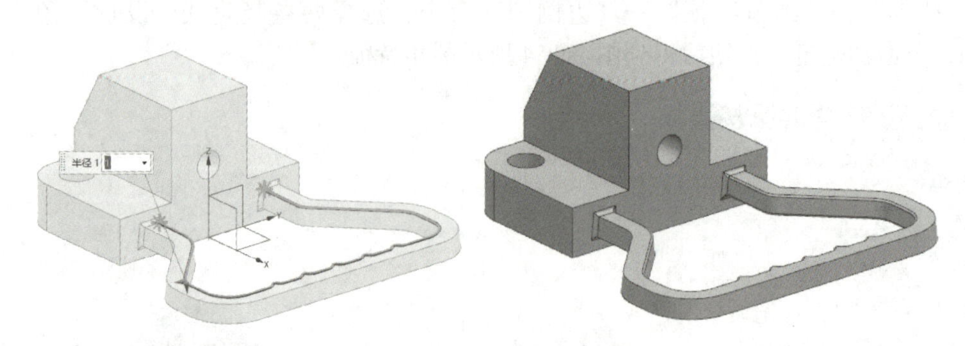

图 2-158　两条棱边倒 R1mm 圆角

3. 任务小结与拓展

该任务主要训练“扫掠”命令，即拉环主体用单一截面单一路径进行扫掠。内弯道用“管”命令完成创建，为了方便观察内部结构，创建左侧压块的剖切视图。另外两处倒 R2mm 圆角，需要预先把左右两个实体进行“合并”运算。该任务训练的主要操作是扫掠、管道创建、合并实体、倒圆角和视图截面的创建。

2.1.5 拓展

试创建图 2-159 所示的节能灯零件模型。

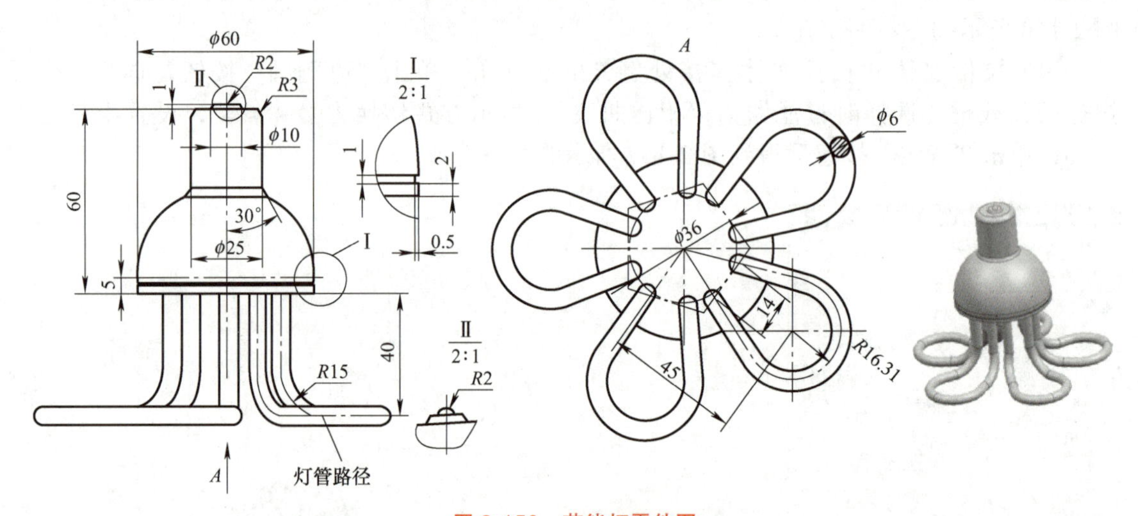

图 2-159　节能灯零件图

任务 2　复杂零件实体造型——水笔擦实体造型

❖ 学习目的

1. 掌握拉伸、旋转、扫掠等实体命令的综合应用与操作方法。
2. 掌握实体编辑命令的综合应用与操作方法。

❖ 学习重点

综合运用实体创建和编辑命令进行复杂零件实体建模。

❖ 学习难点

掌握复杂零件的实体造型方法。

完成图 2-160 所示的水笔擦模型。

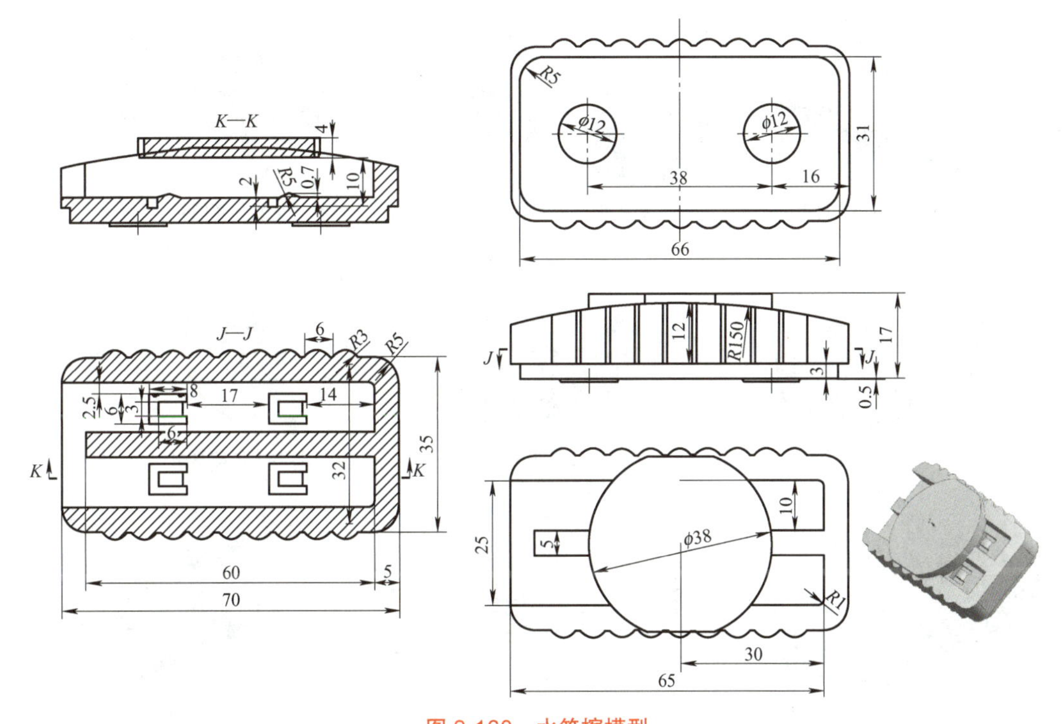

图 2-160　水笔擦模型

1. 任务分析

水笔擦模型是一个综合造型，主体特征是通过拉伸创建的，该模型结构相对复杂，可以拆分成几个部分，以底座为基准，从下至上创建各个拉伸（切割）实体，形成主体基本特征。主体的上表面是圆弧面，可以拉伸圆弧曲面，用该曲面修剪主体得到（或使用拆分体命令），圆弧草图是侧面。顶面圆柱体可以通过绘制草图后拉伸获得；底座的 4 个凹槽结构采用拉伸切割、阵列特征得到。

造型时一般先完成大体特征，再做细节处理。该模型可以使用不同的顺序和命令完成，可以锻炼分析复杂模型结构和尺寸的能力。水笔擦的建模思路如下，流程图如图 2-161 所示。

1）在 *XY* 平面上绘制底座拉伸草图 1。先绘制矩形、倒 *R*5mm 圆角，再绘制 *R*3mm 圆弧，如图 2-161a 所示。选择 *R*3mm 圆弧，使用镜像曲线命令在 *Y* 方向复制成 2 个，用阵列曲线命令在 *X* 方向复制成 9 个（节距为 6mm）。通过修剪和绘制直线命令，使截面成为一个封闭轮廓。

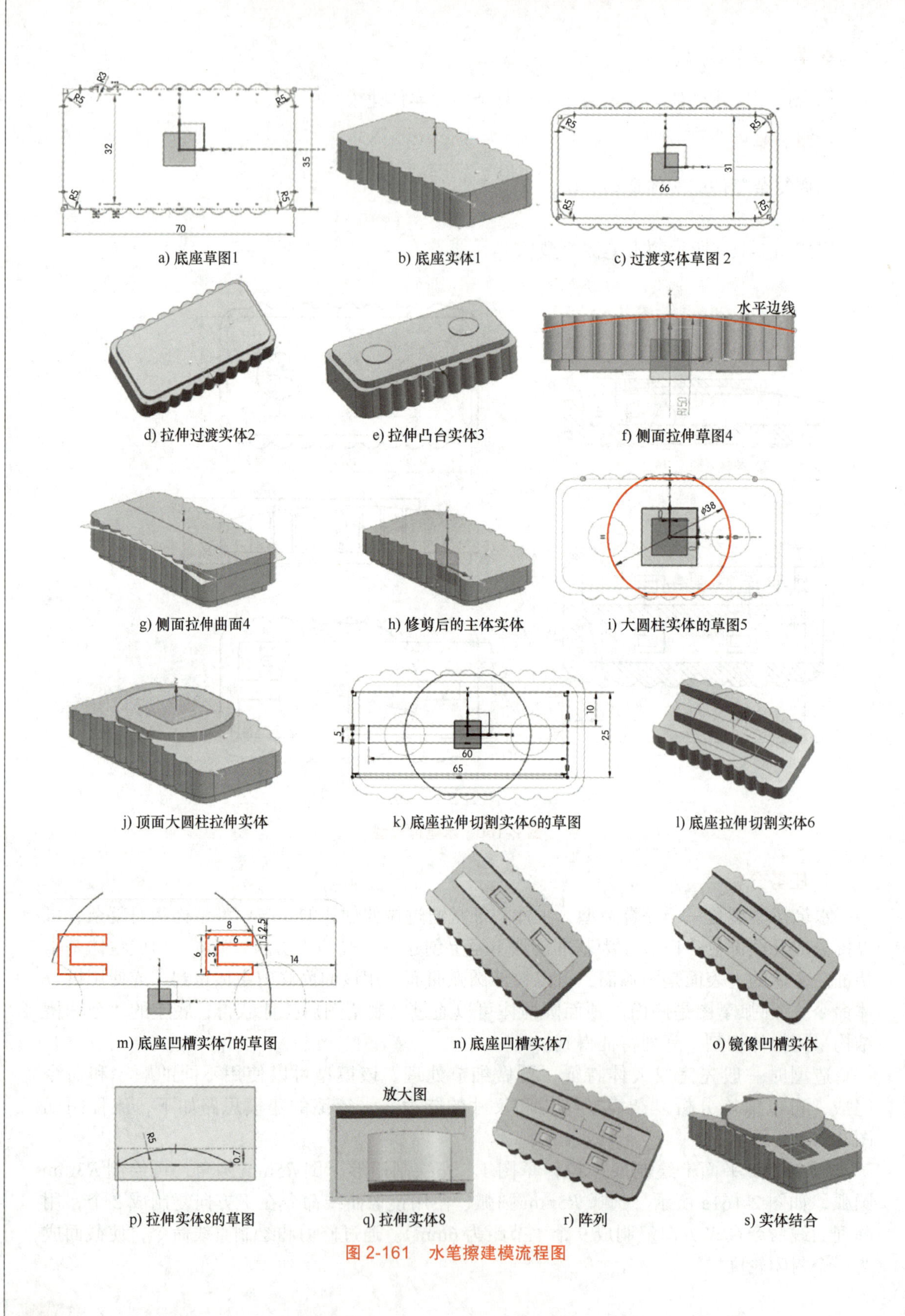

a) 底座草图1　b) 底座实体1　c) 过渡实体草图 2

d) 拉伸过渡实体2　e) 拉伸凸台实体3　f) 侧面拉伸草图4

g) 侧面拉伸曲面4　h) 修剪后的主体实体　i) 大圆柱实体的草图5

j) 顶面大圆柱拉伸实体　k) 底座拉伸切割实体6的草图　l) 底座拉伸切割实体6

m) 底座凹槽实体7的草图　n) 底座凹槽实体7　o) 镜像凹槽实体

p) 拉伸实体8的草图　q) 拉伸实体8　r) 阵列　s) 实体结合

图 2-161　水笔擦建模流程图

2）创建底座拉伸实体 1，拉伸方向为 *ZC* 轴方向（竖直向上），拉伸距离为 12mm。

3）在 *XY* 平面上绘制拉伸过渡实体草图 2。绘制 66mm × 31mm 的矩形，倒 *R*5mm 圆角。

4）拉伸过渡实体 2，拉伸方向和底座相反（–*ZC* 轴），拉伸开始距离为 0mm，结束距离为 3mm，进行布尔合并运算。

5）拉伸凸台实体 3。在 *XY* 平面上绘制凸台草图 3，即两个 ϕ12mm 的整圆，圆心在 *X* 轴上，圆心相距 38mm。进入“拉伸”对话框，选择两个圆，拉伸方向为 –*ZC* 轴，拉伸距离为 3.5mm，进行布尔合并运算。

6）绘制侧面拉伸草图 4。在 *XZ* 平面上绘制 *R*150mm 圆弧，圆心在 *Y* 轴上，圆弧和水平边线相切。

7）创建侧面拉伸曲面 4。单击“拉伸”按钮，选择 *R*150mm 圆弧，沿 *YC* 轴方向拉伸，“结束”为“对称值”，“距离”为“20mm”。

8）修剪主体实体。单击“修剪体”命令，目标体为主体实体，修剪面为拉伸曲面，箭头指向 *Z* 轴正向（箭头指向要修剪的部分）。

9）绘制顶面大圆柱实体的草图 5。在距离 *XY* 平面 14mm 的平行面上绘制草图。绘制 ϕ38mm 的整圆、距离为 35mm 的两条水平线，并进行修剪。

10）创建顶面大圆柱拉伸实体。选择其草图，拉伸方向沿 *ZC* 轴向下，拉伸距离为 4mm，不进行布尔运算。为方便观察，隐藏大圆柱实体。

11）创建底座拉伸切割实体 6 的草图。用矩形命令绘制草图并修剪，如图 2-161k 所示。

12）创建底座拉伸切割实体 6。单击“拉伸”按钮，选择刚绘制的草图，指定矢量为 *ZC* 轴，拉伸方向向上，开始距离为 2mm，结束距离为 12mm，进行布尔减去运算。

13）绘制底座凹槽实体 7 的草图。在 *XY* 平面绘制第 1 个近矩形，如图 2-161m 所示。用“阵列曲线”命令复制草图，阵列方向沿 –*X* 轴，数量为 2，节距为 25mm。

14）拉伸切割底座凹槽实体 7。设置“拉伸”对话框，拉伸方向沿 *ZC* 轴向上，开始距离为 0mm，结束距离为 4mm，进行布尔减去运算。

15）镜像凹槽实体 7，选择“镜像特征”命令，选择拉伸切割特征，镜像平面为 *XZ* 平面。

16）绘制 *R*5mm 圆弧拉伸实体 8 的草图。在凹槽的侧立面绘制草图，绘制和水平线（预先绘制）相切的 *R*5mm 圆弧，水平线距离 6mm 棱边 0.7mm，圆弧起点为 6mm 棱边的左端点，再绘制水平线，使草图成为封闭线框。

17）创建 *R*5mm 圆弧拉伸实体 8。进入“拉伸”对话框，选择拉伸草图，沿 *YC* 轴正向拉伸，开始距离为 0mm，结束距离为 3mm，进行布尔合并运算。

18）阵列 *R*5mm 圆弧拉伸实体 8。进入“阵列特征”对话框，方向 1 选择 *X* 轴正向，设置数量为 2，节距为 25mm；方向 2 选择 *Y* 轴负向，设置数量为 2，节距为 14mm。

19）将所有实体进行合并运算，显示顶面大圆柱实体 5，用合并命令把所有实体结合为 1 个实体。至此完成水笔擦的建模。

通过水笔擦的建模主要掌握的命令有“拉伸”“修剪体”“草图”“基准平面”“拉

伸”“镜像特征”“阵列特征”。

2.2

2. 任务实施

（1）创建底座草图1　在 *XY* 平面上绘制图 2-162 所示的底座草图 1。用“矩形”命令绘制 70mm × 35mm 的长方形，倒 4 个 *R*5mm 圆角，标注尺寸，检查是否全约束（如果连续自动标注尺寸功能已打开，则草图全约束；如果未打开，建立两次“中点”约束）；用“圆弧”命令绘制左上方的 *R*3mm 圆弧，标注尺寸“*R*3”“8.4”；镜像 *R*3mm 圆弧，使之相对于 *X* 轴上下对称，标注两圆心竖直方向尺寸“32”，使圆弧全约束；选择“阵列曲线”命令，按照图 2-163 所示设置参数，用单条曲线模式选择 *R*3mm 圆弧，阵列方向选择 *X* 轴，阵列数量为 9，节距为 6mm；同样选择镜像得到的 *R*3mm 圆弧，再次阵列，这时草图全约束。把上下两条长 53.2（70−8.4−8.4）mm 的水平线转为参考线，绘制多个水平线，使截面成为一个封闭轮廓，完成底板草图 1 的绘制。

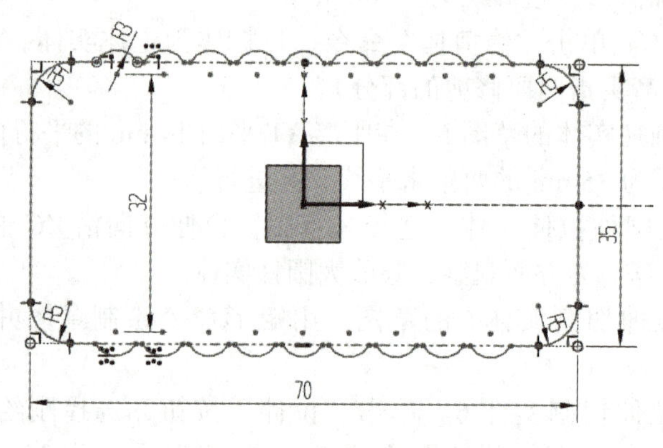

图 2-162　底座草图 1

（2）创建底座拉伸实体 1　单击“拉伸”按钮，按照图 2-164 所示设置参数。选择曲线为底座草图 1，指定矢量为“*ZC*”（竖直向上），拉伸开始距离为 0mm，结束距离为 12mm，单击“确定”按钮后得到图 2-165 所示的底板拉伸实体 1。

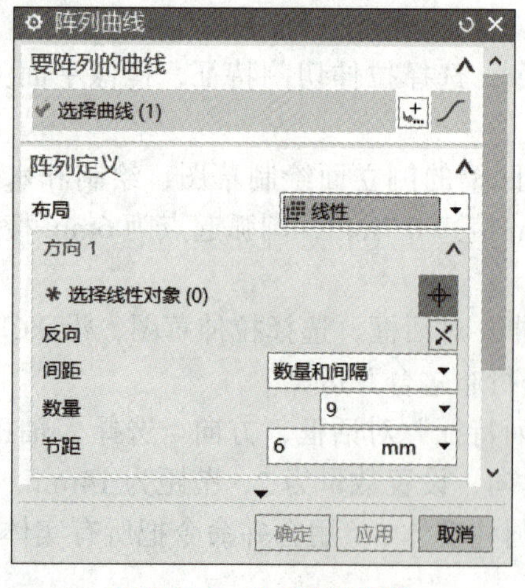

图 2-163　阵列曲线设置

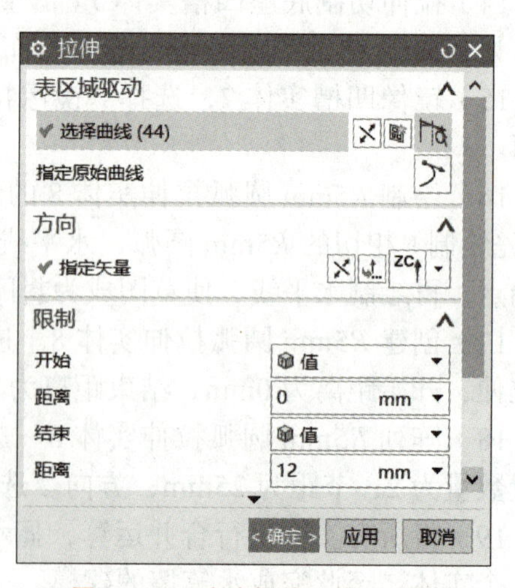

图 2-164　底座拉伸实体 1 设置

（3）拉伸过渡实体 2　在 *XY* 平面上创建图 2-166 所示的过渡实体草图 2。用“矩形”命令绘制 66mm × 31mm 的长方形，标注尺寸“66”“31”；用“圆角”命令倒 *R*5mm 圆角并标注尺寸“*R*5”；拉伸该草图，拉伸方向为“–ZC”，和底座拉伸方向反向，拉伸开始距离为 0mm，结束距离为 3mm，进行布尔合并运算（图 2-167），拉伸后得到图 2-168 所示的拉伸过渡实体 2。

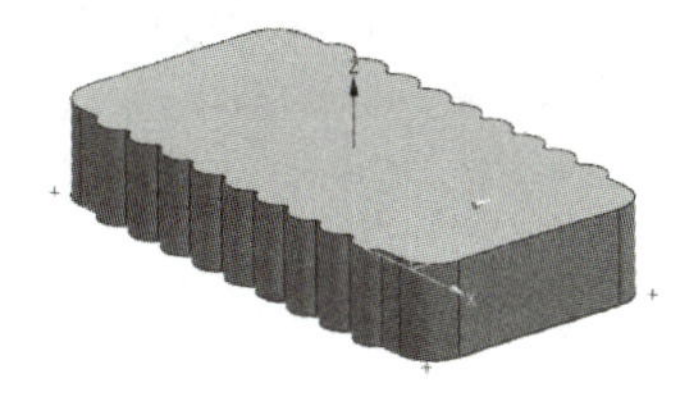

图 2-165　底座拉伸实体 1

（4）拉伸凸台实体 3　在 *XY* 平面上创建图 2-169 所示的凸台草图 3。绘制 ϕ12mm 整圆，标注尺寸“ϕ12”、定位尺寸“19”，用“点在曲线上”约束命令，使圆心在 *X* 轴上；用“镜像曲线”命令得到右侧整圆。拉伸凸台实体时，选择两个圆，指定矢量为“–*ZC*”，开始距离为 0mm，结束距离为 3.5mm，进行布尔合并运算，如图 2-170 所示，单击“确定”按钮后得到图 2-171 所示的拉伸凸台实体 3，即主体。

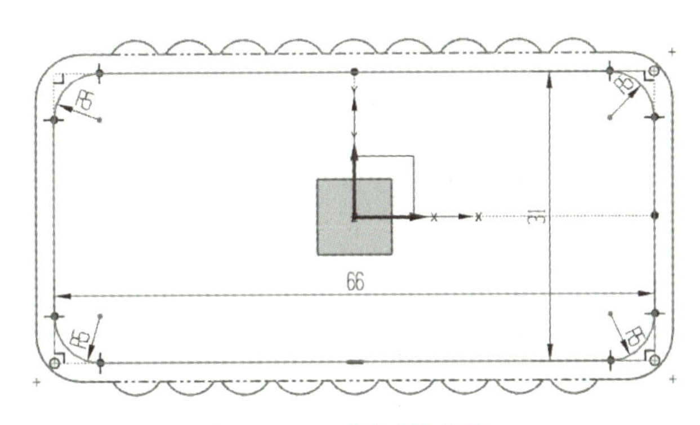

图 2-166　过渡实体草图 2

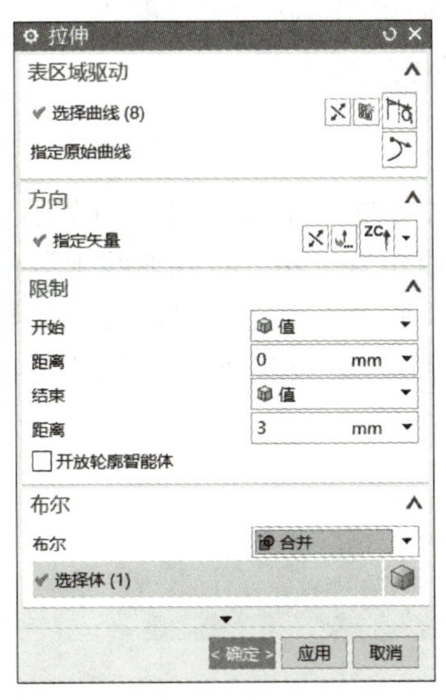

图 2-167　拉伸过渡实体 2 的设置

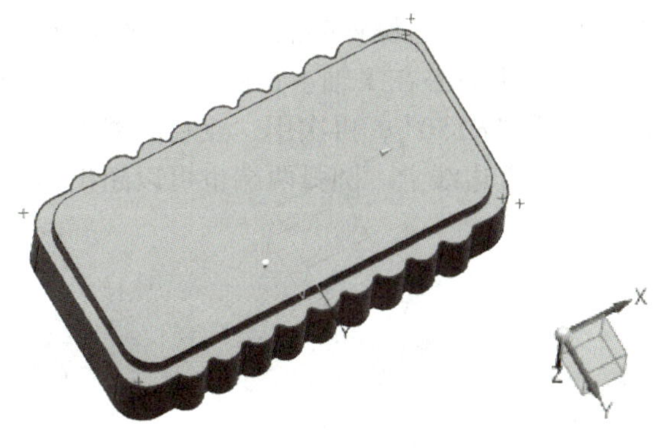

图 2-168　拉伸过渡实体 2

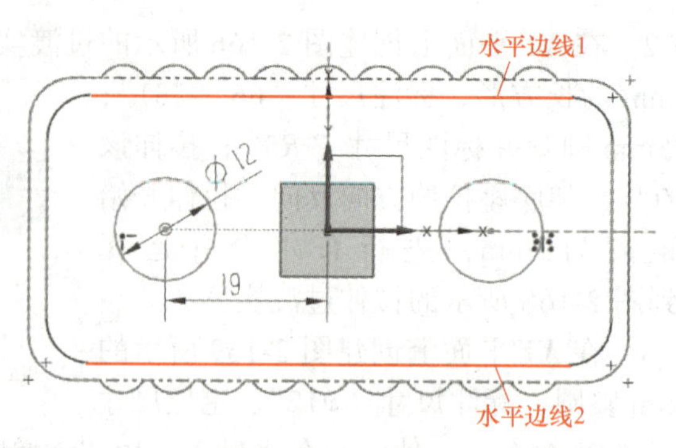

图 2-169　凸台草图 3

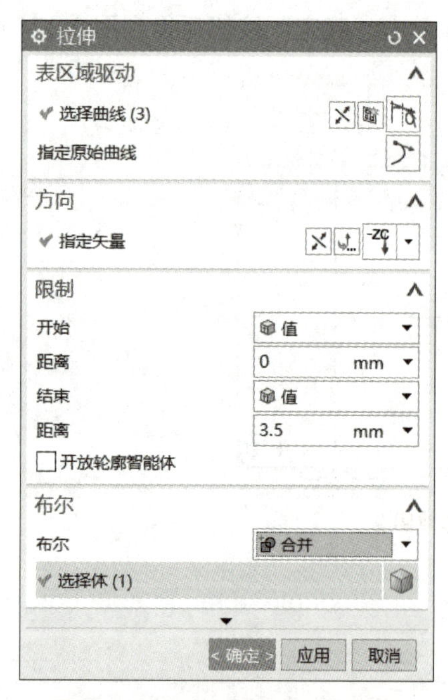

图 2-170　拉伸凸台实体 3 的设置

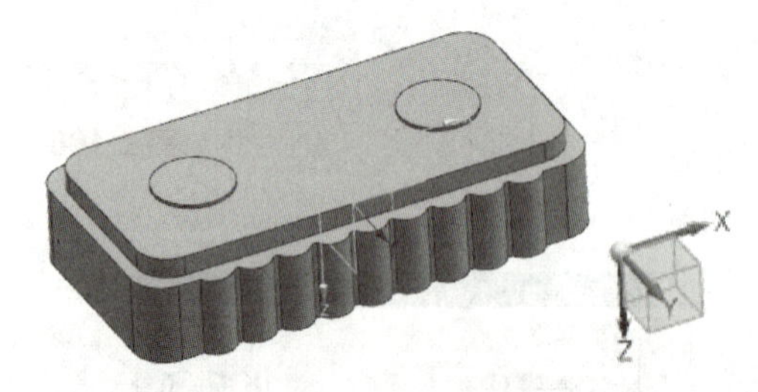

图 2-171　拉伸凸台实体 3

（5）创建侧面拉伸草图 4　在 *XZ* 平面上绘制图 2-172 所示的侧面拉伸草图 4。选择“圆弧”命令，设置起点、终点、圆弧上的点的大概位置。用“点在曲线上”命令进行约束，使圆心在 *Y* 轴上，圆弧和水平边线相切（水平边线预先做出，可转为参考线），标注尺寸“*R*150”；再次用“点在曲线上”命令使圆弧左端点在左侧竖直边线上，右端点在右侧竖直边线上。圆弧两端也可以超出边线。

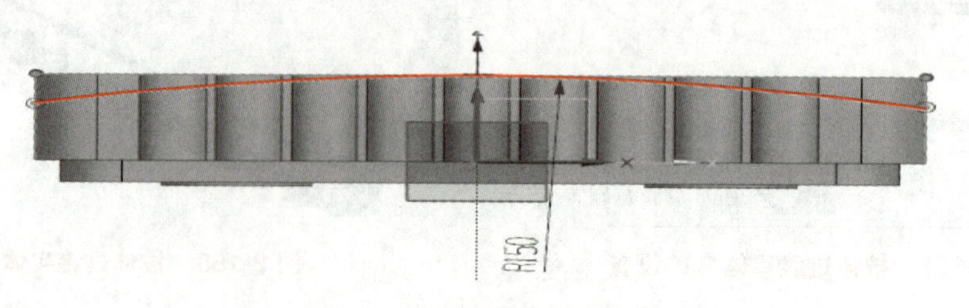

图 2-172　侧面拉伸草图 4

创建草图后即可创建侧面拉伸曲面 4。选择“拉伸”命令，选择草图 4 中的圆弧曲线，按照图 2-173 所示设置“拉伸”对话框。拉伸方向为“YC”，“结束”为“对称值”，单侧拉伸距离为 20mm，单击“确定”按钮后得到图 2-174 所示的侧面拉伸曲面 4。

（6）修剪主体实体　选择“插入”→“修剪”→“修剪体”命令，按照图 2-175 所示设置“修剪体”对话框。目标体选择主体实体，修剪面选择侧面拉伸曲面 4，箭头指向 Z 轴正方向（箭头指向要修剪的部分），单击“确定”按钮后得到图 2-176 所示的修剪主体实体。

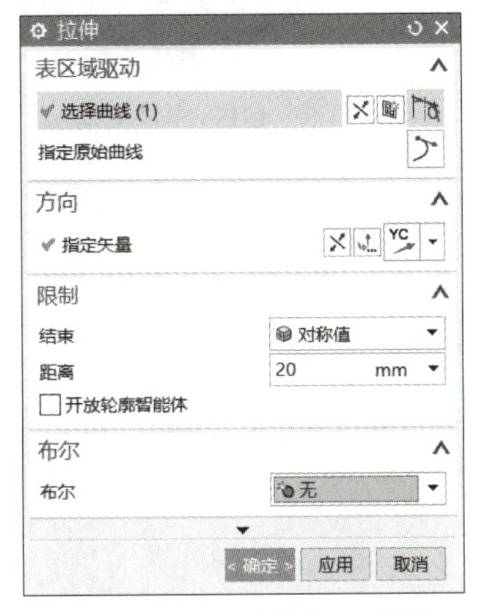

图 2-173　侧面拉伸曲面 4 设置

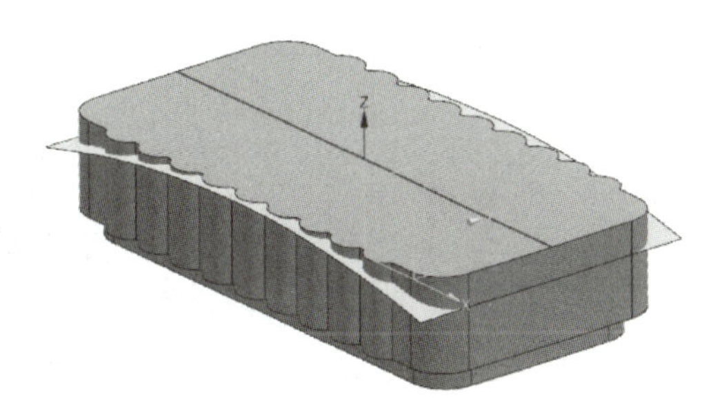

图 2-174　侧面拉伸曲面 4

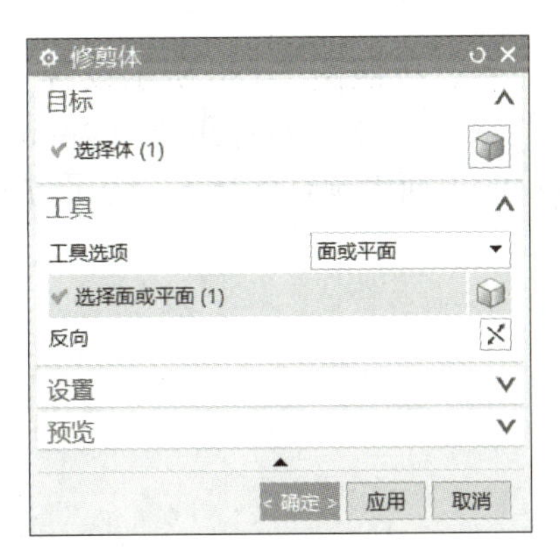

图 2-175　修剪体设置

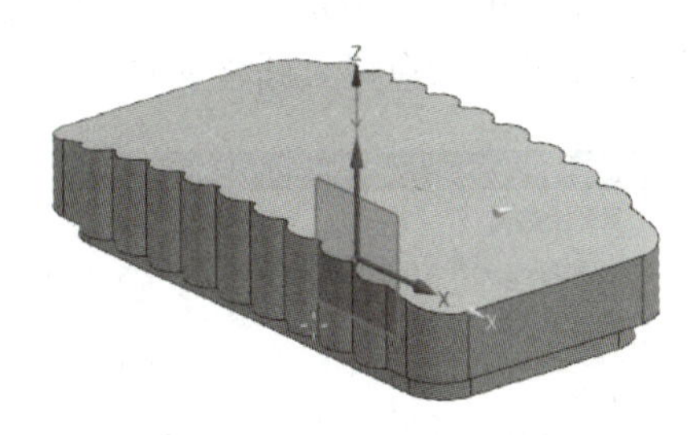

图 2-176　修剪后的主体实体

（7）创建顶面大圆柱拉伸实体 5

1）创建基准平面。选择“插入”→“基准 / 点”→“基准平面”命令，按照图 2-177 所示设置“基准平面”对话框。选择“按某一距离”类型，平面参考选择 XY 平面，设置距离为 14mm，方向向上，单击“确定”按钮后得到图 2-178 所示的基准平面。

2）绘制图 2-179 所示的大圆柱实体草图 5。单击“草图”按钮，用“现有平面”方式选择刚创建的基准平面；用“圆”命令○绘制 ϕ38mm 的整圆；用“直线”命令⟋绘制两条水平边线（图 2-169 中的水平边线）；用“快速修剪”命令修剪整圆和水平边线，完成截面草图 5 的绘制。

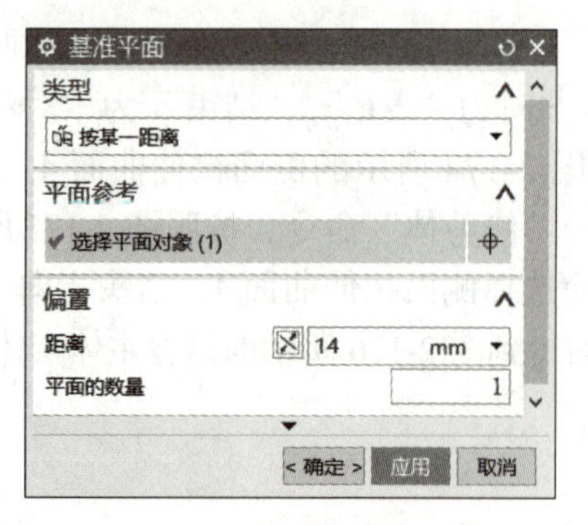

图 2-177　基准平面的设置

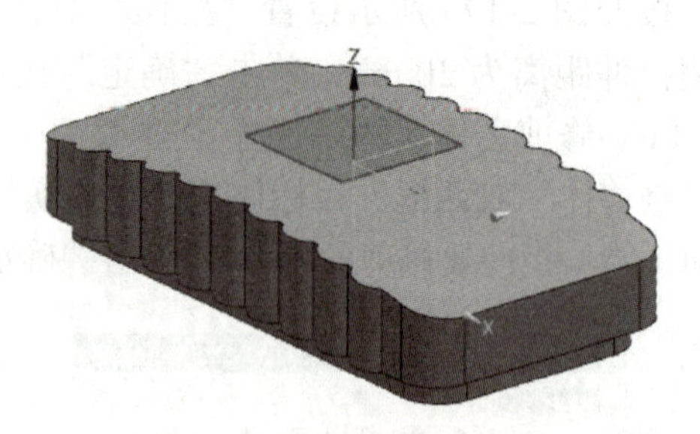

图 2-178　创建的基准平面

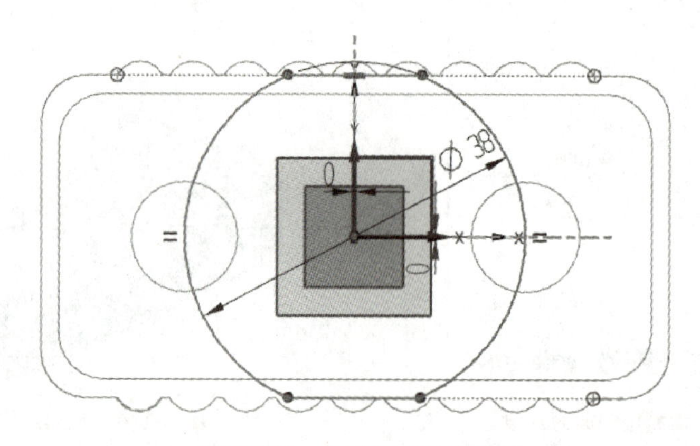

图 2-179　大圆柱实体草图 5

3）创建顶面大圆柱拉伸实体。选择“拉伸”命令，按照图 2-180 所示设置“拉伸”对话框，选择顶面大圆柱实体草图 5，拉伸方向沿“ZC”向下，拉伸距离为 4mm，不进行布尔运算。单击“确定”按钮后得到图 2-181 所示的顶面大圆柱实体 5。为了方便观察后续切割底座，先隐藏大圆柱实体。

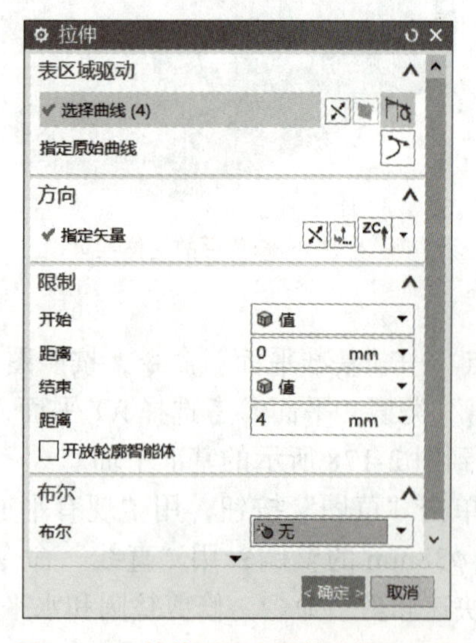

图 2-180　拉伸顶面大圆柱实体 5 设置

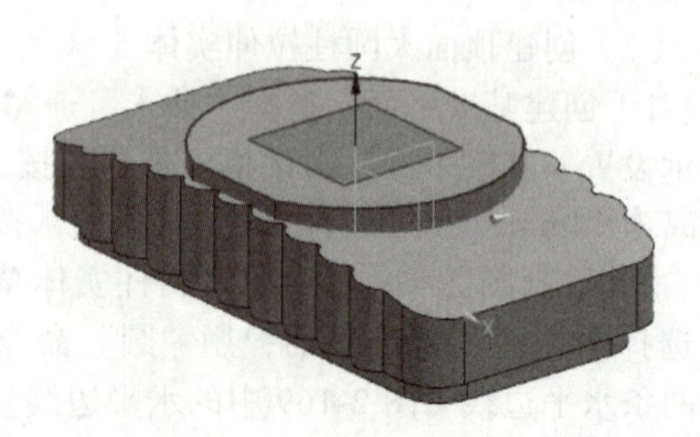

图 2-181　拉伸顶面大圆柱实体 5

（8）创建底座拉伸切割实体 6

1）在 *XY* 平面上绘制底座拉伸切割实体 6 的草图，如图 2-182 所示。绘制第 1 个长方形，标注尺寸“65”“25”；用“共线”约束，使长方形左侧竖直线和底座左侧竖直线共线；用“中点”约束，使长方形左侧竖直线和原点对中，这时图形全约束。绘制第 2 个长方形，标注尺寸“60”“5”；用“共线”约束命令使右侧竖直线和第 1 个长方形的右侧竖直线共线，标注尺寸“10”，并修剪出右侧中间缺口。至此完成草图的绘制。

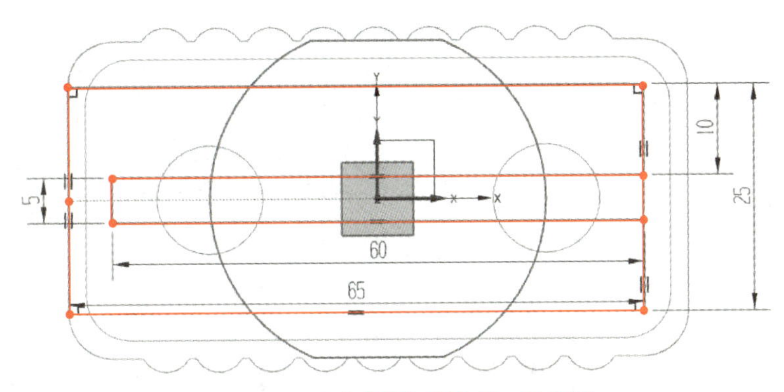

图 2-182　底座拉伸切割实体 6 的草图

2）创建底座拉伸切割实体。单击“拉伸”按钮，按照图 2-183 所示设置“拉伸”对话框，选择绘制的草图曲线，指定矢量为“ZC”（方向向上），开始距离为 2mm，结束距离为 12mm，进行布尔减去运算，得到底座拉伸切割实体；再对右侧拐角竖直边倒 *R*1mm 圆角，单击“边倒圆”按钮，选择两条竖直边，设置圆角半径为 1mm，单击“确定”按钮后得到图 2-184 所示的底座拉伸切割实体 6。

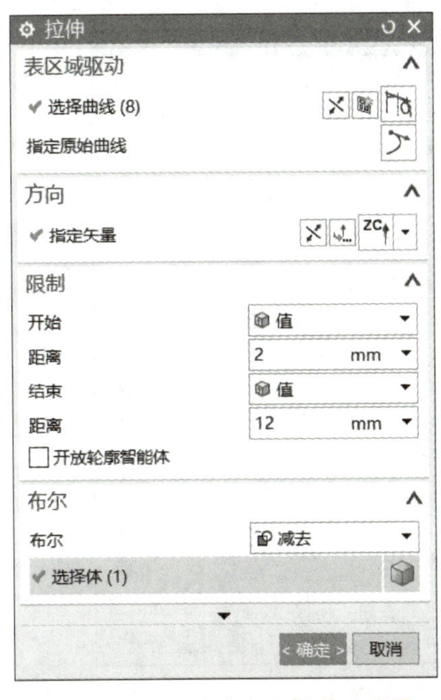

图 2-183　底座拉伸切割实体 6 设置

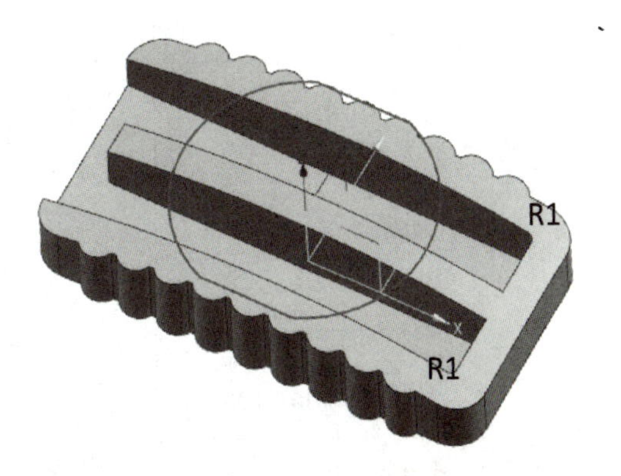

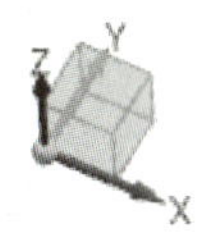

图 2-184　底座拉伸切割实体 6

（9）创建底座凹槽实体 7

1）绘制凹槽实体 7 的草图，如图 2-185 所示。选择 *XY* 平面绘制草图，绘制第 1 个长方形，标注尺寸“8”“6”“2.5”“14”；绘制 6mm 长的两条水平线、3mm 长的一条竖直线，标注尺寸“6”“3”“1.5”。用“阵列曲线”命令进行线性阵列，得到左面的草图，“阵列曲线”对话框设置如图 2-186 所示。设置阵列方向为“–XC”，数量为 2，节距为 25mm，单击“确定”按钮后完成草图的绘制。

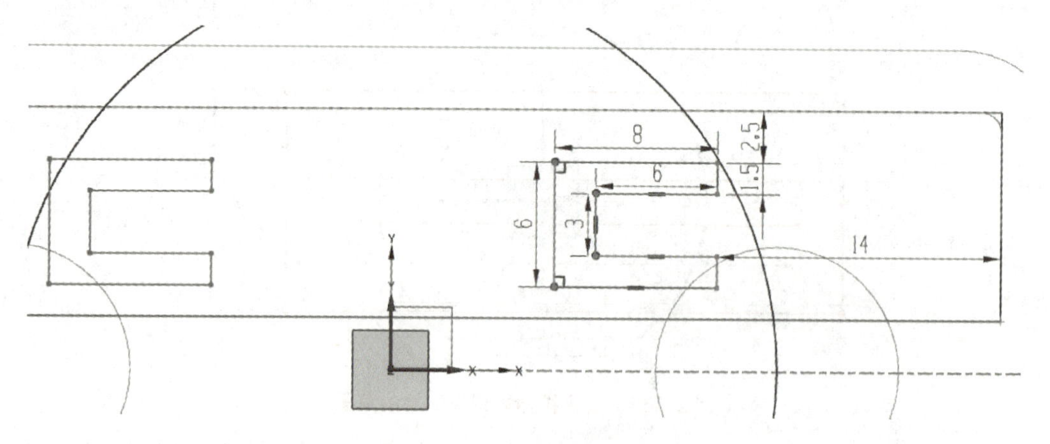

图 2-185　凹槽实体 7 的草图

2）拉伸凹槽实体 7。单击“拉伸”按钮，按照图 2-187 所示设置“拉伸”对话框，选择绘制的草图曲线，指定矢量为“ZC”（方向向上），开始距离为 0mm，结束距离为 4mm，进行布尔减去运算，单击“确定”按钮后得到图 2-188 所示的底座凹槽实体 7。

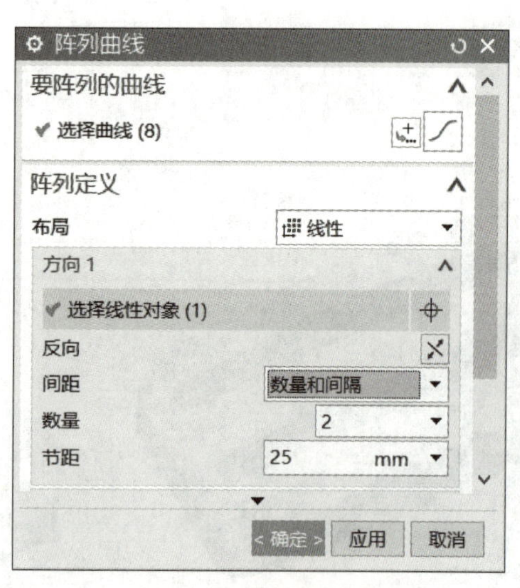

图 2-186　线性阵列设置

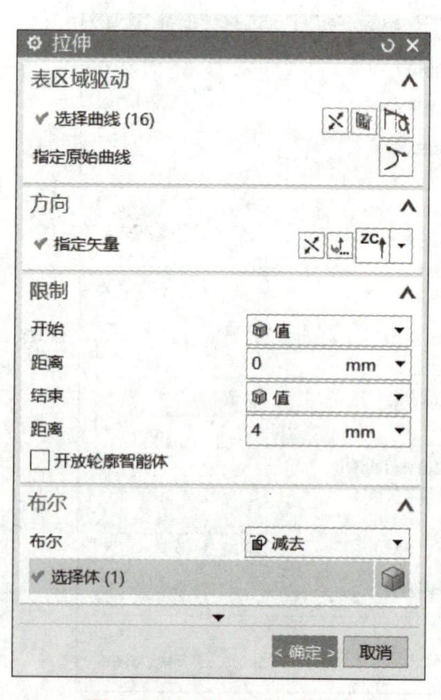

图 2-187　拉伸切割设置

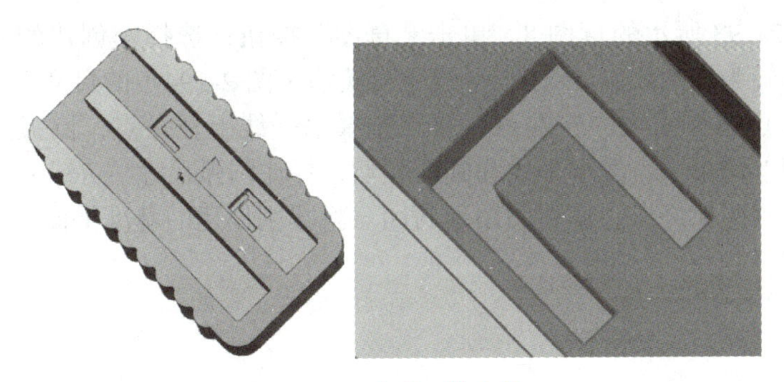

图 2-188　底座凹槽实体 7

3）镜像凹槽实体 7。选择“插入”→“关联复制”→“镜像特征”命令，选择拉伸切割特征，镜像平面为“XZ”面，如图 2-189 所示。单击“确定”按钮后得到图 2-190 所示的 4 个凹槽实体。

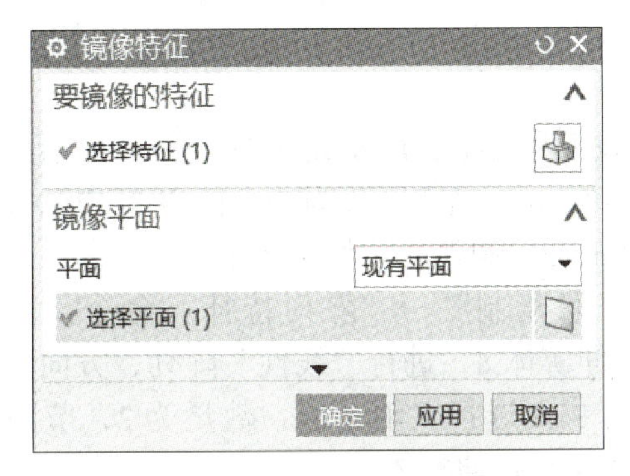

图 2-189　“镜像特征”对话框

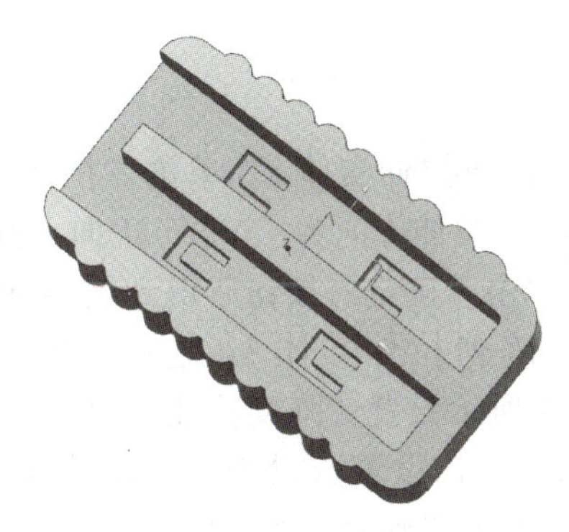

图 2-190　镜像后的 4 个凹槽实体

（10）创建 *R*5mm 圆弧的拉伸实体 8

1）创建竖直基准平面。选择“插入”→“基准 / 点”→“基准平面”命令，按照图 2-191 所示设置“基准平面”对话框。选择“自动判断”类型，选择要定义平面的对象为凹槽的侧立面，也可以选择对称的另一个侧立面，单击“确定”按钮后得到图 2-192 所示的基准平面。

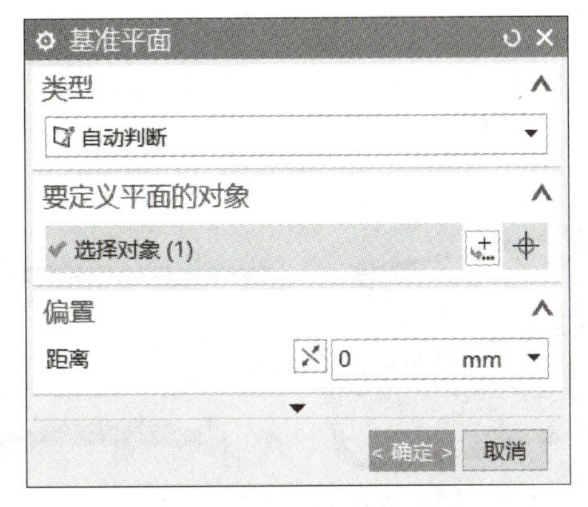

图 2-191　“基准平面”对话框

图 2-192　创建的基准平面

2）绘制图 2-193 所示的草图 8。单击“草图”按钮，选择刚创建的基准平面，绘制一条水平线（后转为参考线），标注水平线距离棱边（图 2-194）的尺寸“0.7”；选择“圆弧”命令，起点选择棱边的左端点、终点选择水平线上任一点，圆弧上的点为大致位置；建立“相切”约束，使水平线和圆弧相切，标注圆弧尺寸“*R*5”；再绘制一条水平线，从圆弧起点到圆弧终点，使草图图形封闭。隐藏刚创建的基准平面。

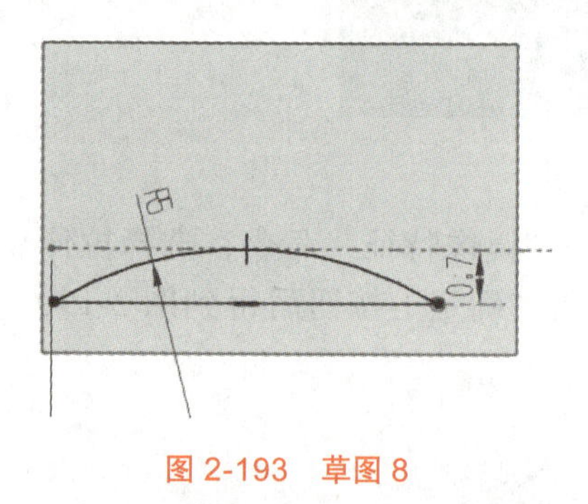

图 2-193　草图 8

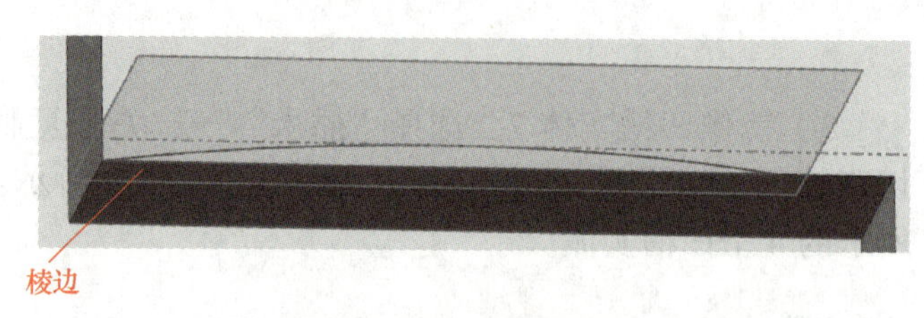

图 2-194　水平线和棱边

3）创建拉伸实体 8。单击“拉伸”按钮，按照图 2-195 所示设置参数，选择刚绘制的草图 8、拉伸方向为“YC”正向，开始距离为 0mm，结束距离为 3mm，进行布尔合并运算，单击“确定”按钮后得到图 2-196 所示的 *R*5mm 圆弧的拉伸实体 8。

4）阵列拉伸实体 8。选择“插入”→“关联复制”→“阵列特征”命令，按照图 2-197 所示设置“阵列特征”对话框。选择拉伸实体 8，进行“线性”阵列，方向 1 选择 *X* 轴正向，设置数量为 2，节距为 25mm；方向 2 选择 *Y* 轴负向，数量为 2，节距为 14mm，单击“确定”按钮后得到图 2-198 所示的 4 个拉伸实体。

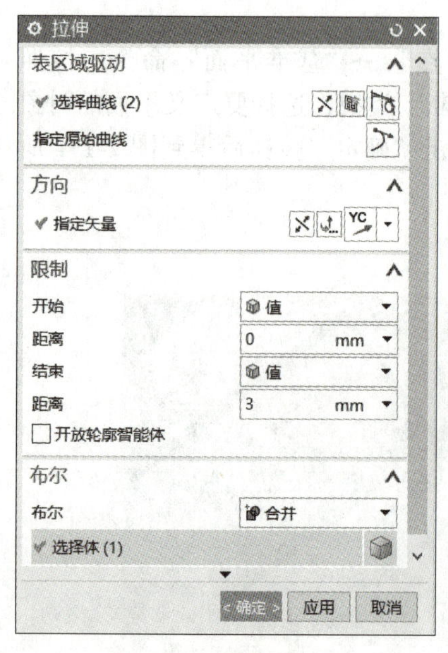

图 2-195　拉伸设置

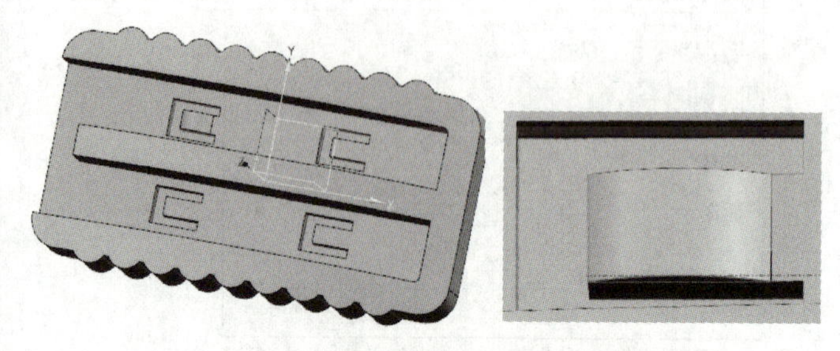

图 2-196　*R*5mm 圆弧的拉伸实体 8

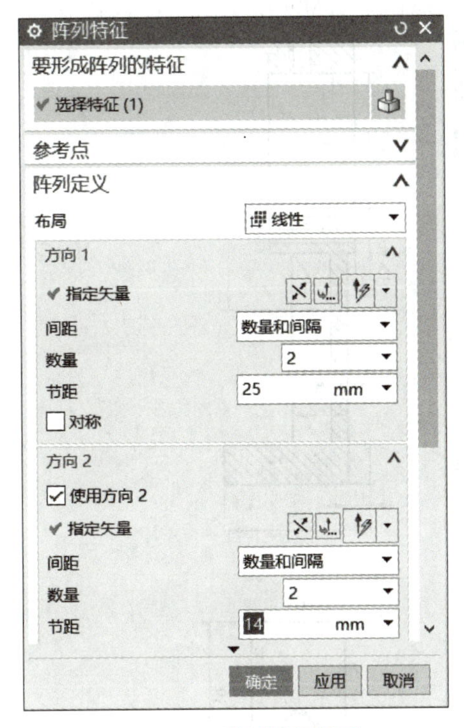

图 2-197　阵列特征设置

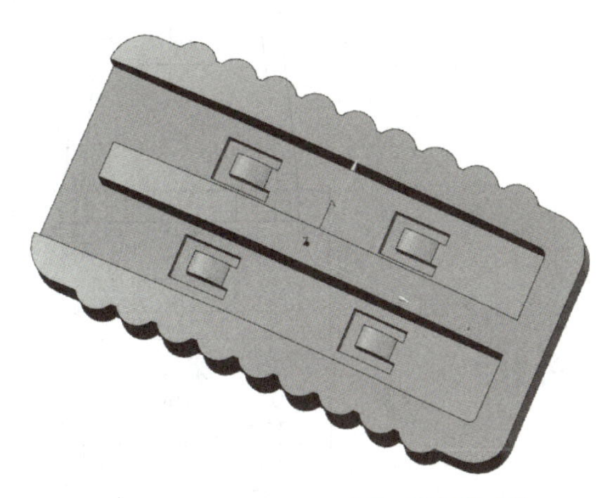

图 2-198　阵列得到 4 个圆弧的拉伸实体

（11）所有实体进行合并运算　显示顶面大圆柱实体 5，选择“插入”→“组合”→“合并”命令，分别选择目标体和工具体，单击“确定”按钮后得到图 2-199 所示的水笔擦实体模型。至此该模型已全部完成，单击“保存”按钮保存文件。

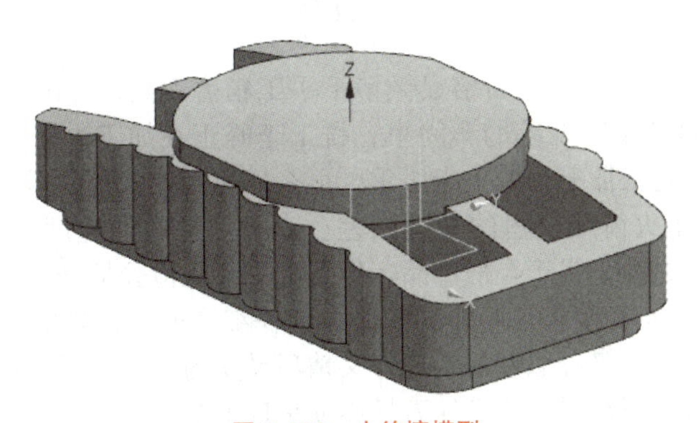

图 2-199　水笔擦模型

3. 任务小结与拓展

水笔擦模型造型任务利用拆分结构法，先创建主体再进行修剪，采用拉伸命令完成主体造型，再用拉伸减去、修剪、倒圆、拉伸合并等命令完成编辑，是三维实体造型的常用方法。

2.2 拓展

试完成图 2-200 所示的轴支架实体造型。

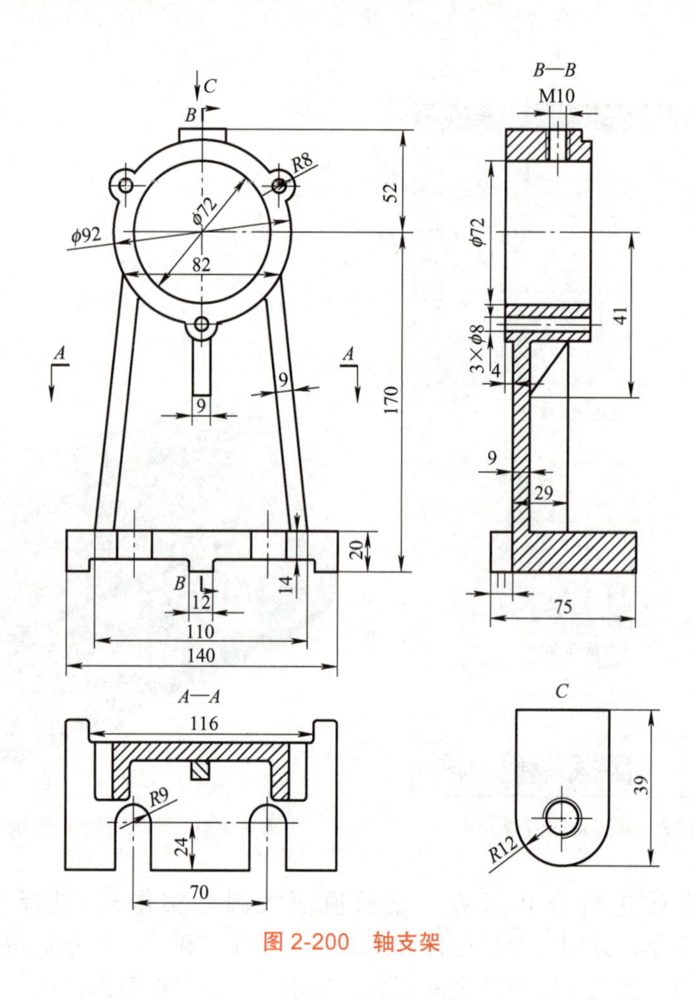

图 2-200 轴支架

你知道吗？

大技贵精，大国工匠李峰在高倍显微镜下手工精磨刀具，5μm 的合格公差也要“执拗”返工。在航天科技集团九院的车间里，铣工李峰正在加工火箭“惯组”中的加速度计。如果说“惯组”是长征七号的重中之重，那么加速度计就是“惯组”的重中之重，减少 1μm 变形，能缩小火箭几公里的轨道误差。李峰加工的加速度计，存在着 5μm 的公差，在设计允许范围之内，属于合格产品，但是李峰要从检验员这里拿回去返工，他要坚持自己心里的公差。李峰为缩小那 5μm 的公差而仔细磨刀。在高倍显微镜下手工精磨刀具是李峰的绝活。他那一双看似慢条斯理却又精巧灵动的手，一面拨轮，一面按刀，以无穷的耐心磨下去。与金刚石同等硬度的刀具逐渐呈现出李峰所需要的锐度和角度。

从李峰的大技贵精案例可以看出，他的成功和他平时下的苦工分不开。工匠们的手上，积淀着他们的技艺磨砺和心智淬炼。李峰在 20 岁时一进厂就被分配为铣工，26 年里只干过这一个工种，显然他将坚守铣工一辈子。我们在学习、工作的时候，同样要秉持工匠精神，执着专注、追求卓越，要有自己的坚持。在技术领域追求极限的精度，在技艺上达到精益求精，“工匠精神”贵在匠心。

知识巩固与拓展

1. 完成图 2-201 所示的垂直支架实体造型。

项目 2
拓展题 1

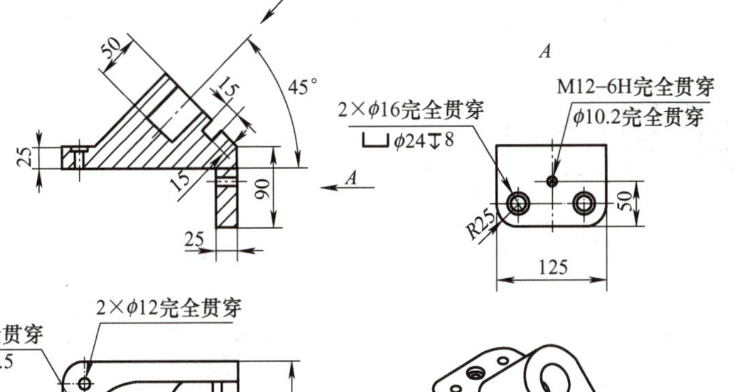

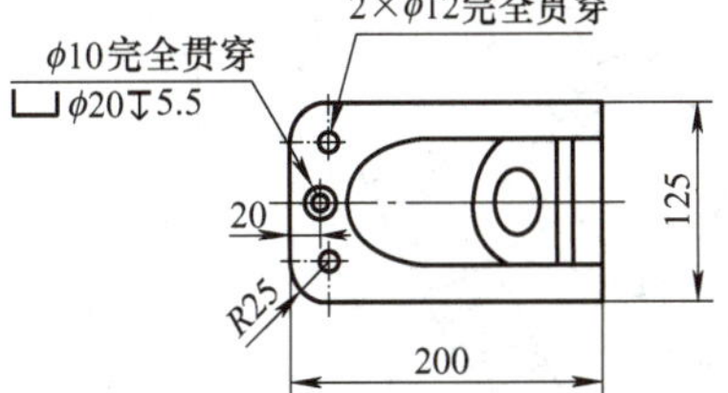

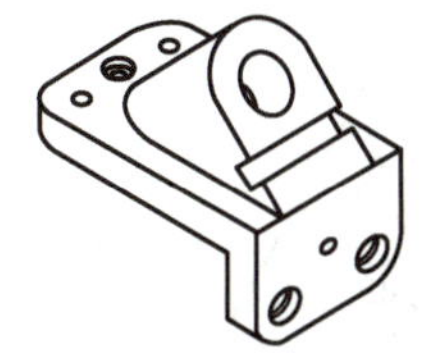

图 2-201　垂直支架

2. 完成图 2-202 所示的四辐轮实体造型。

项目 2
拓展题 2

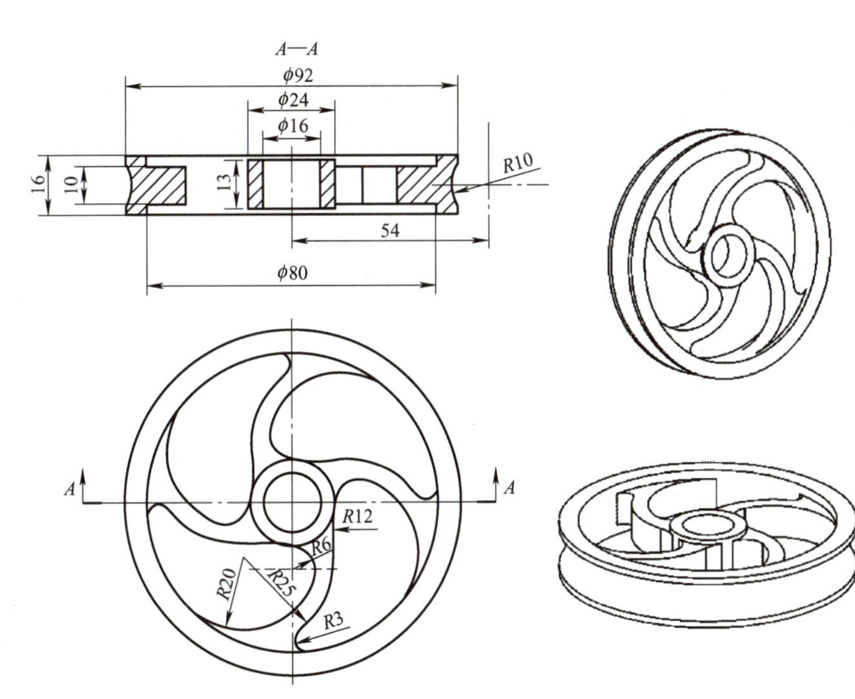

图 2-202　四辐轮

3. 完成图 2-203 所示的斜面轮齿实体造型。

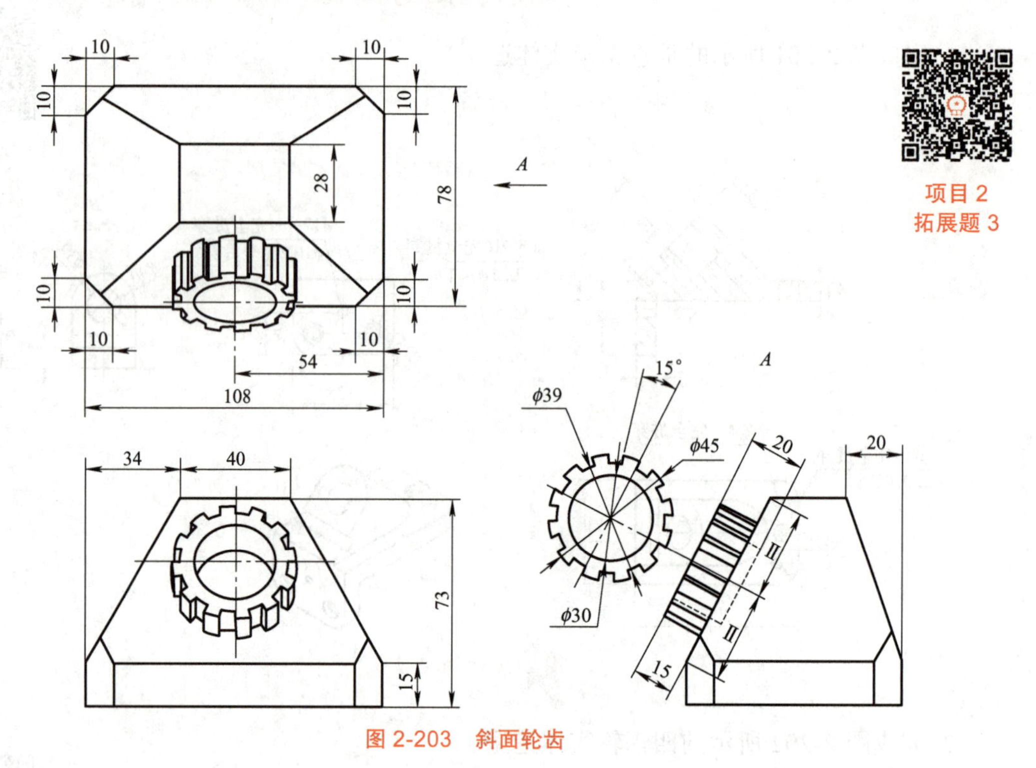

项目 2
拓展题 3

图 2-203　斜面轮齿

项目3　零件曲面造型

【项目导读】

曲面建模主要用于外形为曲面、形状不规则或较为复杂的零件。在进行产品设计时，对于形状比较规则的零件，利用实体特征造型方法基本可满足造型的需要。对于形状不规则的曲面类零件，实体特征造型方法就受到一定限制，而 UG NX 自由曲面构造方法很多，功能强大，使用也较方便，为这类零件的造型提供了较好的技术支持。实际生产中，设计复杂的零件时，可以灵活地将曲面建模与实体建模相结合。

本项目分为两个任务，遵循由简单到复杂的学习规律，前者是简单曲面零件的造型，通过简单的曲线框架和曲面命令来完成；后者是复杂曲面零件的造型，通过较复杂的空间曲线与曲面命令来完成。

【知识目标】

1. 学习曲面零件建模的思路和方法。
2. 学习使用曲线、编辑曲线命令绘制产品空间曲线。
3. 学习使用曲面和编辑曲面命令构造中等复杂曲面。

【能力目标】

1. 具备编制曲面零件建模流程图的能力。
2. 具备使用曲线、编辑曲线命令完成空间曲线绘制的能力。
3. 具备使用曲面、编辑曲面命令完成一般曲面构造的能力。
4. 具备将曲面生成实体并完成中等复杂曲面零件建模的能力。

【素养目标】

1. 通过编制建模流程图，培养学生善于分析、勤于动手的学习习惯与团队合作意识。
2. 通过空间曲线绘制，培养学生爱岗敬业、严谨细致的工作态度。
3. 通过曲面建模，培养学生不畏艰难、勇于创新的工作作风。

任务 1　简单曲面零件造型

❖ 学习目的

1. 掌握点、直线、多边形、圆及圆弧等创建命令的应用与操作方法。
2. 掌握修剪曲线、分割曲线等编辑命令的应用与操作方法。
3. 掌握直纹、有界平面、修剪片体、缝合命令的应用与操作方法。

❖ 学习重点

综合运用曲线和曲面命令构建简单零件的线架模型并进行曲面建模。

❖ 学习难点

掌握线架提取绘制和曲面构造方法。

3.1.1　立体五角星线架曲面造型

完成图 3-1 所示的立体五角星（五角星的外接圆半径为 100mm）线架及曲面造型。

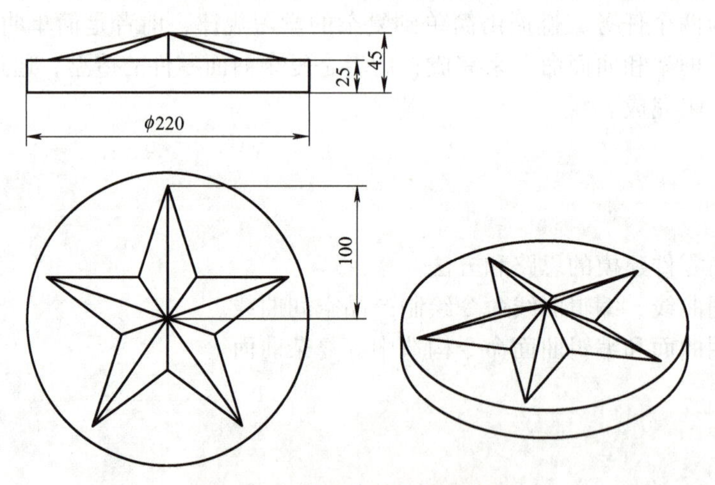

图 3-1　立体五角星线架示意图

1. 任务分析

根据模型结构及参考尺寸，确定绘制五角星立体线架的思路如下，流程图如图 3-2 所示。

1）创建正五边形外接圆，半径为 100mm。

2）创建 5 条直线，构成平面五角星线框，然后修剪不需要的曲线。

3）创建 1 个点，定位尺寸 X、Y 值为“0”，Z 值为“20”。

4）分别将五边形的 5 个顶点与上一步中创建的点用直线连接起来，构成立体五角星线架。

5）用“N 边曲面”命令创建立体五角星。

6）创建直径为 220mm 的圆。

7）移动对象，将直径为 220mm 的圆沿 Z 轴负方向移动 25mm。

8）用“有界平面”命令封闭直径为 220mm 的圆并修剪片体。

9）用“直纹面”命令创建圆柱面。

10）缝合曲面，可以将片体转换成实体。

通过该实例主要掌握的命令有“多边形”“直线”“N 边曲面”“有界平面”“移动对象”“缝合”“快速修剪”“直纹面”。

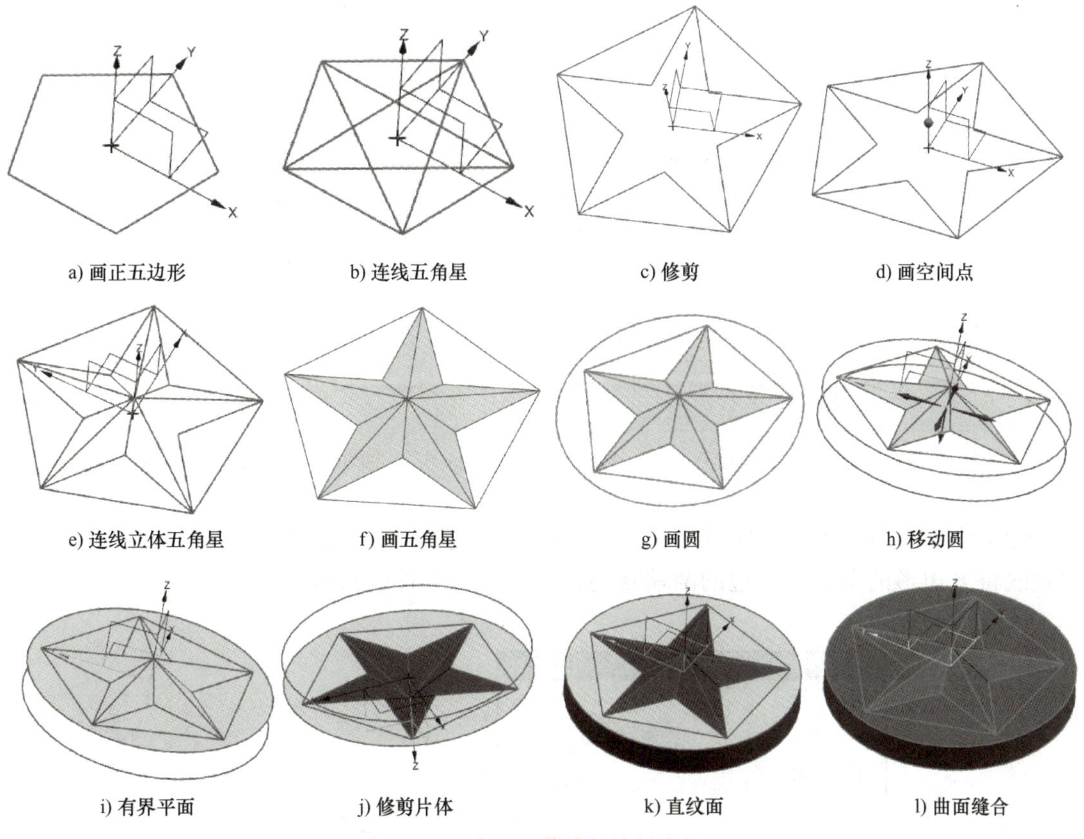

图 3-2　五角星立体线架绘制流程图

2. 任务实施

3.1.1

（1）创建多边形　进入建模模块，在命令查找器中输入“多边形”后按 <Enter> 键，选择“多边形”命令，出现“多边形”对话框，如图 3-3 所示。在边数文本框中输入“5”，然后单击“确定”按钮，在弹出的对话框中选择“外接圆半径”，进入下一个对话框，如图 3-4 所示。输入圆半径值为“100”，方位角为

“90”，单击“确定”按钮，弹出“点”对话框，如图3-5所示。确定原点后单击“确定”按钮，完成效果如图3-6所示。

图3-3 “多边形”对话框

图3-4 多边形参数设置

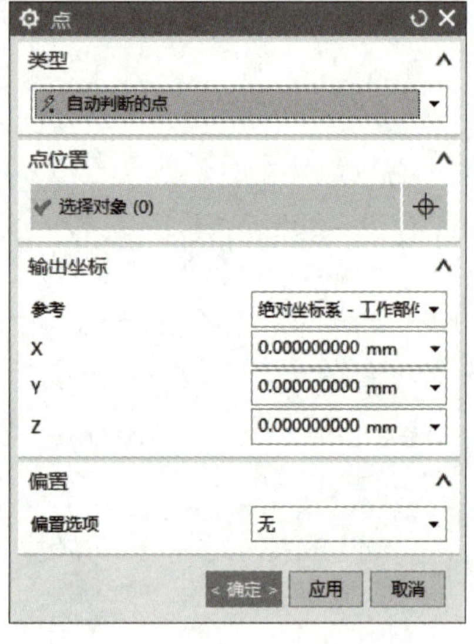

图3-5 “点”对话框

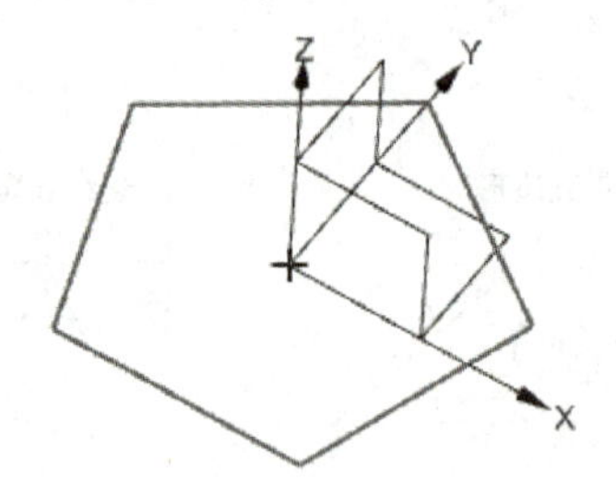

图3-6 五边形示意图

（2）绘制直线 单击“曲线”工具栏中的“直线”按钮，弹出“直线”对话框。分别用直线将五边形的端点和对边的两端相连，得到图3-7所示图形。

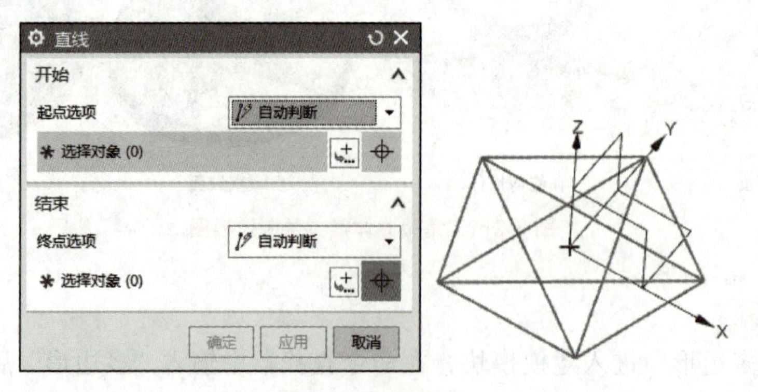

图3-7 绘制直线

（3）修剪曲线 单击“曲线编辑”工具栏中的“修剪曲线”按钮，弹出“修剪曲线”对话框。首先选中五角星的一条边，作为“要修剪的曲线”，接着分别选择两条相邻的边，作为“边界对象”进行修剪，依次对 5 条边分别进行修剪，最后完成效果如图 3-8 所示。

（4）创建五角星中心点　单击“特征”工具栏中的“创建点”按钮，弹出“点”对话框。在“Z”值文本框内输入“20”，单击“确定”按钮，结果如图 3-9 所示。

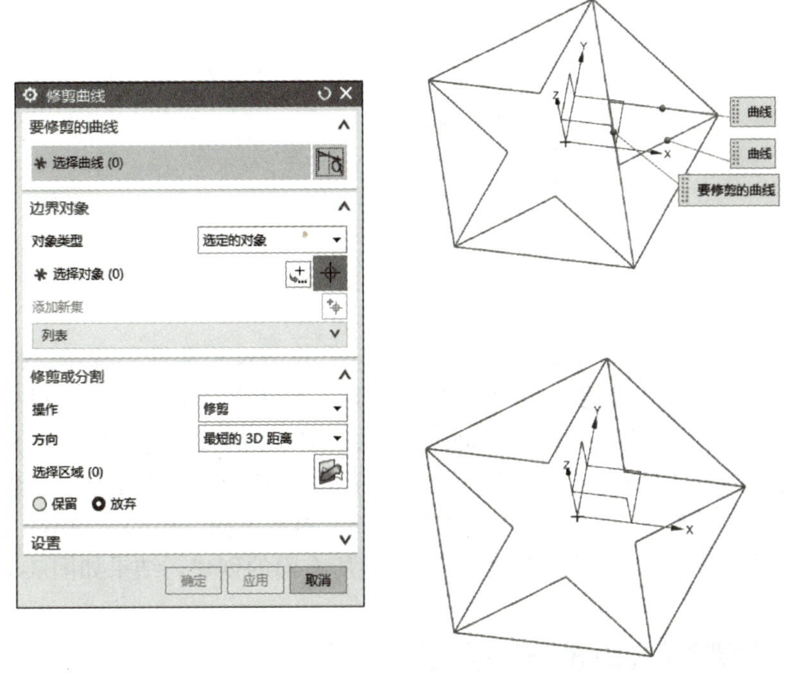

图 3-8　修剪曲线

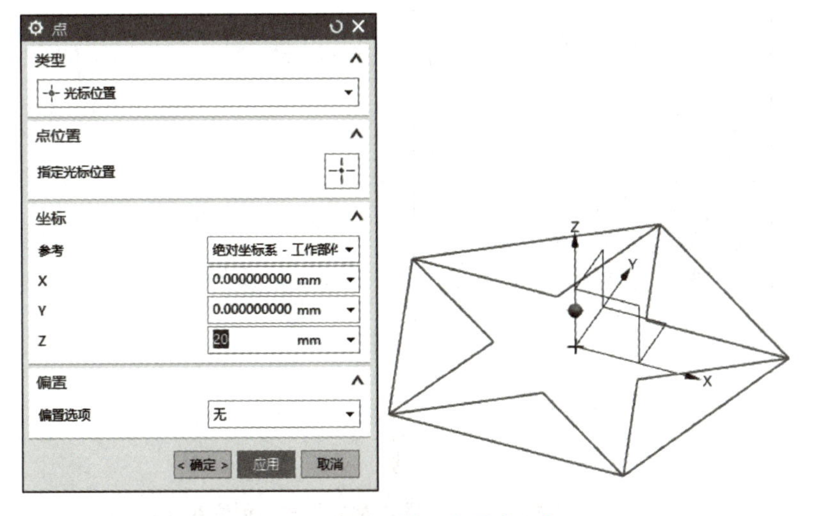

图 3-9　创建立体五角星中心点

（5）绘制五角星空间线架　单击“曲线”工具栏中的“直线”按钮，弹出“直线”对话框。分别绘制 5 条直线，将五边形的端点和创建的点相连，继续用“直线”命令绘制两条直线，选择五角星两个角顶点与中心点，得到图 3-10 所示图形。

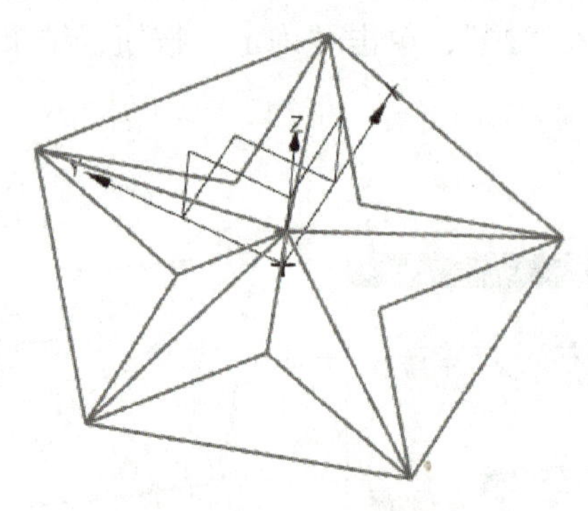

图 3-10　五角星空间线架

（6）创建五角星片体　单击“曲面”工具栏中的“N 边曲面”按钮，弹出“N 边曲面”对话框。类型选择“已修剪”，然后顺序拾取三角形的 3 条边，在“设置”选项组中勾选“修剪到边界”，完成一个三角形面的创建，用同样的方法完成同一个角中另一个三角形面的创建。单击“特征”工具条中“阵列特征”按钮，选择上述创建的两个三角形面，选择 *Z* 轴为旋转轴，原点为指定点，设置“斜角方向”中的“数量”为“5”，“节距角”为“72°”，单击“确定”按钮完成五角星所有面的创建，结果如图 3-11 所示。

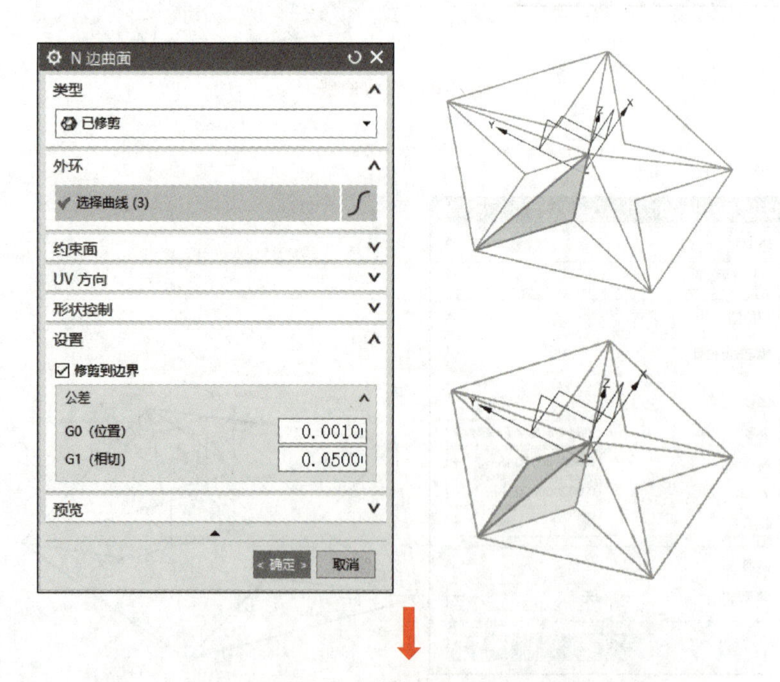

图 3-11　用“N 边曲面”和“阵列特征”命令创建五角星片体

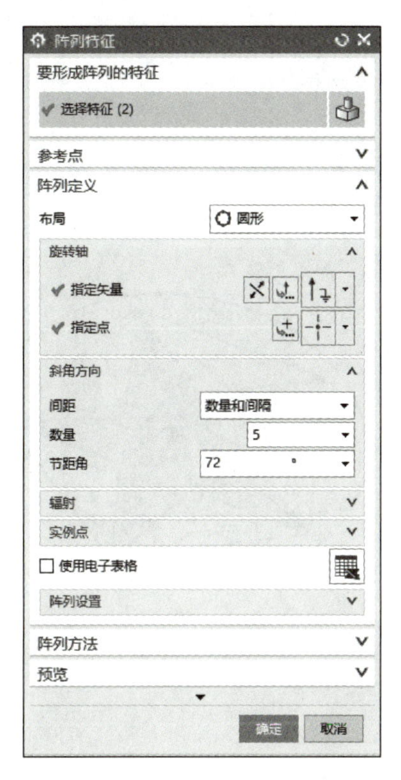

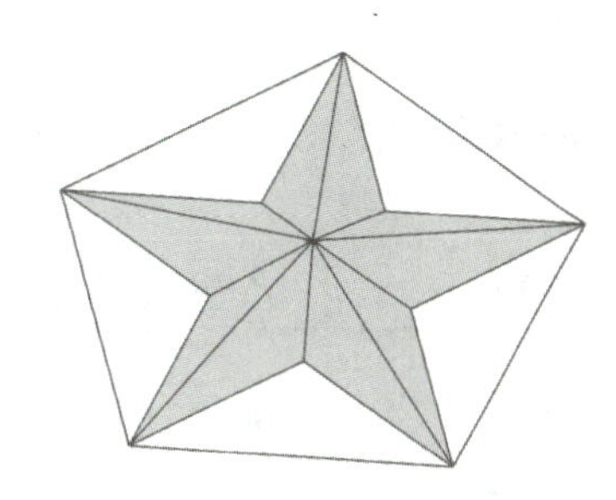

图 3-11　用“N 边曲面”和“阵列特征”命令创建五角星片体（续）

（7）创建圆盘线架

1）先绘制 ϕ220mm 的圆。单击“曲线”工具栏中的“圆弧 / 圆”按钮，弹出“圆弧 / 圆”对话框。类型选择“从中心开始的圆弧 / 圆”，选择原点为中心点，在“限制”选项组中勾选“整圆”，在“大小”选项组中的“半径”文本框中输入“110”，得到图 3-12 所示结果。

2）创建下面的圆。选择主菜单中的“编辑”→“移动对象”命令，弹出“移动对象”对话框。选择上一步创建的圆弧作为移动对象，选择 *Z* 轴负方向为移动方向，移动距离为 25mm，完成效果如图 3-13 所示。

（8）创建上平面

1）单击“曲面”工具栏中的“有界平面”按钮，弹出“有界平面”对话框。根据提示选择需要封闭的平面边界，此处选择 ϕ220mm 的上侧圆为边界，得到图 3-14 所示效果。

2）修剪片体。单击“曲面”工具栏中的“修剪片体”按钮，弹出“修剪片体”对话框。目标片体是上一步所创建的有界平面（**注意：**“区域”选项组中如果选择“保留”，则单击保留部位；如果选择“放弃”，则单击放弃部位），边界对象选择五角星底面的 10 条边线，单击“确定”按钮，得到图 3-15 所示效果。

（9）创建圆柱面　单击“曲面”工具栏中的“直纹”按钮，弹出“直纹”对话框。选择上侧 ϕ220mm 圆为截面线串 1，单击鼠标滚轮确认；然后选择下侧 ϕ220mm 圆作为截面线串 2，单击鼠标滚轮确认，完成效果如图 3-16 所示。此处圆柱面也可用“拉伸”曲面命令完成。

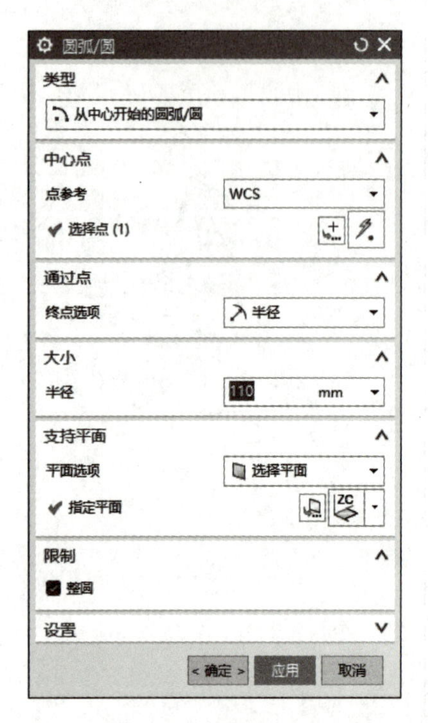

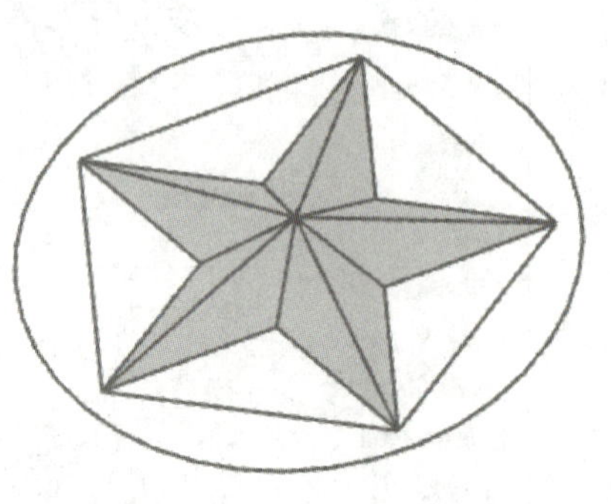

图 3-12 创建半径为 110mm 的圆

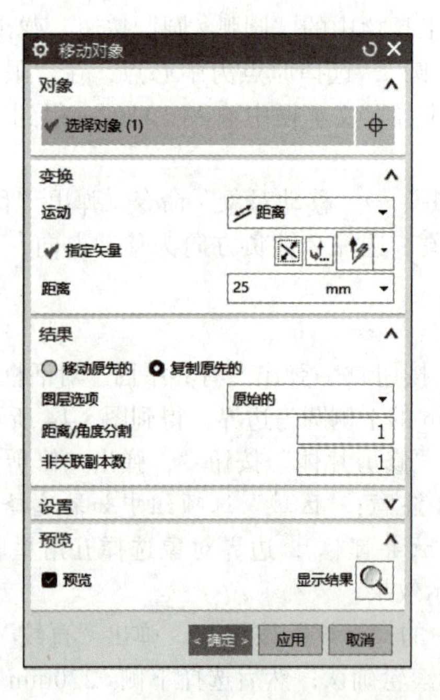

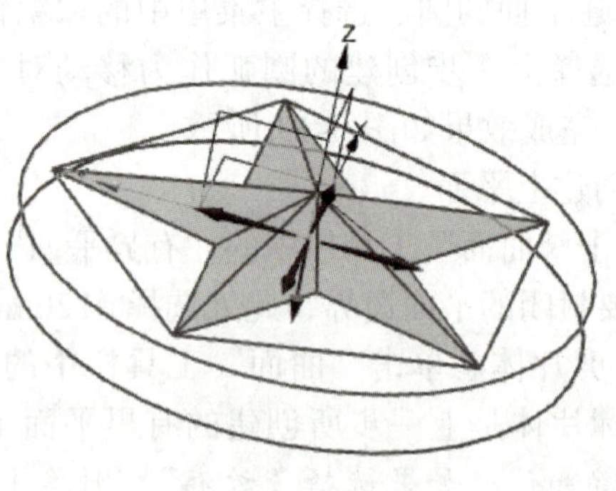

图 3-13 移动对象创建下面的圆

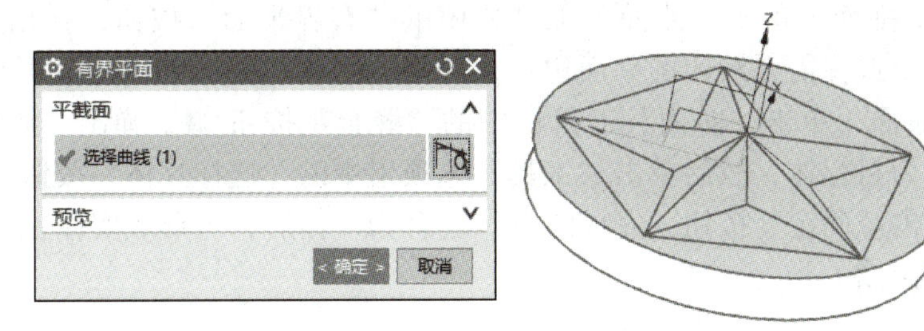

图 3-14　有界平面创建上平面

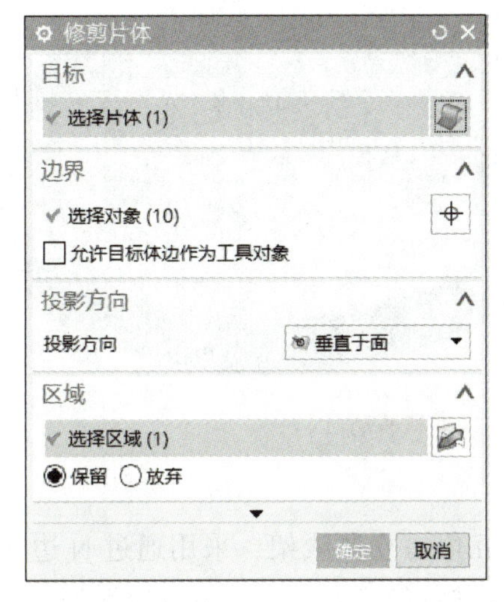

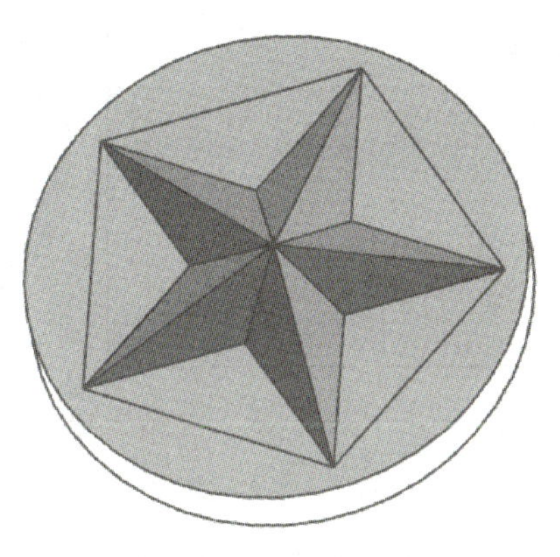

图 3-15　修剪片体

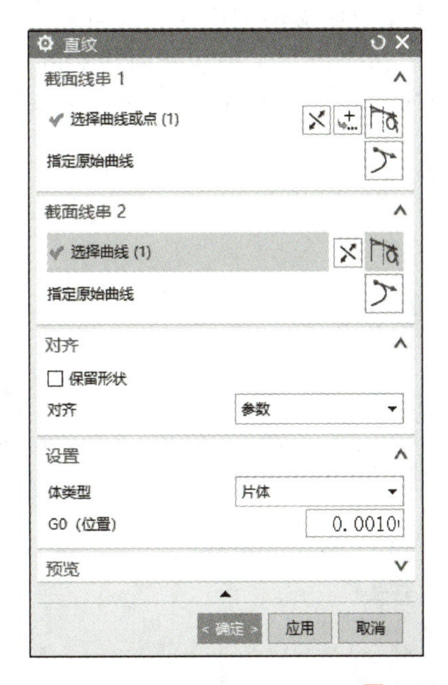

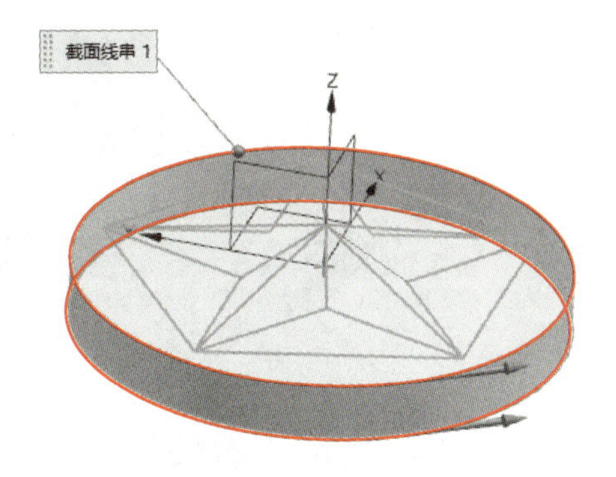

图 3-16　创建圆柱面

（10）创建下平面　单击“曲面”工具栏中的“有界平面”按钮，弹出“有界平面”对话框。根据提示选择需要封闭的平面边界，选择下侧 ϕ220mm 的圆完成下平面的封闭。

（11）缝合曲面　单击“曲面”工具栏中的“缝合”按钮，弹出“缝合”对话框。单选底面片体作为目标体，然后单击“工具”选项组中的“选择片体”按钮，接着添加其他片体，最后单击“确定”按钮，完成缝合。缝合为一体后，可形成实体化模型，最终得到图 3-17 所示的结果。

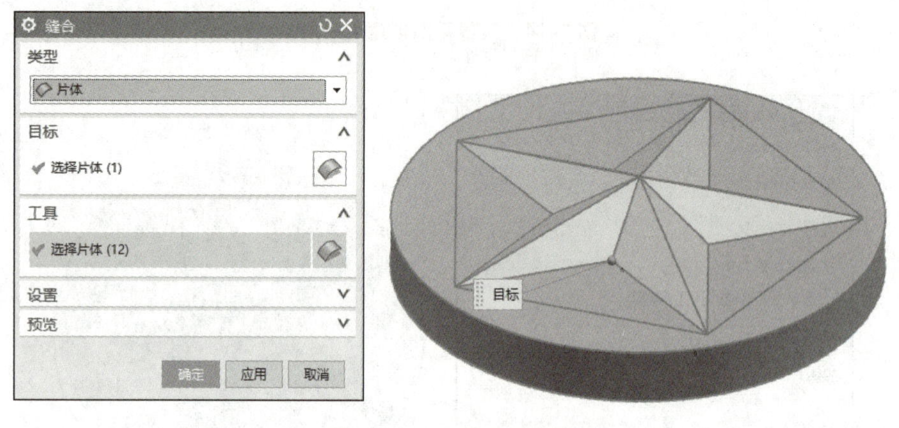

图 3-17　缝合曲面成实体

3. 任务小结与拓展

本任务利用多边形和直线等命令构建了五角星立体线架，采用通过 N 边曲面、有界平面、直纹面等命令完成曲面造型，最后通过缝合命令完成五角星线架模型实体造型，这是 UG NX 曲面造型中最常见的一种造型方法，即线→面→体形式。

根据所学知识，完成图 3-18 所示线架曲面造型，线架参照图示，尺寸自定，可使用“草图”命令绘制底面八角星，使用“艺术样条”命令绘制 1 条线架曲线后阵列为 8 条；使用“通过曲线网格”命令绘制一个曲面，然后阵列为 8 个曲面完成造型，也可以在此基础上进行创新。

3.1.1 拓展

图 3-18　线架曲面练习

3.1.2　印章曲面造型

完成图 3-19 所示的印章线架及曲面造型。

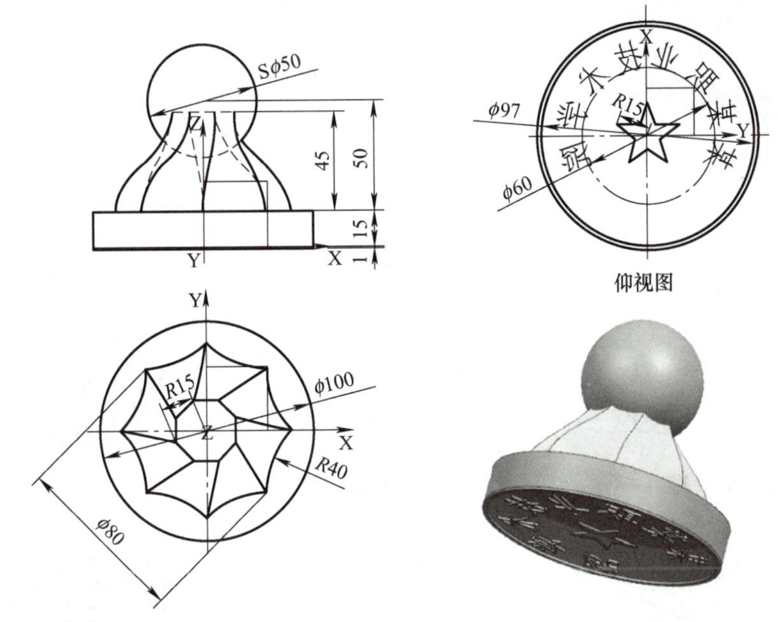

图 3-19　印章线架及曲面造型

1. 任务分析

根据模型结构及参考尺寸，确定创建印章的思路如下，流程图如图 3-20 所示。

1）创建直径为 100mm、高为 15mm 的圆柱体。

2）创建底部草图，画 8 个圆弧，构成平面线框。

3）创建八边形，外接圆直径为 30mm，*Z* 值为 60mm。

4）在对应位置分别画 4 条 *Z* 向直线，并用桥接曲线命令构成印章连接体的立体线架。

5）用建立网格曲面命令创建印章连接体，并沿中心阵列为 8 个。

6）利用有界平面命令完成印章连接体上下表面并缝合为实体。

7）创建直径为 50mm 的球，中心点的 *Z* 向位置为 65mm。

8）在圆柱底面绘制直径为 60mm 的圆作为印章文字的放置曲线，输入印章文字后调整其位置，拉伸文字高度为 1mm。

9）在圆柱底面绘制五角星及边缘圆环后分别拉伸 1mm 高度。

10）将所有实体特征合并，完成印章造型。

通过该实例的学习，主要掌握的命令有“圆柱”“草图”（包含直线、圆弧、偏置曲线、文本、快速修剪等）“拉伸”“球”“多边形”“桥接曲线”“通过曲线网格”“有界平面”“缝合”“合并”。

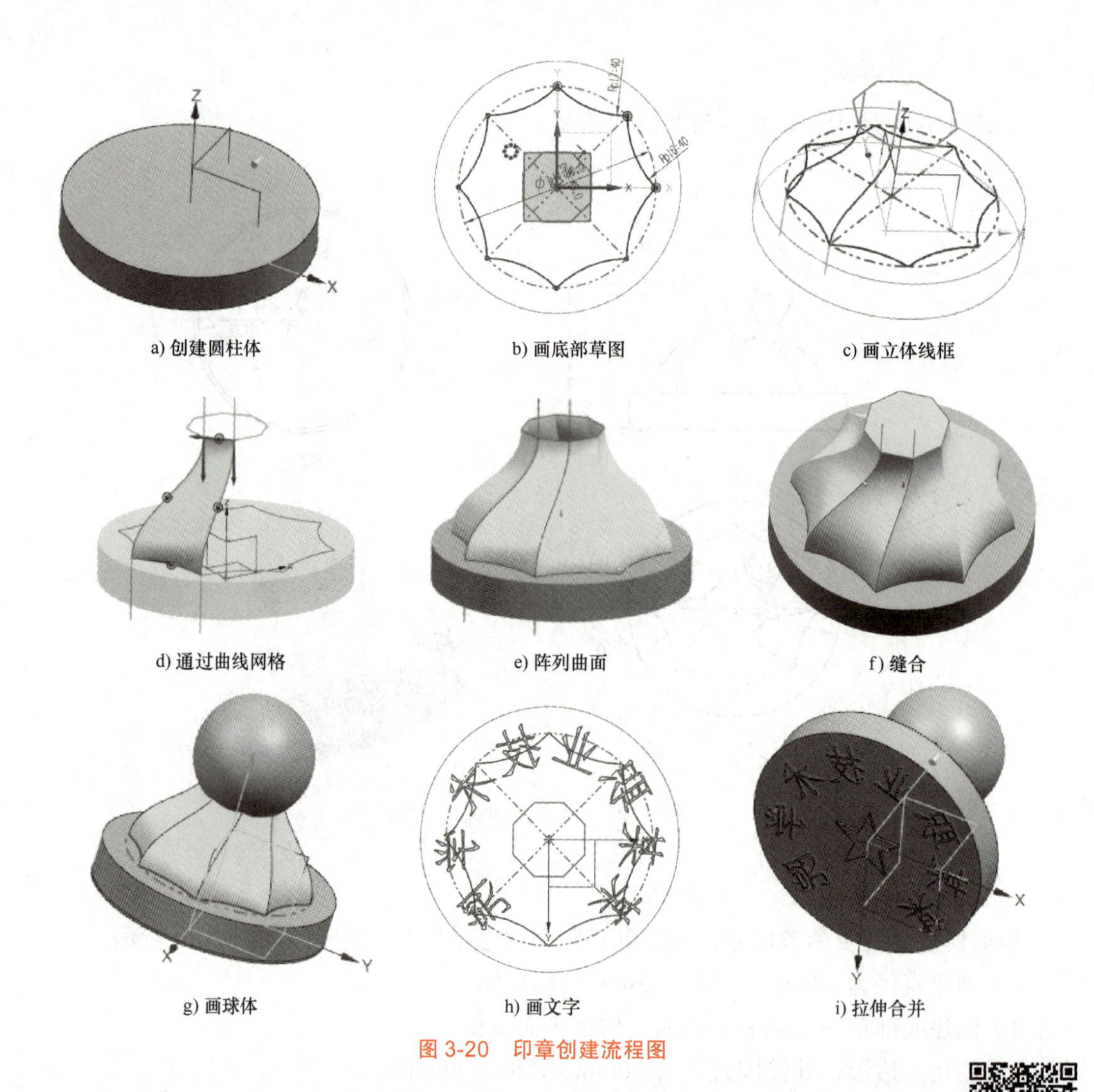

图 3-20　印章创建流程图

3.1.2

2. 任务实施

（1）创建圆柱体　进入建模模块，单击“插入”→“设计特征”→“圆柱”命令。在“类型”下拉列表中选择默认选项“轴、直径和高度”，在“轴”选项组中选择 Z 轴为矢量，选择原点为指定圆心，在“尺寸”选项组中修改直径为 100mm，高度为 15mm，单击“确定”按钮，完成效果如图 3-21 所示。

（2）创建印章连接体底部草图　单击“草图”按钮，弹出“创建草图”对话框，如图 3-22 所示。选择圆柱体顶面为草图平面，单击“确定”按钮，绘制图 3-22 所示草图，采用圆弧、阵列的方法完成。

（3）创建印章连接体顶部八边形　在“曲线”工具栏中单击“多边形”按钮，出现“多边形”对话框，如图 3-23 所示。在“边数”文本框中输入“8”，单击“确定”按钮；在弹出的对话框中选择“外接圆半径”，进入下一个对话框，如图 3-23 所示，输入“圆半径”为“15”，“方位角”为“22.5”，单击“确定”按钮，弹出“点”对话框，如图 3-24 所示。设置 Z 坐标值为“60mm”，单击“确定”按钮，完成效果如图 3-24 所示。

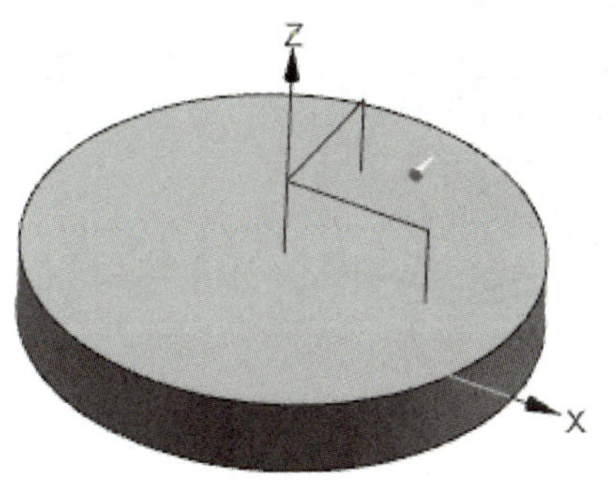

图 3-21　创建圆柱体

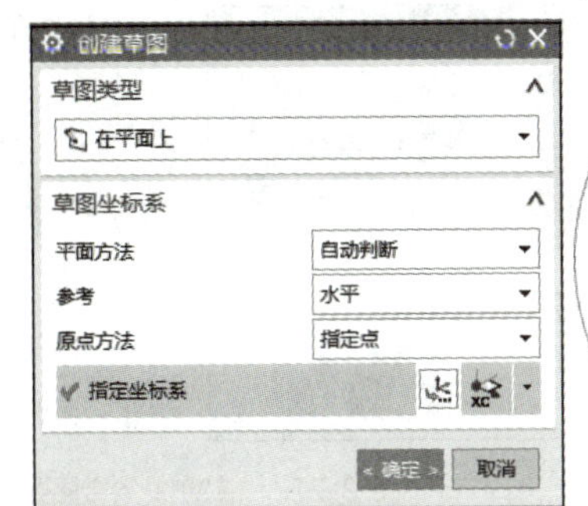

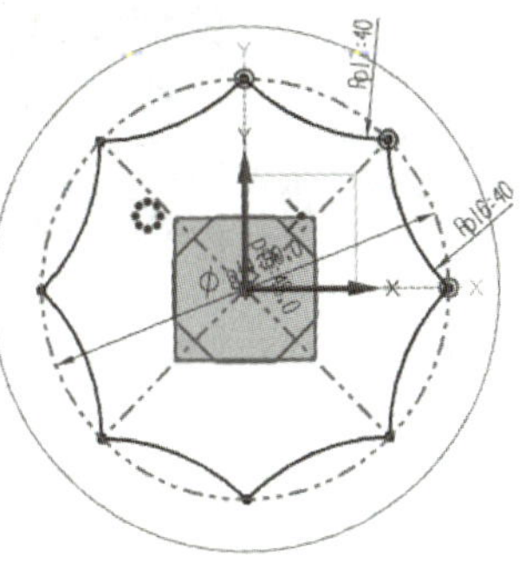

图 3-22　印章连接体底部草图

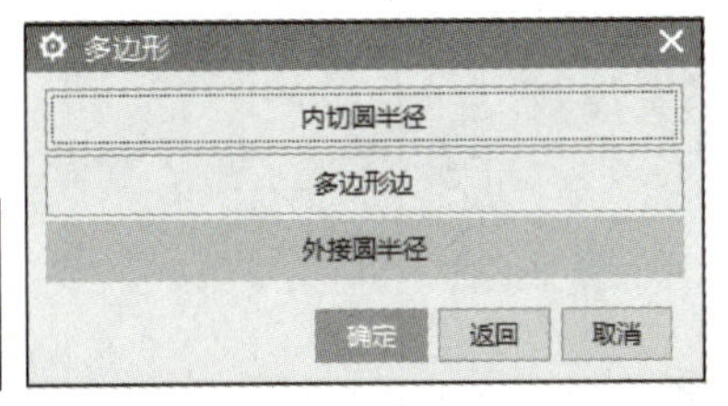

图 3-23　印章连接体顶部八边形绘制参数设置

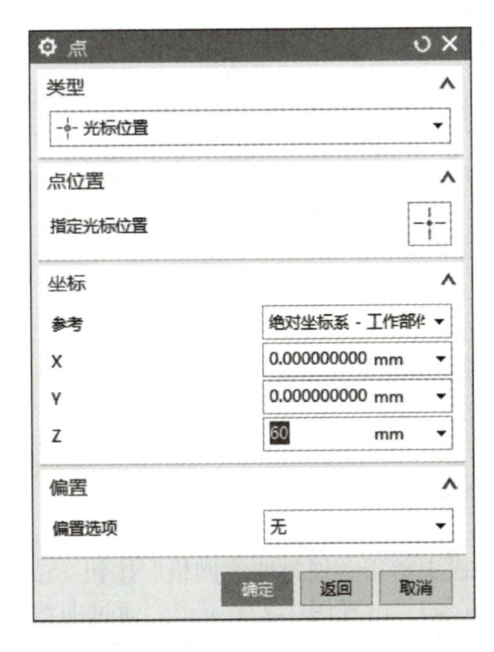

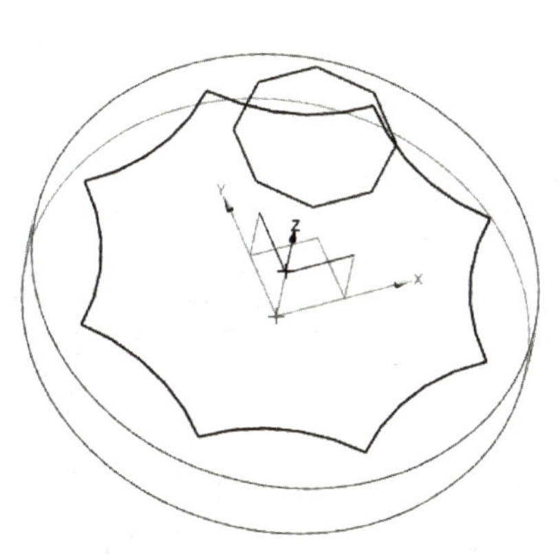

图 3-24　印章连接体顶部八边形绘制结果

（4）绘制桥接线框　在“曲线”工具栏中单击“直线”按钮（或在主菜单栏中单击“插入”→“曲线”→“直线”命令），绘制 4 条平行于 Z 轴的辅助线，如图 3-25 所示。在“曲线”工具栏中单击“桥接曲线”命令（或在主菜单栏中单击“插入”→“派生曲线”→“桥接”命令），绘制桥接线，如图 3-26 所示。注意将两条直线桥接时，点选每一条直线的部位应靠近多边形。

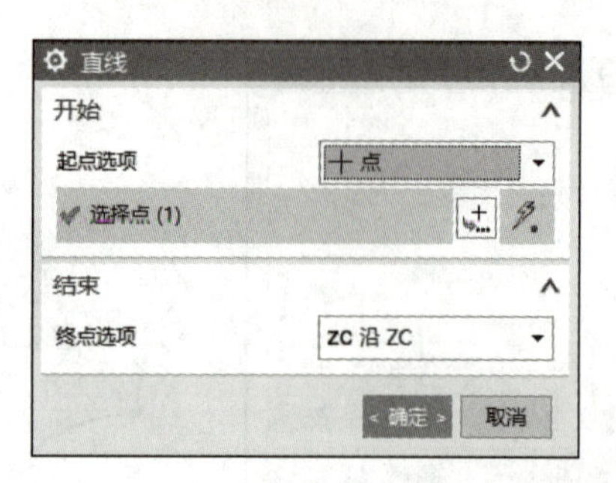

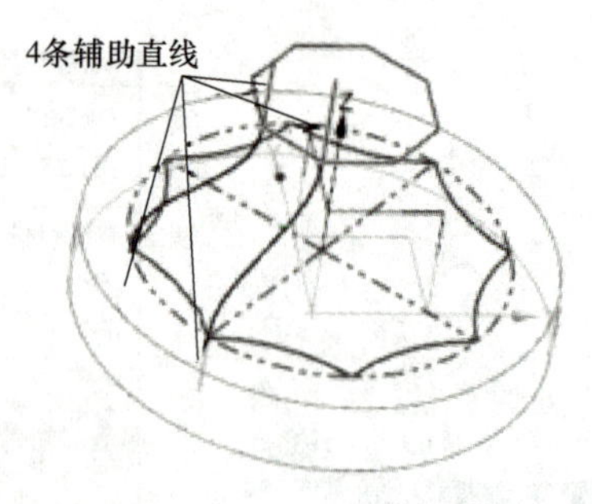

图 3-25　辅助线绘制结果

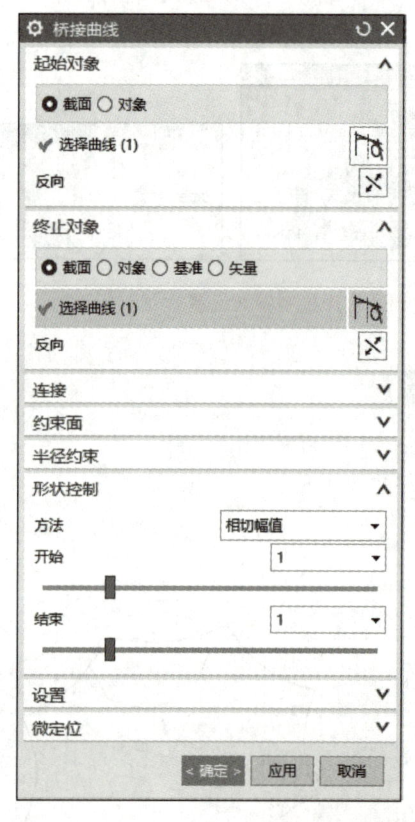

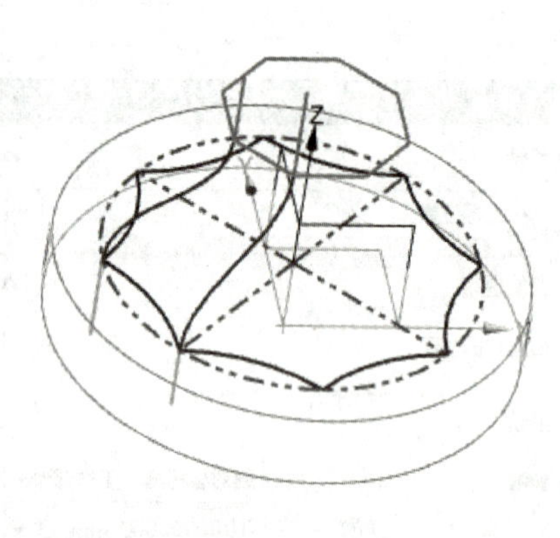

图 3-26　桥接曲线绘制结果

（5）绘制连接体曲面　在“曲面”工具栏中单击“通过曲线网格”按钮（或选择“插入”→“网格曲面”→“通过曲线网格”命令），出现图 3-27a 所示“通过曲线网格”对话框。先依次选两条桥接曲线为“主曲线”（注意每点选一条主曲线后要单击鼠标滚轮确认），再单击“交叉曲线”选项组中的“选择曲线”，然后依次点选两条交叉曲线（每点选一条交叉曲线后要单击鼠标滚轮确认），最后单击“确定”按钮。

单击“特征”工具栏中的“阵列特征”按钮，弹出“阵列特征”对话框。设置阵列类型为圆形阵列，阵列数量为“8”，“指定点”选底面圆的中心，指定矢量选择 *Z* 轴，最后单击“确定”按钮，结果如图 3-27b 所示。

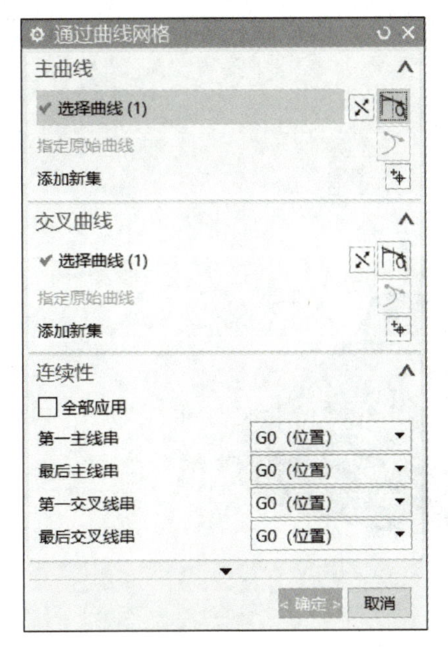

a）“通过曲线网格”设置

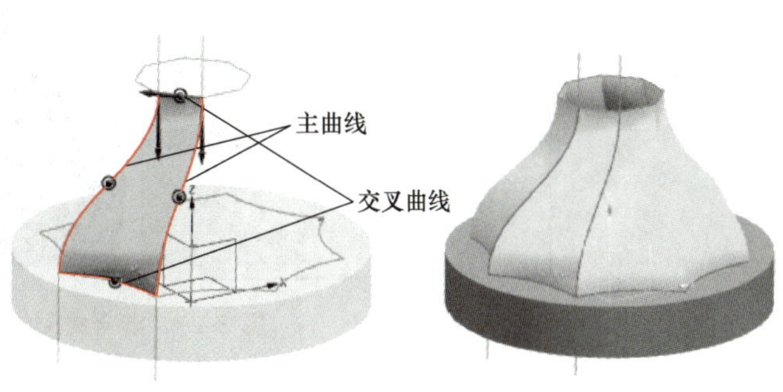

b）连接体曲线网格

图 3-27　绘制连接体曲线网格

（6）创建有界平面及将曲面缝合成实体　单击“曲面”工具栏中的“有界平面”按钮（或单击“菜单”→“插入”→“曲面”→“有界平面”命令），弹出“有界平面”对话框。点选图形上部八边形的边作为边界线串，然后单击“确定”按钮。隐藏下部的圆柱，再使用同样的“有界平面”命令，将曲面下端 8 段圆弧作为边界线串做出下平面。完成的结果如图 3-28 所示。

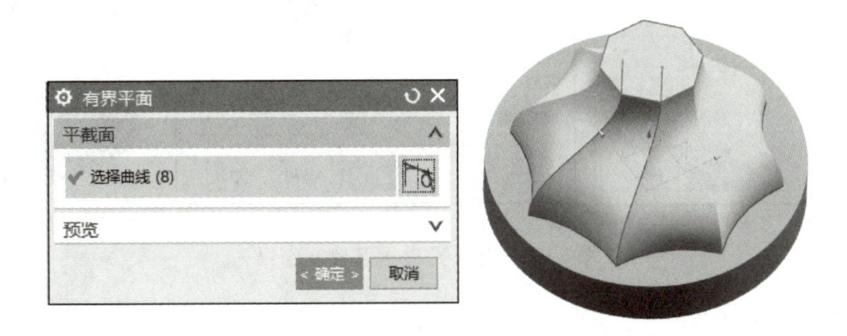

图 3-28　创建有界平面

单击“曲面”工具栏中的“缝合”按钮（或选择“插入”→“组合”→“缝合”命令），出现“缝合”对话框。把 8 个连接体曲面及上下两个有界平面缝合成实体，完成的结果如图 3-29 所示。

（7）创建印章球柄　单击“特征”工具栏中的“球”按钮（或选择“插入”→“设计特征”→“球”命令），弹出“球”对话框，如图 3-30 所示。类型选择“中心点和直径”，直径设为 50mm，中心点坐标设为（0，0，65），单击“确定”按钮，完成印章球柄造型，如图 3-30 所示。

恢复下部圆柱显示，单击“编辑”→“对象显示”命令，选择圆柱体后单击“确定”按钮，在弹出的对话框中将着色显示透明度改为“0”。

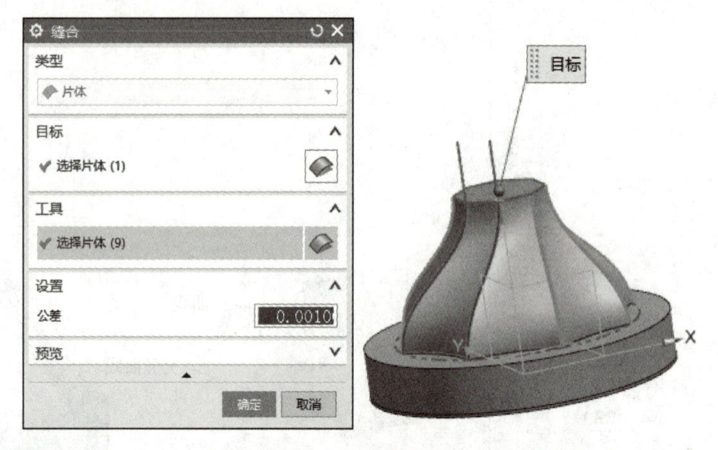

图 3-29　缝合成实体

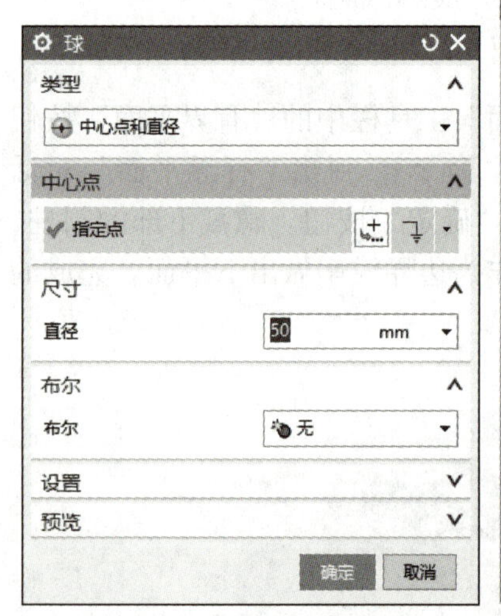

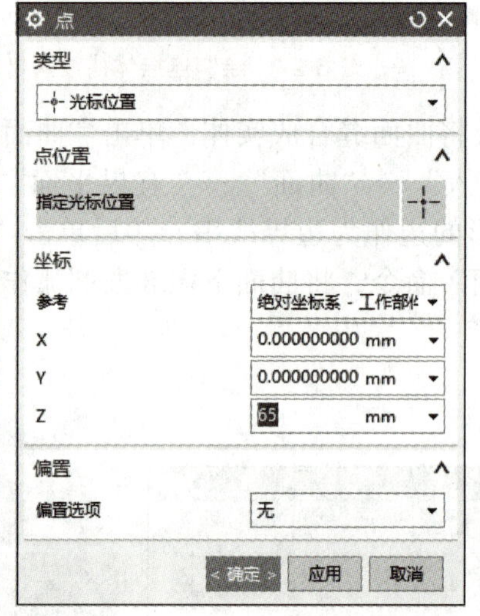

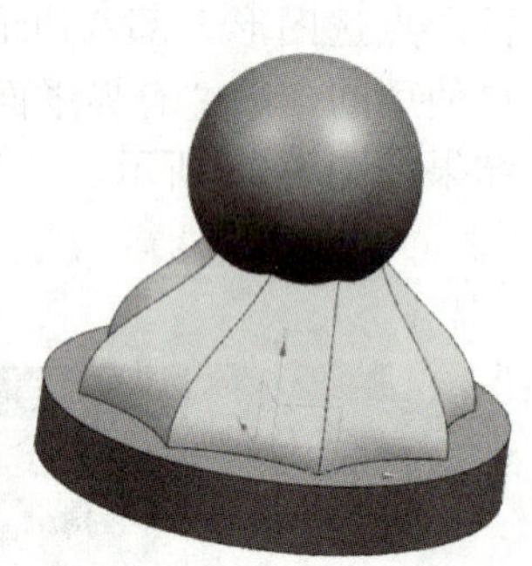

图 3-30　球参数设置及绘制结果

（8）绘制印章文字

1）绘制 ϕ60mm 的圆。单击“曲线”工具栏中的“圆弧 / 圆”按钮，弹出“圆弧 / 圆”对话框。类型选择“从中心开始的圆弧 / 圆”，选择原点为中心点，勾选“限制”选项组中的“整圆”，在“大小”选项组中的“半径”文本框中输入“30”。

2）绘制印章文字。单击“曲线”工具栏中的“文本”按钮，弹出“文本”对话框，如图 3-31 所示。类型选择“曲线上”，选择刚创建的 ϕ60mm 圆为文本放置曲线，单击“反向”按钮，“文本属性”文本框中输入所需印章单位，本实例输入“某某职业技术学院”，字体为“华文仿宋”，文本框锚点位置设置为“中心”，参数百分比可设为“55”（可以自己根据情况调整），如图 3-31 所示。

3）拉伸文字。单击“特征”工具栏中的“拉伸”按钮，弹出“拉伸”对话框。选择印章文字为拉伸截面曲线，设置 Z 轴负方向为拉伸方向，拉伸高度为 1mm 并与圆柱体合并，结果如图 3-32 所示。

图 3-31　“文本”对话框设置

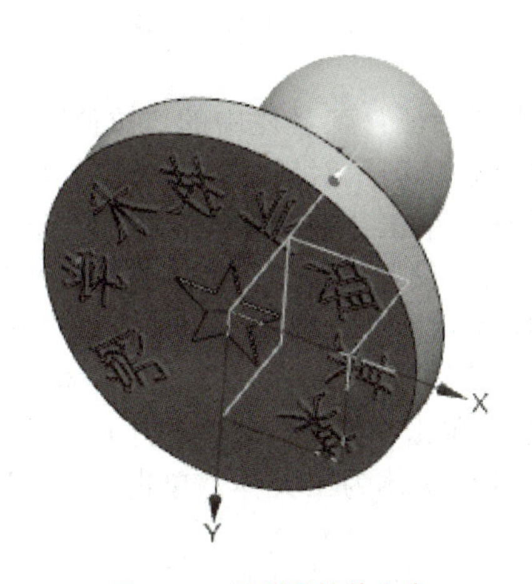

图 3-32　绘制及拉伸文字

（9）拉伸五角星和边缘

1）拉伸五角星。单击“特征”工具栏中的“拉伸”按钮，弹出“拉伸”对话框。单击“草图”按钮，弹出“创建草图”对话框。选择圆柱体底面为草图平面并单击“确定”按钮，进入草图绘制界面，绘制图3-33所示五角星。此处绘制五边形外接圆半径为15mm，旋转角度设为0°，修剪完成后单击“完成草图”按钮，返回“拉伸”对话框。设置Z轴负方向为拉伸方向，拉伸高度为1mm并与圆柱体合并，结果如图3-33所示。

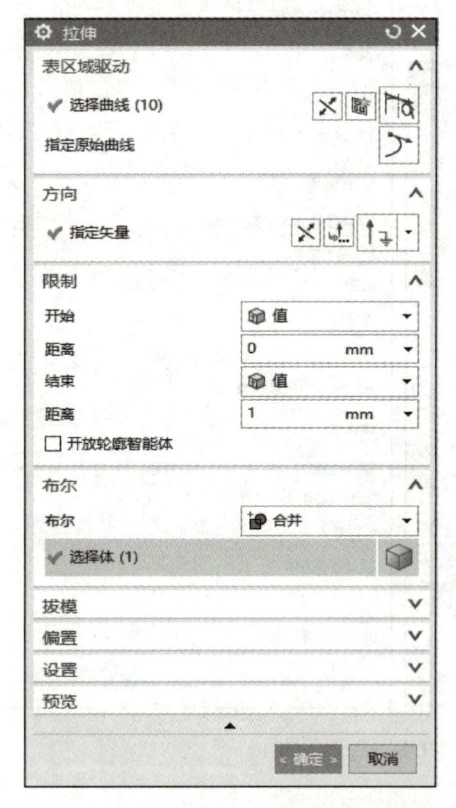

图3-33　拉伸五角星

2）拉伸印章边缘。单击“特征”工具栏中的“拉伸”按钮，弹出“拉伸”对话框。单击“草图”按钮，弹出“创建草图”对话框。选择圆柱体底面为草图平面并单击“确定”按钮，进入草图绘制界面，单击“偏置曲线”按钮，选择圆柱底面圆为要偏置的曲线，偏置距离为1.5mm；重复“偏置曲线”命令，选择圆柱底面圆为要偏置的曲线，偏置距离为0mm，完成图3-34所示曲线，单击“完成草图”按钮，返回“拉伸”对话框。设置Z轴负方向为拉伸方向，拉伸高度为1mm并与圆柱体合并。

（10）合并完成印章创建　单击“特征”工具栏中的“合并”按钮，弹出“合并”对话框。选择球柄为目标体，其余实体为工具体，单击“确定”按钮，完成印章创建，如图3-34所示。

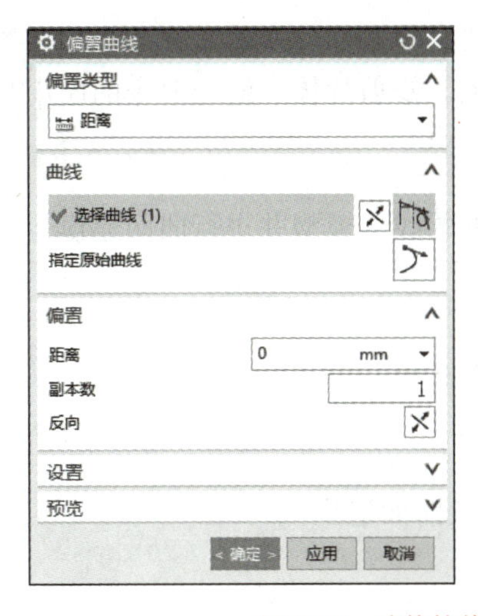

图 3-34　边缘拉伸及合并实体

3. 任务小结与拓展

本任务利用草图和空间曲线等命令构建了印章线架，采用通过网格曲面命令对印章连接部分进行曲面造型，并与圆、圆柱、拉伸、文字等命令相结合，完成了印章其他部分实体造型，最后将其合并为一个整体。在印章文字部分，可以根据实际需要，更换文字内容及格式，这是 UG NX 造型中常用的一种方法，即曲面造型与实体造型相结合。

根据所学知识，完成图 3-35 所示花式碗的曲面造型，线架参照图示，先构造其中一个碗面曲线，采用通过曲线网格绘制曲面，然后阵列 12 个曲面完成侧面绘制，尺寸自定，可以参考视频，也可以在此基础上进行创新。

3.1.2 拓展

图 3-35　花式碗曲面造型

任务 2　复杂曲面零件造型

❖ 学习目的

1. 掌握多边形、圆及圆弧、样条曲线、螺旋线等创建命令的应用与操作方法。

2. 掌握修剪曲线、分割曲线、镜像曲线、投影曲线等编辑命令的应用与操作方法。
3. 掌握通过曲线网格、N 边曲面、扫掠、修剪片体、缝合命令的应用与操作方法。

❖ 学习重点

综合运用曲线和曲面命令构建复杂零件的线架模型并进行曲面建模。

❖ 学习难点

掌握空间曲线的绘制和复杂曲面的构造方法。

3.2.1 勺子曲面造型

完成图 3-36 所示的勺子空间轮廓曲线及曲面造型。

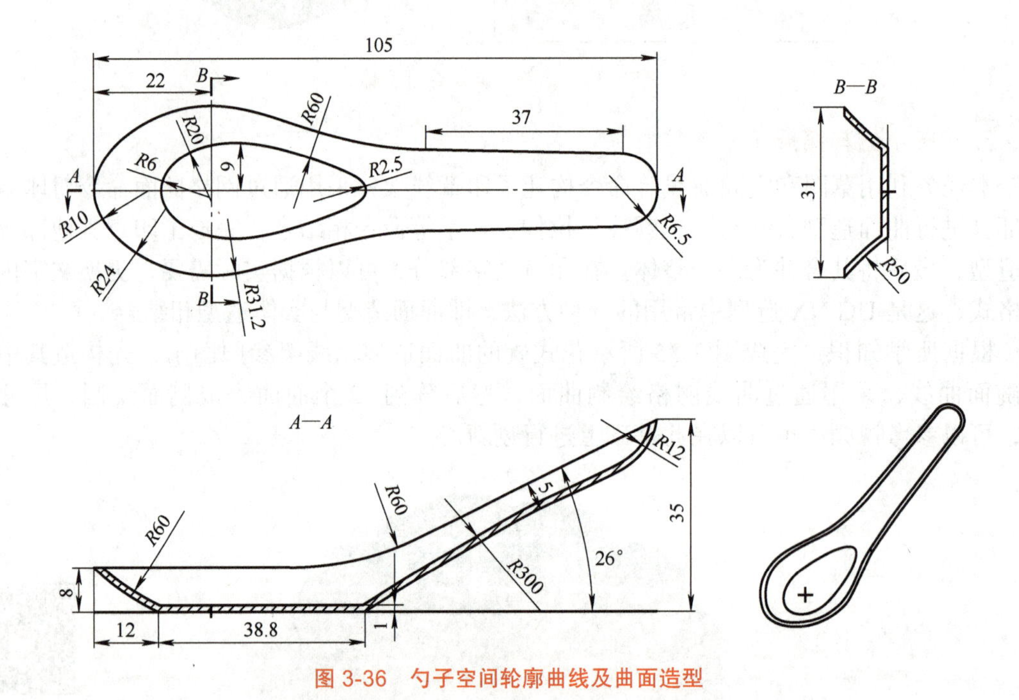

图 3-36 勺子空间轮廓曲线及曲面造型

1. 任务分析

根据模型结构及参考尺寸，确定勺子的建模思路如下，流程图如图 3-37 所示。

1）创建勺子主视图草图，如图 3-37a、b 所示。
2）创建勺子俯视图草图，如图 3-37c 所示。
3）创建勺子投影立体曲线，如图 3-37d 所示。
4）创建勺柄截面曲线，如图 3-37e 所示。
5）创建勺底桥接曲线，如图 3-37f 所示。
6）创建勺子网格曲面，如图 3-37g 所示。
7）创建勺子实体，如图 3-37h 所示。

通过该实例的绘制主要掌握的命令有“镜像曲线”“投影曲线”“交点”“桥接曲线”“通过曲线网格”“修剪体”“抽壳”。

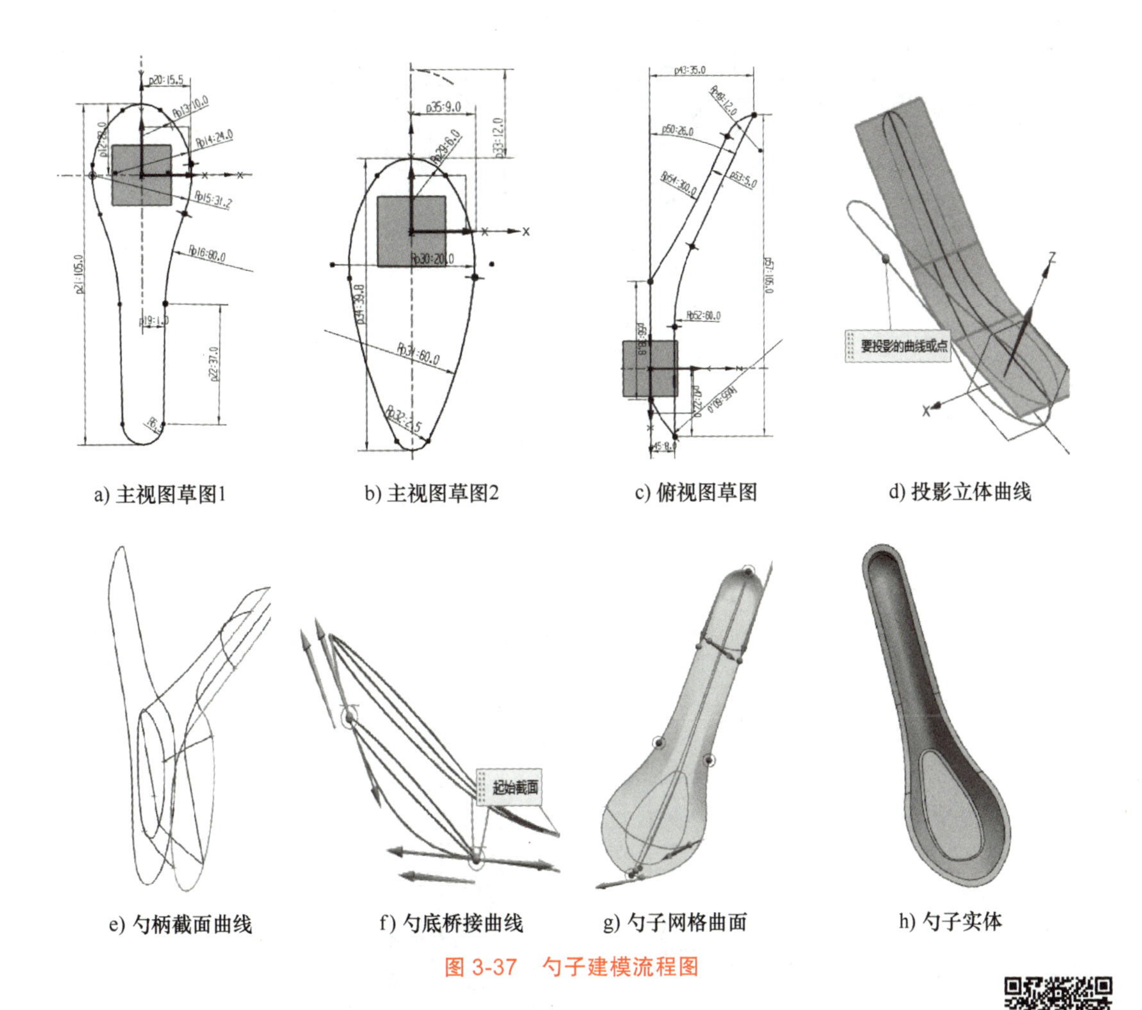

a) 主视图草图1　b) 主视图草图2　c) 俯视图草图　d) 投影立体曲线

e) 勺柄截面曲线　f) 勺底桥接曲线　g) 勺子网格曲面　h) 勺子实体

图 3-37　勺子建模流程图

3.2.1

2. 任务实施

（1）绘制勺子主视图草图　勺子的主视图由两部分组成，其具体绘制步骤如下。

1）创建勺子底部主视图草图 1。在 *XY* 平面新建勺子底部草图，先画右半部分，再利用“镜像曲线”命令完成图 3-38 所示草图。

2）创建勺子上边沿、手柄及过渡部分主视图草图 2。还是在 *XY* 平面新建草图，先画右半部分，再利用“镜像曲线”命令完成图 3-39 所示草图。

（2）绘制勺子俯视图草图　在默认坐标系下，选择 *XZ* 平面为基准平面，创建勺子的俯视图草图，如图 3-40 所示。

（3）创建勺子投影的立体曲线　单击“主页”选项卡中的“拉伸”按钮（或选择“插入”→“设计特征”→“拉伸”命令），选择图 3-41 所示俯视图草图中曲线为拉伸截面，选择对称拉伸 20mm，完成图 3-41 所示拉伸曲面。

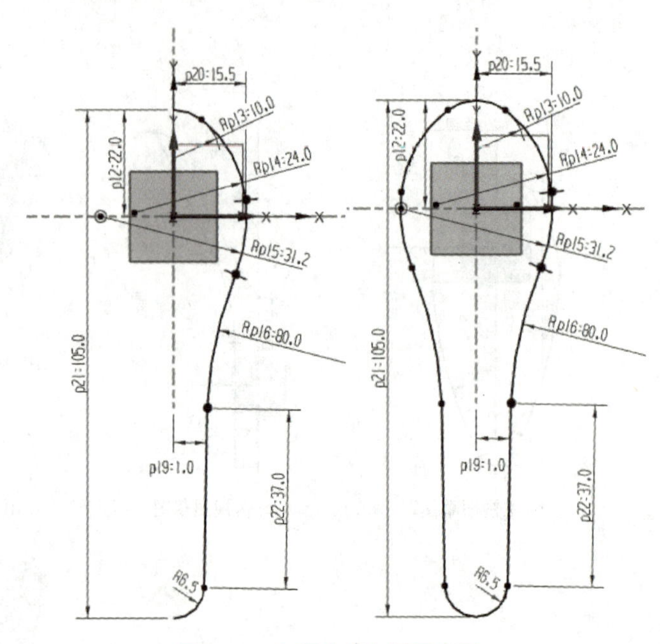

图 3-38　勺子底部主视图草图 1

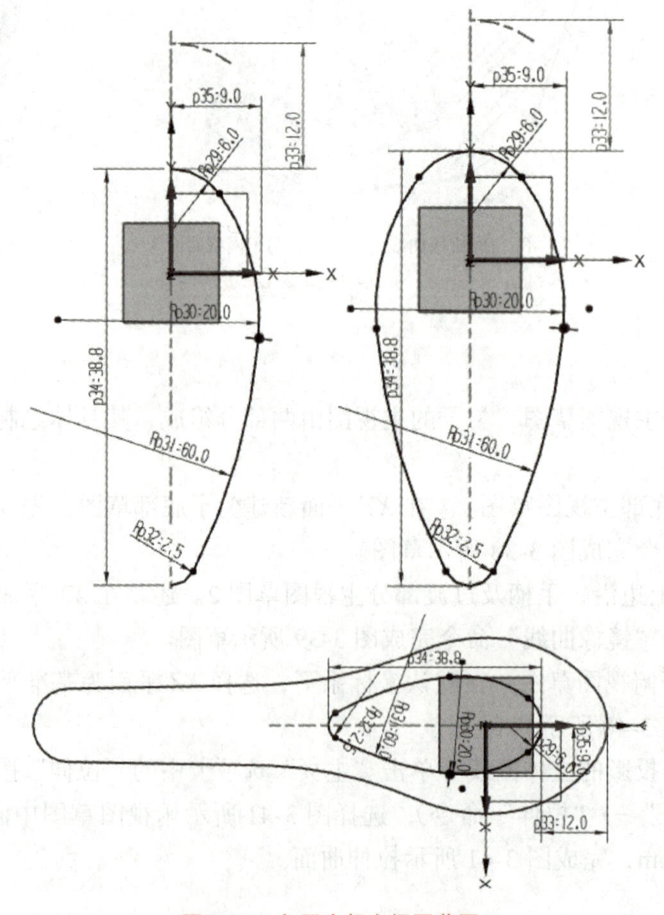

图 3-39　勺子底部主视图草图 2

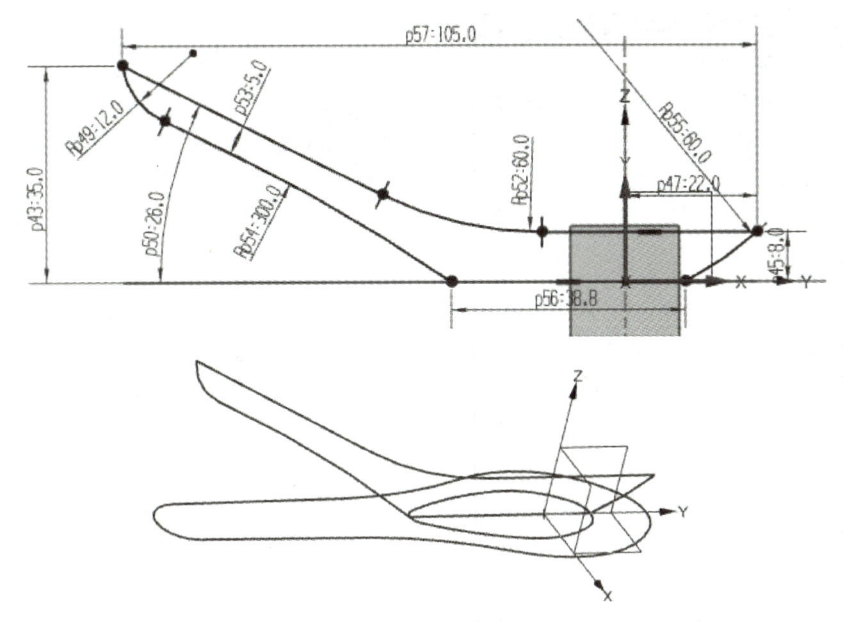

图 3-40 绘制勺子俯视图草图

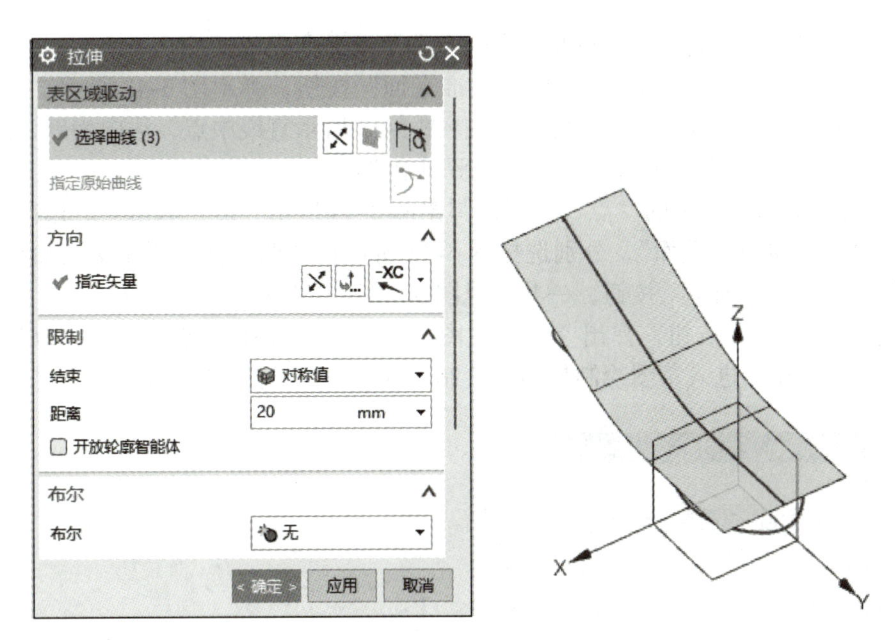

图 3-41 拉伸曲面

单击“曲线”工具栏中的“投影曲线”按钮（或选择“插入”→“派生曲线”→“投影”命令），系统弹出图 3-42 所示的“投影曲线”对话框。选择图 3-38 所绘勺子主视图草图 1 作为“要投影的曲线或点”，选择图 3-41 所示拉伸曲面为“要投影的对象”，投影方向选择“沿矢量”，指定 Z 轴为矢量方向，其余选项默认，单击“确定”按钮，即可得到图 3-42 所示的投影立体曲线。

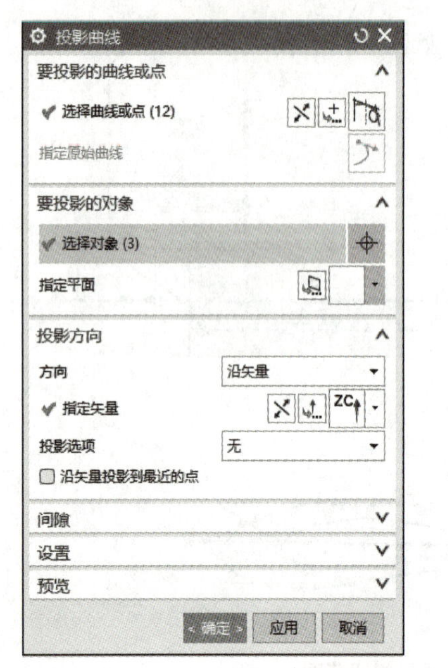

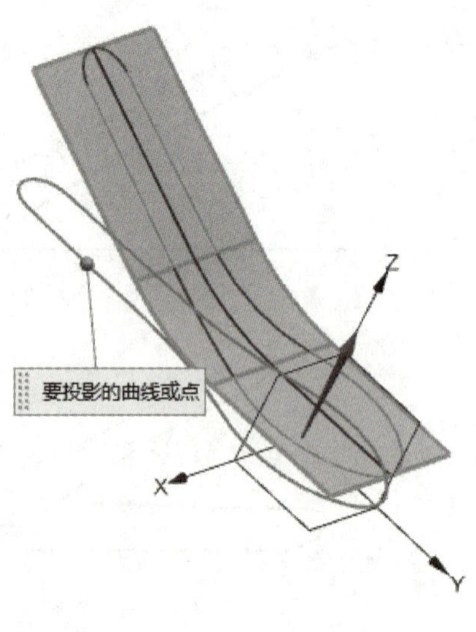

图 3-42　投影立体曲线

（4）创建勺柄截面曲线　通过基准平面点和草图命令完成。

1）首先单击“主页”选项卡中的“基准平面”按钮，弹出图 3-43 所示“基准平面”对话框。类型选择“点和方向”，通过点选择图 3-43 所示直线中点，法向为默认选项“曲线上矢量”，单击“确定”按钮，完成基准平面建立。

2）单击主页选项卡中的“点”按钮，弹出图 3-44 所示“点”对话框。选择新建基准平面为“曲线、曲面或平面”，分别选择图 3-44 所示位置曲线为“要相交的曲线”，每选择一条曲线后单击“确定”按钮，一共完成图 3-44 所示 3 个交点的创建。

3）单击“草图”按钮，弹出“创建草图”对话框，选择新建基准平面为草图平面，单击“确定”按钮，进入草图绘制界面，绘制图 3-45 所示勺柄截面草图。

图 3-43　建立基准平面

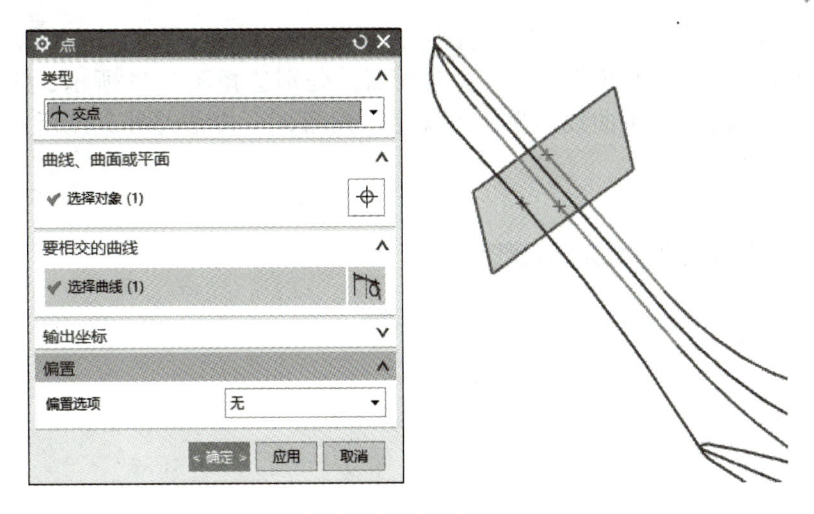

图 3-44　绘制交点

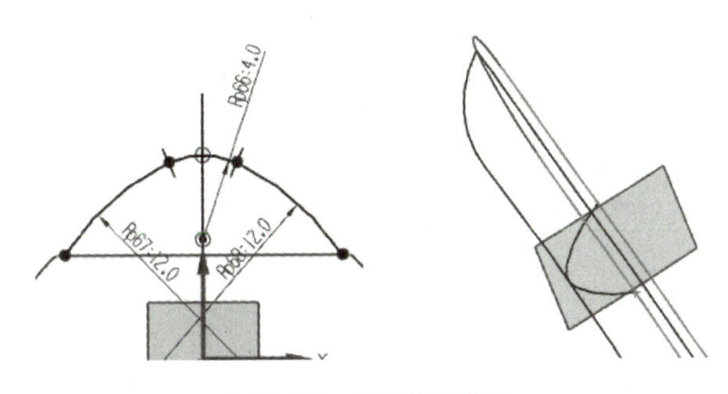

图 3-45　勺柄截面草图

（5）创建勺底截面曲线　通过桥接曲线和圆弧令完成。

首先，在“曲线”工具栏中单击“桥接曲线”按钮（或选择“插入”→“派生曲线”→“桥接”命令），绘制桥接曲线，如图 3-46 所示。“形状控制”选项组中可自行设定相切幅值参数。

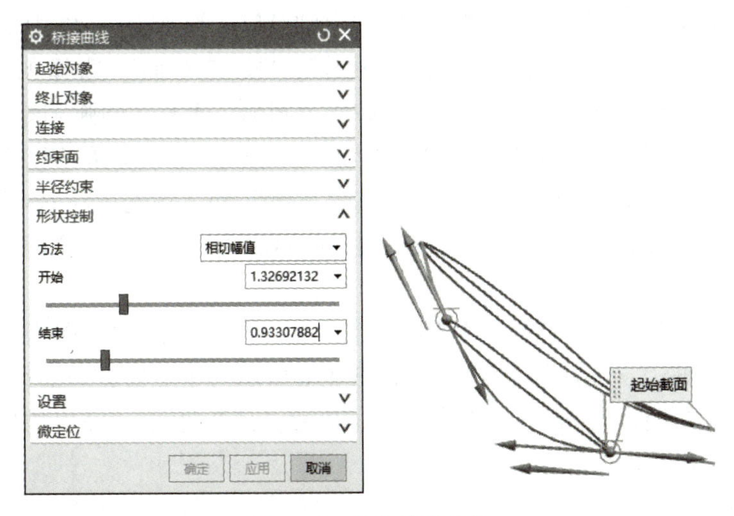

图 3-46　勺底桥接曲线

单击“曲线”工具栏中的“点”按钮+，弹出图3-47所示“点”对话框。类型选择“交点”，“曲线、曲面或平面”为*XZ*基准平面，分别选择图3-47所示5处曲线为“要相交的曲线”，每选择一条曲线后单击“确定”按钮，一共完成图3-47所示5个交点的创建。

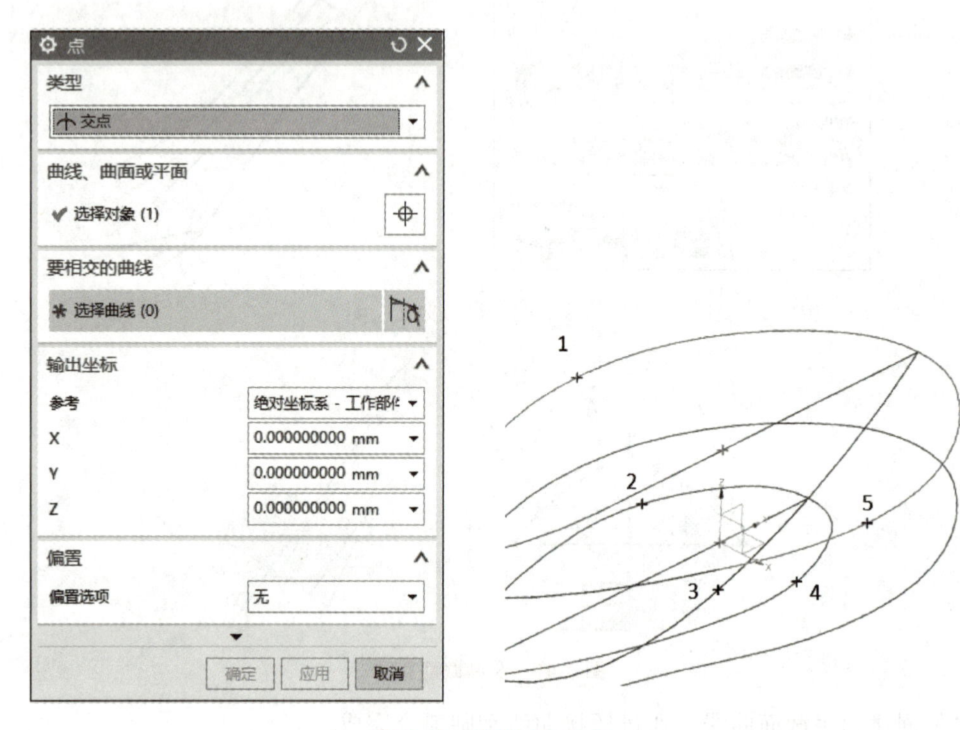

图3-47　创建五个交点

单击“曲线”工具栏中的“圆弧/圆”按钮，弹出图3-48所示“圆弧/圆”对话框。选择“三点画圆弧”，分别选择图3-47中点2、点3和点4，完成第一个圆弧绘制。重复“圆弧/圆”命令操作，选择“三点画圆弧”，选择图3-47中点1、点2，“中点选项”选择“半径”，“半径”输入“50mm”，“支持平面”选择*XZ*平面，在“补弧”和“备选解”选项处切换，得到图3-49a所示圆弧。重复“圆弧/圆”命令操作，选择“三点画圆弧”，选择图3-47中点4、点5，“中点选项”选择“半径”，“半径”输入“50mm”，“支持平面”选择*XZ*平面，在“补弧”和“备选解”选项处切换，得到图3-49a所示圆弧，单击“确定”按钮完成勺底截面曲线绘制。勺子空间曲线绘制结果如图3-49b所示。

（6）创建勺子网格曲面　单击“曲面”工具栏中的“通过曲线网格”按钮，系统弹出“通过曲线网格”对话框。依次选择图3-49b所示勺子截面方向曲线1、2、3、4为“主曲线”；依次选择图3-49b所示曲线5、6、7为“交叉曲线”，完成的勺子网格曲面如图3-50所示。

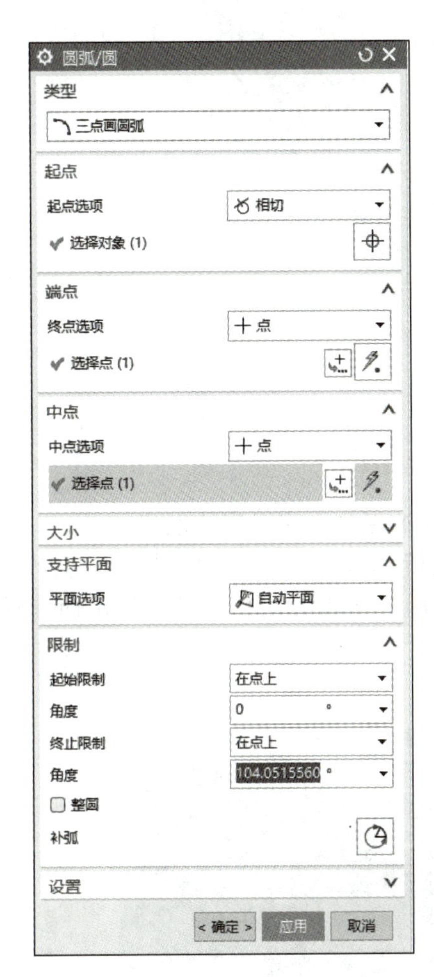

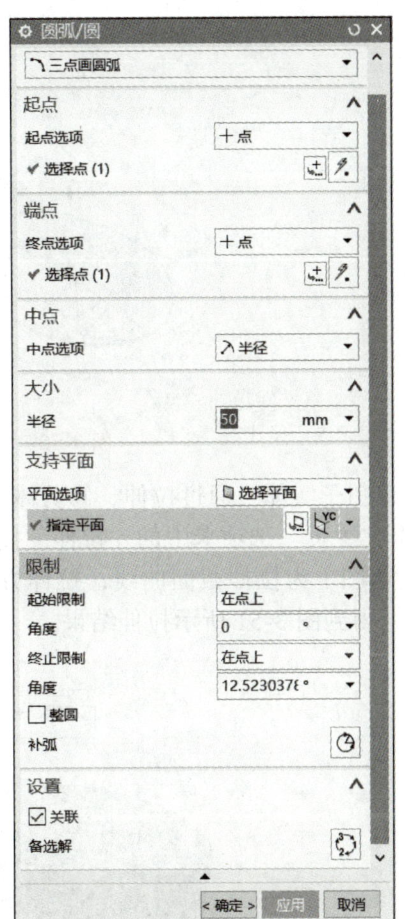

图 3-48　圆弧 / 圆绘制选项设置

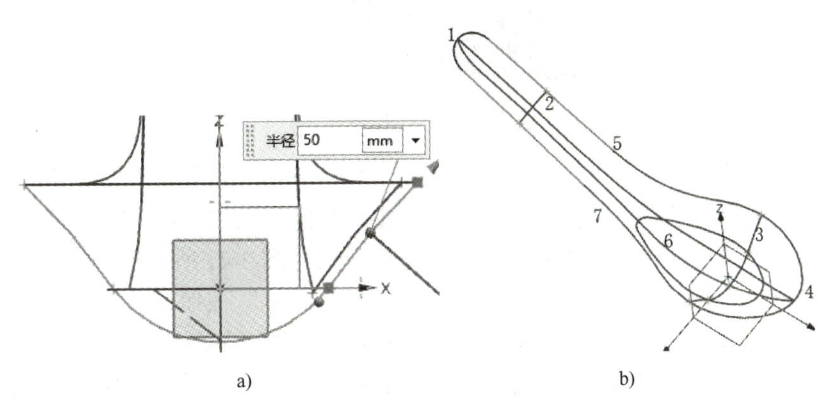

图 3-49　勺底截面及勺子空间曲线绘制结果

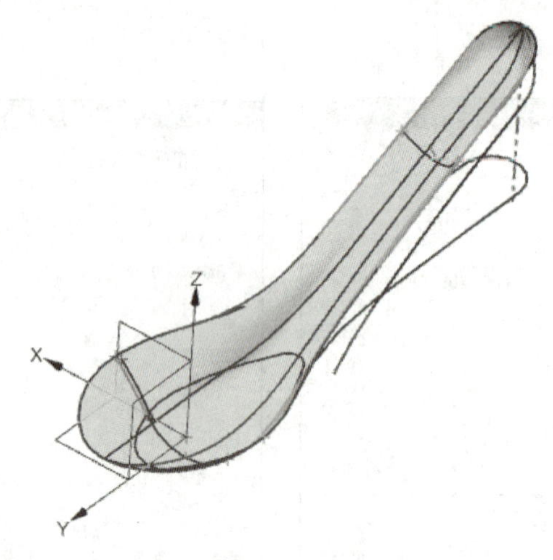

图 3-50 勺子网格曲面

（7）创建勺子实体 通过拉伸、修剪体和抽壳命令完成实体创建。

1）单击“主页”选项卡中的“拉伸”按钮，弹出“拉伸”对话框。选择图 3-38 所示勺子主视图草图 1 为拉伸截面曲线，拉伸方向为 *Z* 轴方向，选择对称拉伸方式，输入拉伸值 40mm，得到图 3-51 所示拉伸结果。

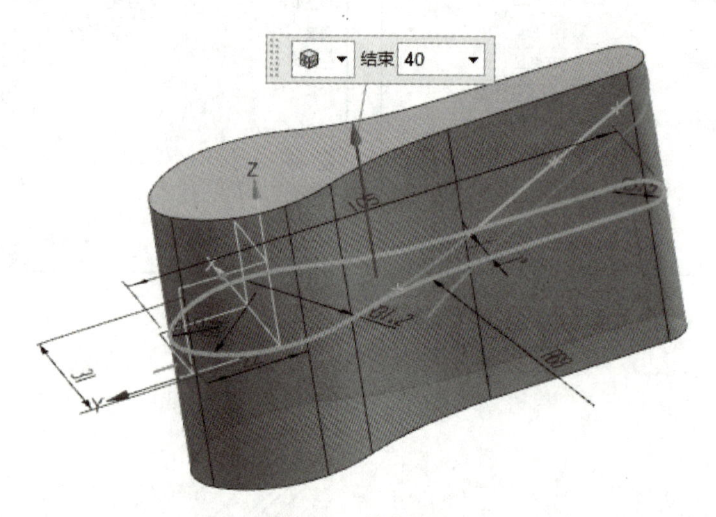

图 3-51 拉伸结果

2）单击“主页”选项卡中的“修剪体”按钮，弹出“修剪体”对话框。选择上述拉伸实体为目标，选择勺子网格曲面为工具体，单击“确定”按钮，结果如图 3-52 所示。继续单击“修剪体”按钮，选择上一步修剪结果为目标，选择图 3-41 所示拉伸曲面为工具体，单击“确定”按钮，结果如图 3-53a 所示。继续单击“修剪体”按钮，选择上一步修剪结果为目标，选择图中 *XY* 基准平面为工具体，单击“确定”按钮，结果如图 3-53b 所示。

3）单击“主页”选项卡中的“抽壳”按钮，弹出“抽壳”对话框，如图 3-54 所示。选择勺子顶面为要穿透的面，厚度设为 1mm，单击“确定”按钮，完成结果如图 3-54 所示。

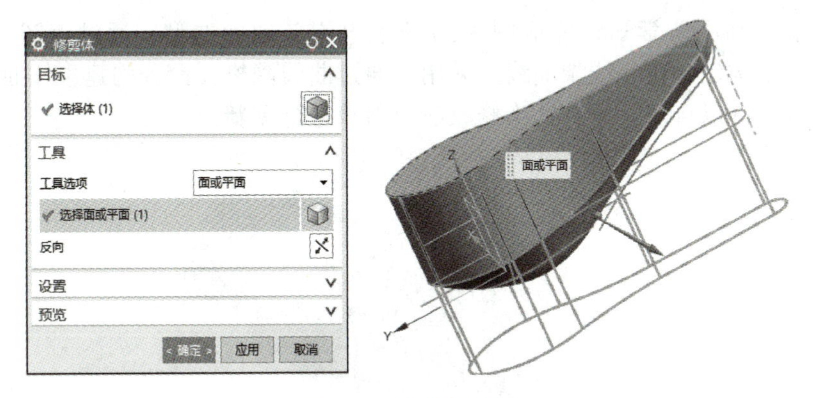

图 3-52　修剪体设置

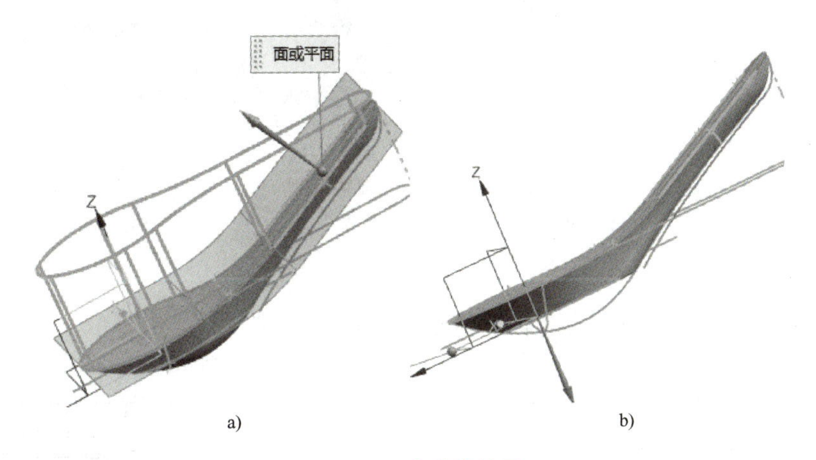

图 3-53　修剪体结果

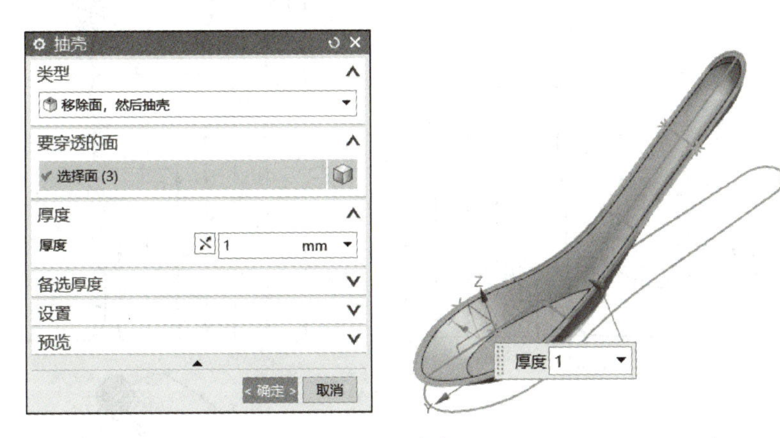

图 3-54　抽壳设置

3. 任务小结与拓展

本任务利用构造空间曲线的方法，采用“通过曲线网格”命令完成勺子主体曲面造型，然后采用拉伸、修剪体、抽壳等命令完成勺子实体造型，这是 UG NX 曲面造型中最常用的一种造型方法。

根据提示，利用所学知识完成图 3-55 所示电熨斗曲面造型，通过草图、样条曲线、投影曲线等命令构建电熨斗线架曲线，采用“通过曲线网格”命令构建主体曲面，可以参考视频构建，也可以自定尺寸，适当修改建模参数进行创新。

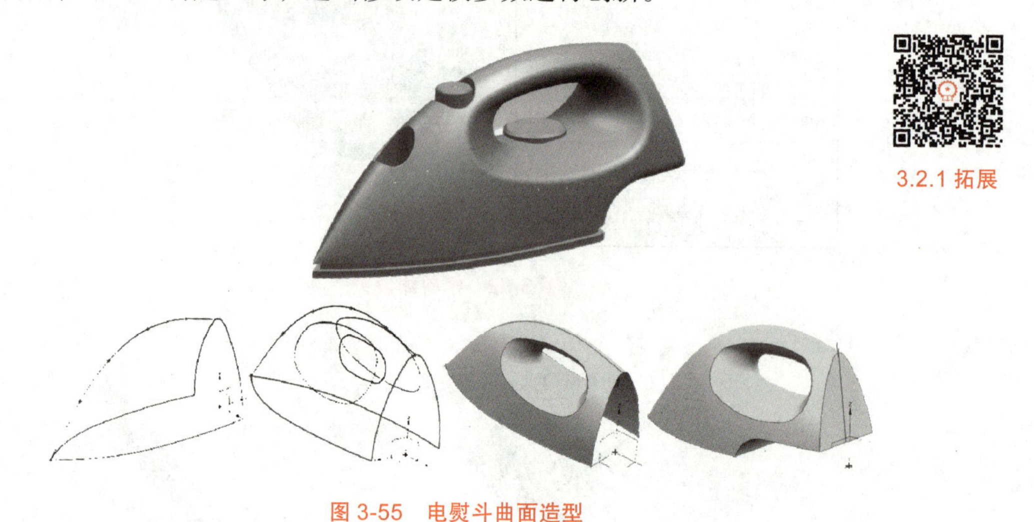

图 3-55　电熨斗曲面造型

3.2.2　洗发水瓶曲面造型

完成图 3-56 所示的洗发水瓶空间轮廓曲线及曲面造型。

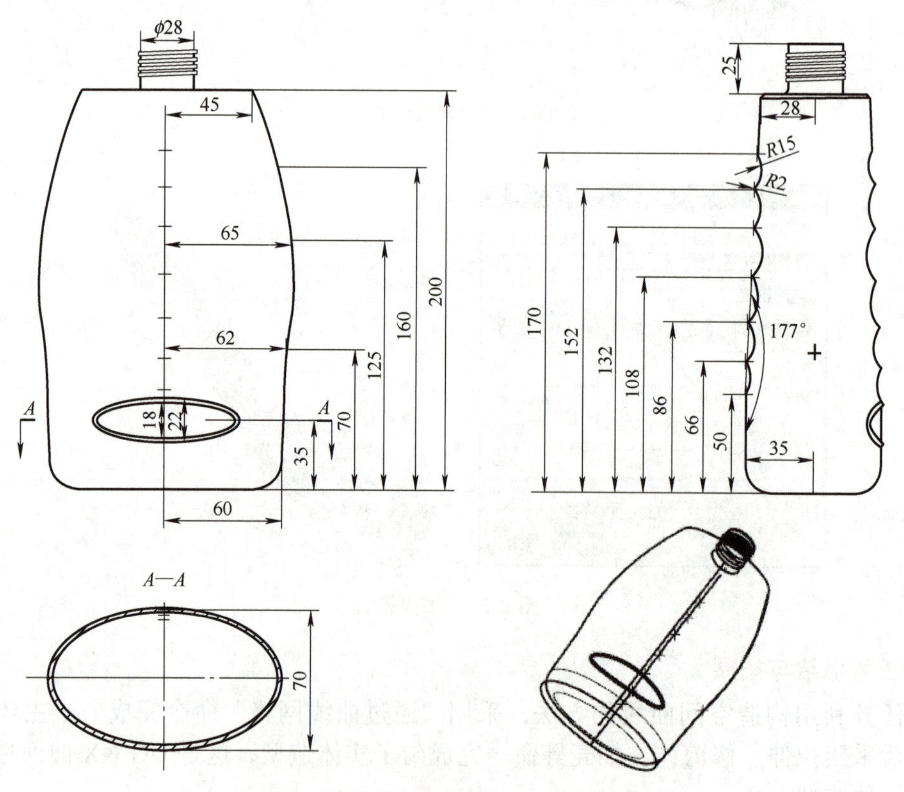

图 3-56　洗发水瓶空间轮廓曲线及曲面造型

1. 任务分析

分析模型结构及参考尺寸，洗发水瓶模型由瓶身和瓶口两部分组成，首先创建洗发水瓶瓶身曲面并转换成实体，再创建瓶口螺纹特征，最后在瓶身上添加装饰圈。具体建模思路如下，流程图如图 3-57 所示。

1）创建瓶身在 *XZ* 平面的草图 1，如图 3-57a 所示。

2）创建瓶身在 *YZ* 平面的草图 2，如图 3-57b 所示。

3）创建瓶身椭圆截面草图曲线与中心线，如图 3-57c 所示。

4）创建瓶身主体扫掠曲面，如图 3-57d 所示。

5）创建瓶身主体其他曲面，如图 3-57e 所示。

6）创建瓶身实体，如图 3-57f 所示。

7）创建瓶口螺纹，如图 3-57g 所示。

8）创建瓶身装饰圈，如图 3-57h 所示。

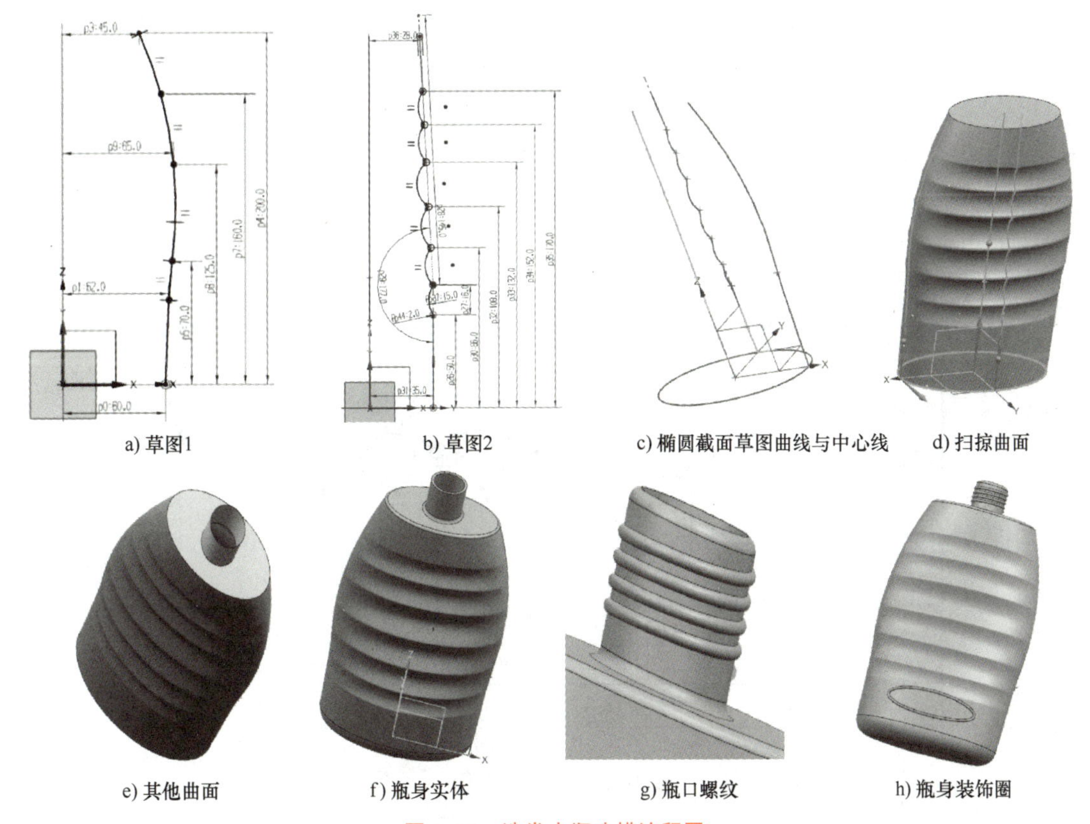

a) 草图1　b) 草图2　c) 椭圆截面草图曲线与中心线　d) 扫掠曲面

e) 其他曲面　f) 瓶身实体　g) 瓶口螺纹　h) 瓶身装饰圈

图 3-57　洗发水瓶建模流程图

通过该实例建模主要掌握的命令有“草图”“拉伸”“扫掠”“螺旋曲线”“投影曲线”“边倒圆”“加厚”。

3.2.2

2. 任务实施

（1）创建瓶身空间轮廓曲线　洗发水瓶空间轮廓曲线由 3 部分组成，其具体创建步骤如下。

1）创建洗发水瓶身草图1。单击“草图”按钮，弹出“创建草图”对话框，选择*XZ*平面为草图平面，单击“确定”按钮，进入草图绘制界面，绘制图3-58所示草图。**注意：**本处4段圆弧半径相等，注意添加等半径约束，保证曲线完全约束，且相连处相切。

2）创建洗发水瓶身草图2。单击“草图”按钮，弹出“创建草图”对话框，选择*YZ*平面为草图平面，单击“确定”按钮，进入草图绘制界面，绘制图3-59所示草图。**注意：**本处所有大圆弧半径均为15mm，圆弧与直线间均有半径为2mm的小圆弧相连并且相切，保证草图完全约束。

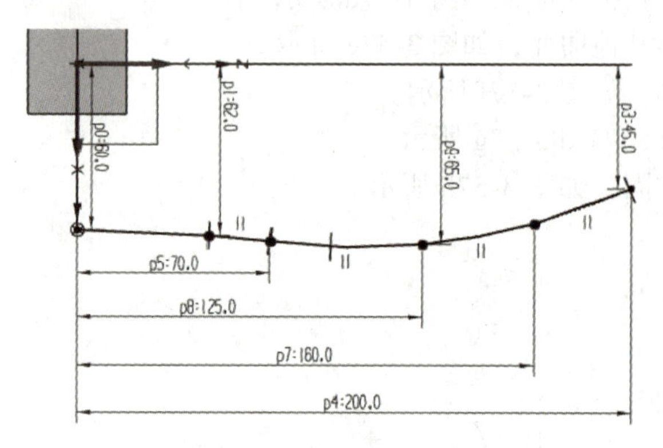

图3-58　*XZ*平面草图1

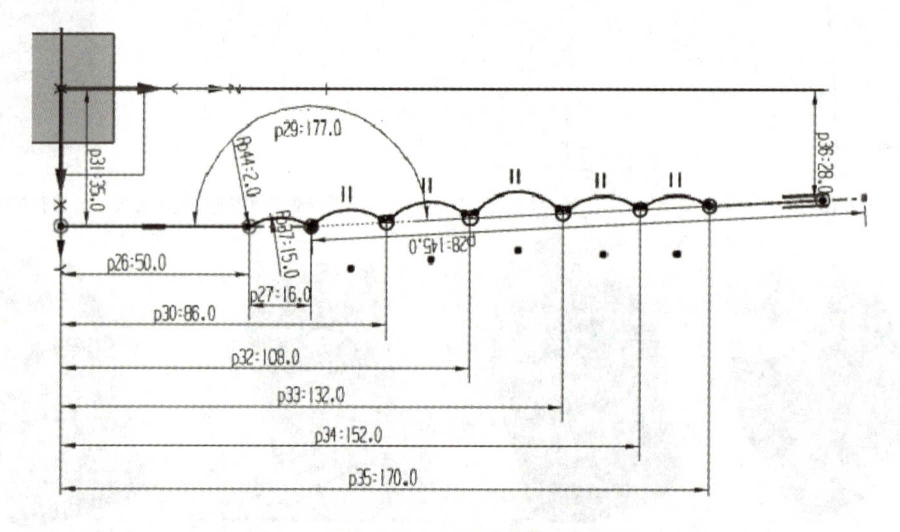

图3-59　*XY*平面草图2

3）创建洗发水瓶身截面草图及中心线。单击“草图”按钮，弹出“创建草图”对话框，选择*XY*平面为草图平面，选择“插入”→“草图曲线”→“椭圆”命令，弹出“椭圆”对话框，绘制“大半径”为60mm，“小半径”为35mm的椭圆。单击“确定”按钮，完成椭圆创建。单击“曲线”工具栏的“直线”按钮，弹出“直线”对话框，建立一条从原点开始、长度为200mm沿*Z*轴方向的直线。完成的洗发水瓶空间曲线如图3-60所示。

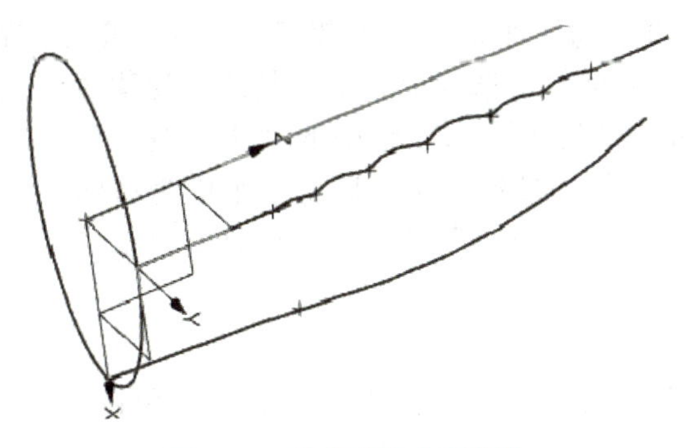

图 3-60　洗发水瓶空间曲线

（2）创建瓶身曲面

1）创建瓶身扫掠曲面。单击“曲面”工具栏中的“扫掠”按钮，弹出“扫掠”对话框。选择图 3-61 所示椭圆为截面曲线，依次选择 Z 轴方向 3 条曲线为引导线（**注意：每选择一条曲线需要单击鼠标滚轮确认后再选另一条**），在“设置”选项组中的“体类型”选择“片体”，单击“确定”按钮，结果如图 3-61 所示。

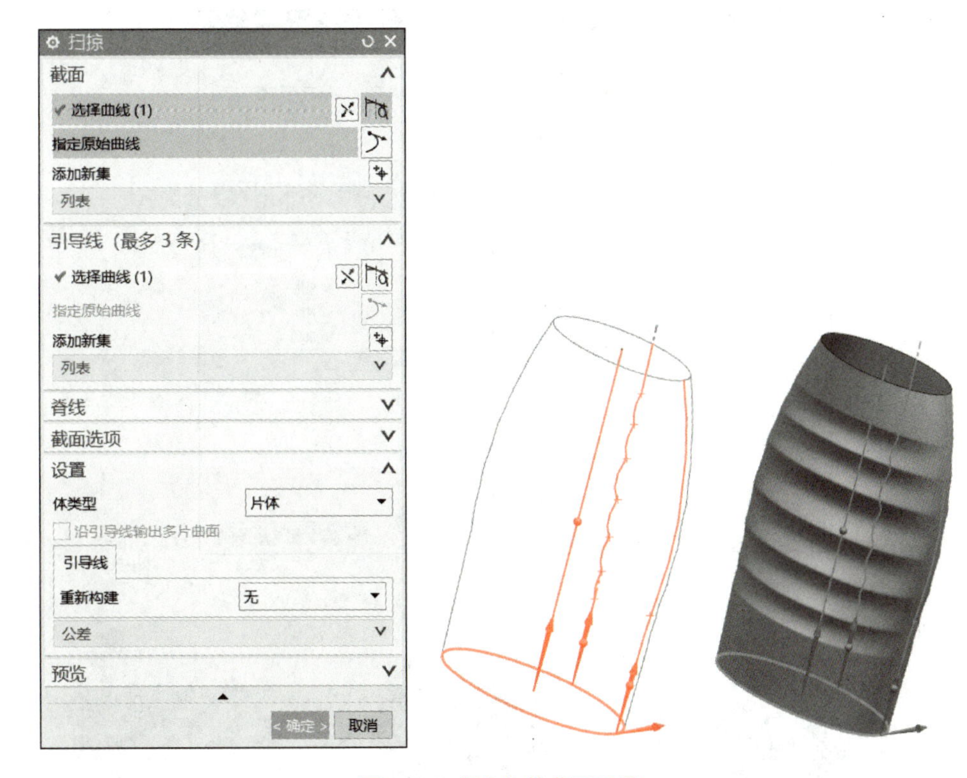

图 3-61　瓶身扫掠曲面设置

2）创建瓶身上下曲面。单击“曲面”工具栏中的“有界平面”按钮，分别选择扫掠曲面的上下椭圆，完成瓶身上、下平面创建。

3）创建瓶口曲面。单击“曲线”工具栏中的“圆弧 / 圆”按钮，弹出“圆弧 / 圆”对话框。类型选择“从中心开始的圆 / 圆弧”，中心点选择（0，0，200），半径设为

14mm，“支持平面”选择瓶身上平面，完成瓶口圆绘制。单击“特征”工具栏中的“拉伸”按钮，弹出“拉伸”对话框。选择上一步绘制的圆为截面曲线，拉伸高度为25mm，“设置”选项组中的“体类型”选择“片体”。单击“修剪片体”按钮，选择瓶身上平面为目标片体，拉伸片体为边界，单击“确定”按钮，完成修剪，结果如图3-62所示。

图3-62　创建瓶身其他曲面

（3）创建瓶身实体

1）创建瓶身面倒圆。单击“主页”选项卡中的“面倒圆”按钮，弹出“面倒圆”对话框，选择图3-62中相连曲面依次进行面倒圆。选择瓶底和瓶身面分别为面1和面2，其他设置默认，输入“半径”为“14mm”，单击“应用”按钮。选择瓶身和上曲面分别为面1和面2，其他设置默认，输入“半径”为“2mm”，单击“应用”按钮。选择上曲面和瓶口拉伸曲面分别为面1和面2，其他设置默认，输入“半径”为“2mm”，单击“确定”按钮。绘制过程及结果如图3-63所示。

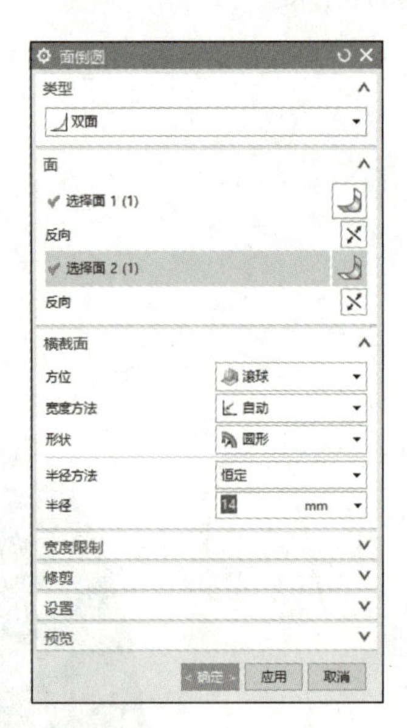

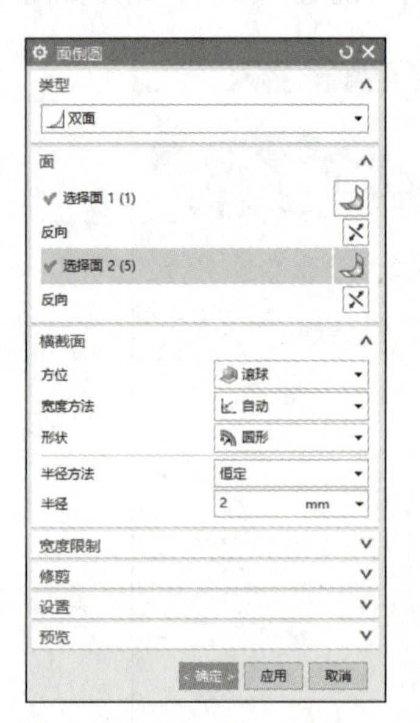

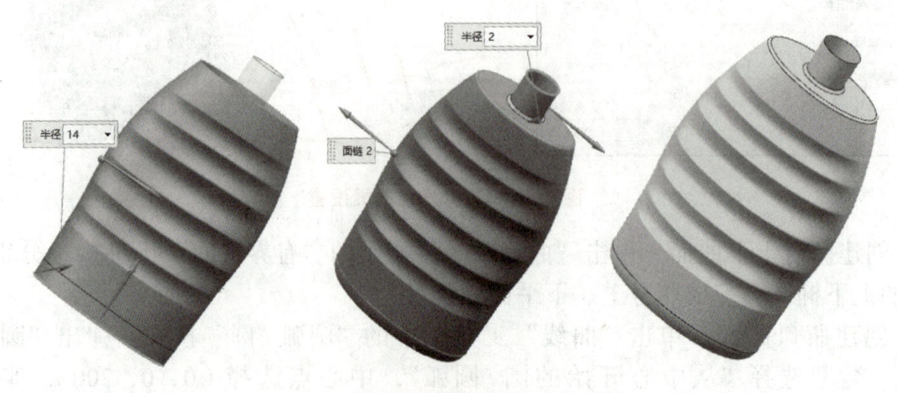

图3-63　瓶身面倒圆参数设置与结果

2）创建瓶身实体。单击“主页”选项卡中的“加厚”按钮，弹出“加厚”对话框。选择上一步完成的瓶身曲面，厚度向内侧偏置 2mm，单击“确定”按钮，如图 3-64 所示。

图 3-64　瓶身加厚设置

（4）创建瓶口螺纹　单击“曲线”工具栏中的“螺旋”按钮，弹出“螺旋”对话框。默认“沿矢量”类型，沿 *Z* 轴方向，其余参数设置如图 3-65 所示。

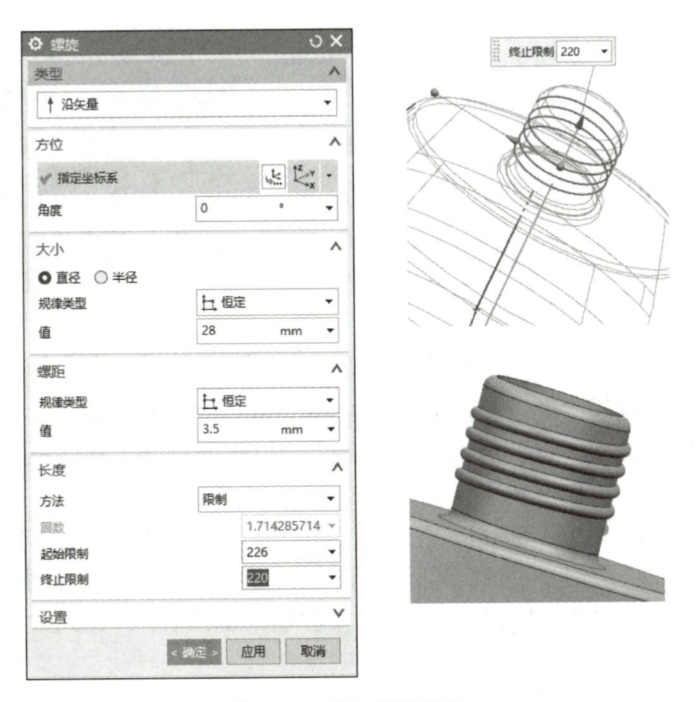

图 3-65　瓶口螺纹设置

单击“曲线”工具栏中的“圆弧 / 圆”按钮，弹出“圆弧 / 圆”对话框。选择“从中心开始的圆 / 圆弧”，中心点选择螺旋线起始点，半径设为 1mm，“支持平面”选择 *XZ* 基准平面，单击“确定”按钮，完成截面曲线创建。

单击“曲面”工具栏中的“沿引导线扫掠”按钮，弹出“沿引导线扫掠”对话框。选择上一步所绘圆为截面曲线，选择螺旋线为引导线，选择与原有瓶身实体进行布尔“合并”运算，完成结果如图 3-65 所示。

（5）创建瓶身装饰圈　单击“草图”按钮，弹出“创建草图”对话框，选择 *XZ* 平面为草图平面，单击“确定”按钮，进入草图绘制界面，择“插入”→“草图曲线”→“椭圆”命令，弹出“椭圆”对话框，设置“大半径”为 25mm，“小半径”为 10mm，单击“确定”按钮，完成图 3-66 所示椭圆的创建。

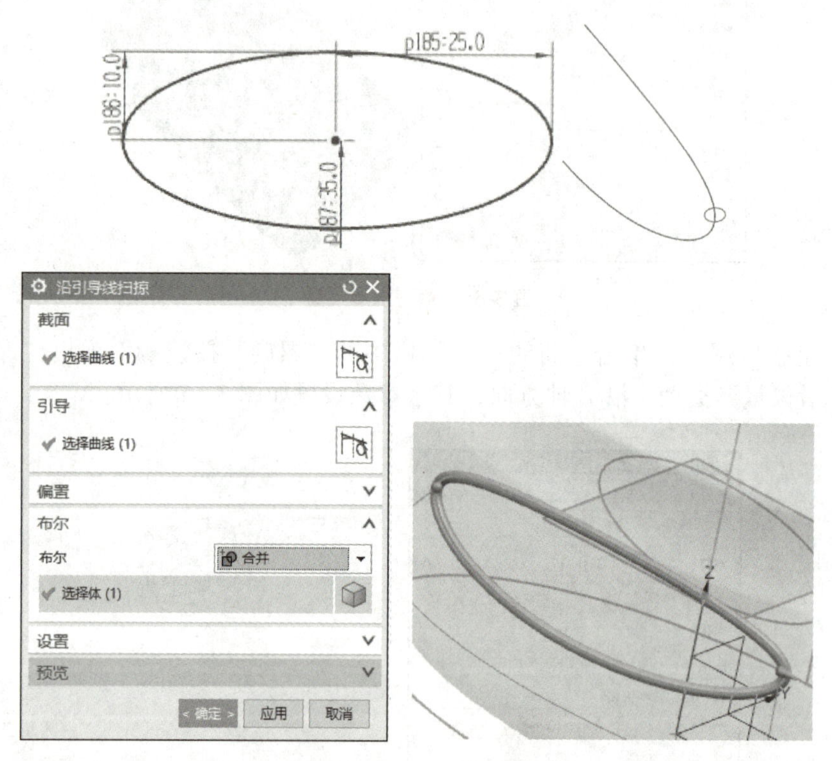

图 3-66　绘制瓶身装饰圈

单击“曲线”工具栏中的“投影曲线”按钮，弹出“投影曲线”对话框。选择上一步所画椭圆为要投影的曲线或点，选择瓶身正面为要投影的对象，默认投影方向为沿面的法向，单击“确定”按钮，完成投影。

单击“基准平面”按钮，选择“按某一距离”方式，建立距离 *XY* 平面 35mm 的基准平面。单击“草图”按钮，弹出“创建草图”对话框。选择上述基准平面为草图平面，单击“确定”按钮，进入草图绘制界面，以投影后的曲线极点为圆心，绘制半径为 1mm 的圆。

单击“沿引导线扫掠”按钮，弹出“沿引导线扫掠”对话框。选择上一步所绘圆为截面曲线，选择投影曲线为引导线，选择与原有瓶身实体进行布尔“合并”运算，洗发水瓶创建结果如图 3-67 所示。

3. 任务小结与拓展

本任务利用先主体再细节的方法，采用扫掠命令完成瓶身主体曲面造型，然后采用拉伸、面倒圆、加厚等命令完成主体细节造型，这是 UG NX 三维造型中最常用的一种曲面造型方法。

根据所学知识，完成图 3-68 所示洗发水瓶的造型。可先绘制瓶身曲线，再用“通过曲线网格”命令完成瓶身曲面绘制，最后通过对曲面编辑完成造型，可以参考视频绘制，也可以自定尺寸，适当修改建模参数。

3.2.2 拓展

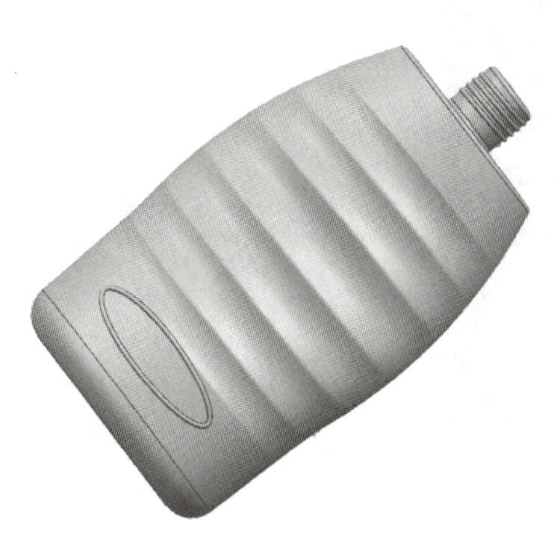

图 3-67　洗发水瓶创建结果

图 3-68　洗发水瓶曲面造型

你知道吗?

自动取款机（ATM）（图 3-69）是一种高度精密的机电一体化装置。它利用磁性代码卡或智能卡实现金融交易的自助服务，可代替银行柜面人员的工作。但是，给我们生活带来诸多方便的取款机可不是金融大咖发明的，而是一位名为约翰·谢泼德·巴伦的印刷厂经理。

巴伦曾经在苏格兰一家印刷厂当职员，工作七年后，凭着他的聪明才干，正式成为这家印刷厂的总经理，就在他上任后的第二天就谈了一笔重要的生意，可不巧的是，需要取钱的时候银行正好关门。他突然想，能不能制造一款机器，能代替银行的功能，免得急需用钱或是汇钱的人在银行关门期间因无法办理而着急。就在这时，他灵光一现：如果把巧克力售货机里的巧克力换成钱，再制作一个操作系统，不就可以实现钱的自由存取了吗?他为这个灵光激动不已。

巴伦顿时充满了信心，便开始构思与设计。经过 2 年的精心研究和制造，1967 年 6 月 27 日，在伦敦北郊的英国巴克莱银行安装了世界上第一台自动取款机，巴伦称之为“自由银行”。再后来，这种被巴伦命名为“自由银行”的机器便被广泛应用起来，并得到了不断地改进，最后被命名为自动取款机。

从这个案例中，我们知道：无论你身处什么岗位，做什么工作，一定要养成细心观察、勤于动脑、善于分析的习惯，永远保持一颗积极向上、勇于进取的工匠之心，时刻具备勇于创新、付诸实施的勇气。

图 3-69　自动取款机

知识巩固与拓展

1. 独立完成图 3-70 所示风扇叶片造型。

项目 3
拓展题 1

图 3-70　风扇叶片实例拓展

2. 独立完成图 3-71 所示吹风机风口造型。

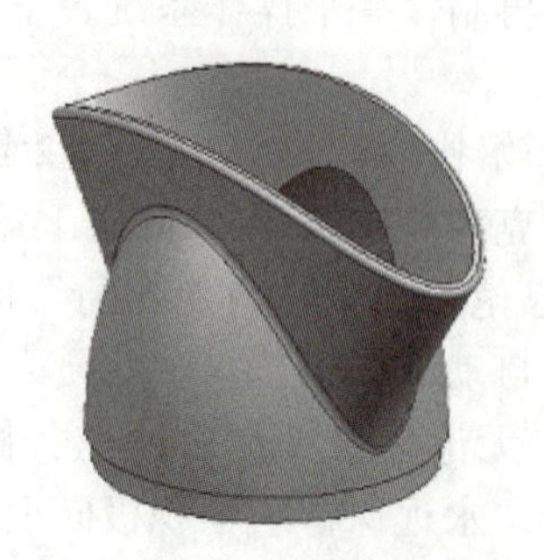

项目 3
拓展题 2

图 3-71　吹风机风口实例拓展

3. 独立完成图 3-72 所示汽车轮胎钢圈造型。

图 3-72　汽车轮胎钢圈实例拓展

项目 3
拓展题 3

项目4 装配体设计

【项目导读】

装配模块是 UG NX12.0 建立零件之间的链接及约束关系的模块。在装配过程中，零件的三维实体只被装配体引用，而没有复制到装配体中。整个装配体与零件之间是相互关联的，如果某个零件被修改，则引用它的装配体自动更新功能。当装配零件较多时，可运用分级装配法进行装配。

从装配命令来看，本项目重点介绍接触、自动判断中心 / 轴、中心、平行、距离等装配约束命令和阵列组件等命令。通过以上命令可以进行多数零部件的装配。同时，也将介绍爆炸图的编辑方法，将装配体的各零件根据装配关系排列空间位置，实现爆炸视图的创建。

本项目以一级减速器为例，此装配体装配零件较多，采用分级装配的方法，分别装配高速轴和低速轴，最后完成减速器总装。

【知识目标】

1. 学习装配体及爆炸视图创建的思路和方法。
2. 学习在不同装配情形下装配约束命令的使用方法。
3. 学习运用分级装配法进行复杂部件的装配。

【能力目标】

1. 具备编制装配流程图的能力。
2. 具备使用装配约束命令完成装配的能力。
3. 具备创建及编辑爆炸视图的能力。
4. 具备复杂部件分级装配的能力。

【素养目标】

1. 通过网络、图书资料搜寻解决问题的方法，培养自身分析问题、解决问题的能力。

2. 通过大胆尝试使用不同的方法进行装配，探索正确、高效的装配方法；培养打破常规、敢于标新立异的创新精神。

3. 通过对复杂部件的分级装配，培养学生爱岗敬业、严谨细致的工作态度。

任务　减速器装配

❖ 学习目的

1. 掌握接触、自动判断中心 / 轴、距离等装配约束命令的应用与操作方法。
2. 掌握分级装配的应用与操作方法。
3. 掌握阵列组件（线性、圆形）命令的应用与操作方法。

❖ 学习重点

综合运用常用装配约束进行分级装配。

❖ 学习难点

装配约束过程中，掌握约束对象的位置切换方法。

试运用本书配套资源“jiansuqi”文件夹中的减速器零件模型，依据其装配图（图 4-2），完成减速器装配体模型创建，如图 4-1 所示。

图 4-1　减速器装配体

1. 任务分析

减速器主要由箱体座、轴、轴承、齿轮、箱盖及其附件组成，其组成零件较多，可采用分级装配的方法，先装配子装配体，然后再装总装配体，以便理清装配思路。各零件体的模型已存在，故采用“自底向上”的方式进行装配，依据各零件的装配关系依次进行装配，以实现减速器装配体模型的创建。减速器的装配思路如下，流程图如图 4-3 所示。

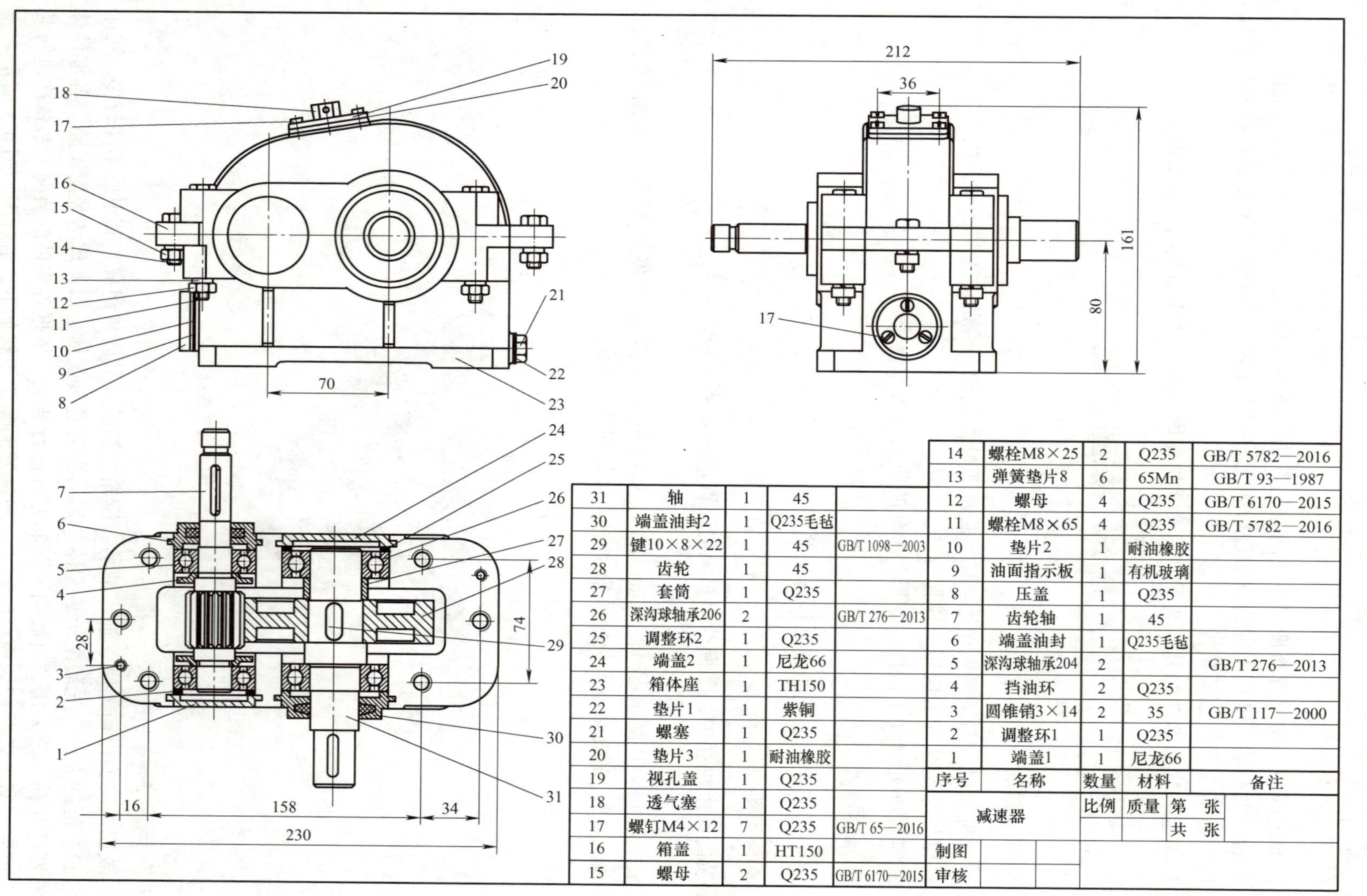

序号	名称	数量	材料	备注
31	轴	1	45	
30	端盖油封2	1	Q235毛毡	
29	键10×8×22	1	45	GB/T 1098—2003
28	齿轮	1	45	
27	套筒	1	Q235	
26	深沟球轴承206	2		GB/T 276—2013
25	调整环2	1	Q235	
24	端盖2	1	尼龙66	
23	箱体座	1	TH150	
22	垫片1	1	紫铜	
21	螺塞	1	Q235	
20	垫片3	1	耐油橡胶	
19	视孔盖	1	Q235	
18	透气塞	1	Q235	
17	螺钉M4×12	7	Q235	GB/T 65—2016
16	箱盖	1	HT150	
15	螺母	2	Q235	GB/T 6170—2015
14	螺栓M8×25	2	Q235	GB/T 5782—2016
13	弹簧垫片8	6	65Mn	GB/T 93—1987
12	螺母	4	Q235	GB/T 6170—2015
11	螺栓M8×65	4	Q235	GB/T 5782—2016
10	垫片2	1	耐油橡胶	
9	油面指示板	1	有机玻璃	
8	压盖	1	Q235	
7	齿轮轴	1	45	
6	端盖油封	1	Q235毛毡	
5	深沟球轴承204	2		GB/T 276—2013
4	挡油环	2	Q235	
3	圆锥销3×14	2	35	GB/T 117—2000
2	调整环1	1	Q235	
1	端盖1	1	尼龙66	

减速器	比例	质量	第 张
			共 张
制图			
审核			

图 4-2 减速器装配图

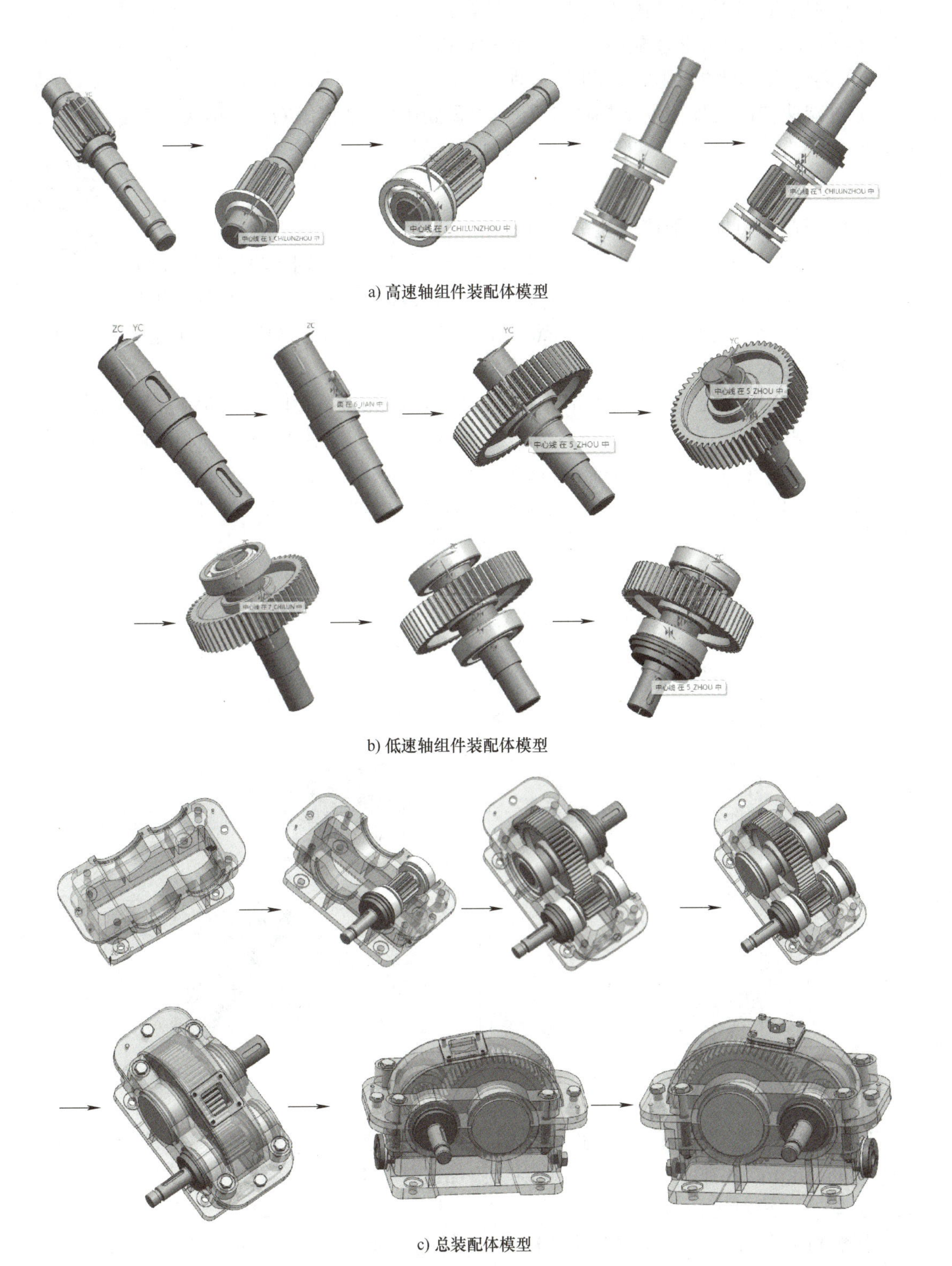

a) 高速轴组件装配体模型

b) 低速轴组件装配体模型

c) 总装配体模型

图 4-3　减速器装配体创建流程图

1）创建高速轴组件装配体模型，如图 4-3a 所示。

2）创建低速轴组件装配体模型，如图 4-3b 所示。

3）创建总装配体模型，如图 4-3c 所示。

通过减速器的装配主要掌握的命令有“添加组件”“接触对齐 / 接触”“接触对齐 / 自动判断中心 / 轴”“距离”“阵列组件（线性、圆形）”。

2. 任务实施

4.1 高速轴

（1）高速轴组件装配体模型的创建

1）进入 UG NX12.0 初始界面，单击“新建”按钮，选择“模型”选项，模板选择“装配”（单位为 mm），名称为“ gaosuzhou_asm.prt”，文件夹设置为新建装配体模型的存放目录（“ jiansuqi”文件夹），单击“确定”按钮完成高速轴组件装配体模型的新建。

2）在“装配”选项卡中单击“添加组件”按钮，弹出“添加组件”对话框，单击“打开”按钮，依据文件路径选择“ jiansuqi”文件夹中的“1_chilunzhou.prt”文件（齿轮轴），返回“添加组件”对话框。设置“数量”为“1”，“装配位置”为“绝对坐标系 – 工作部件”，在“放置”选项组中选择“移动”，单击“应用”按钮，如图 4-4 所示。

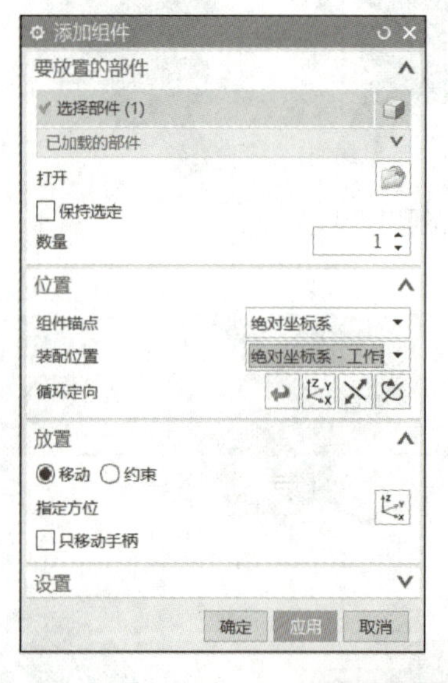

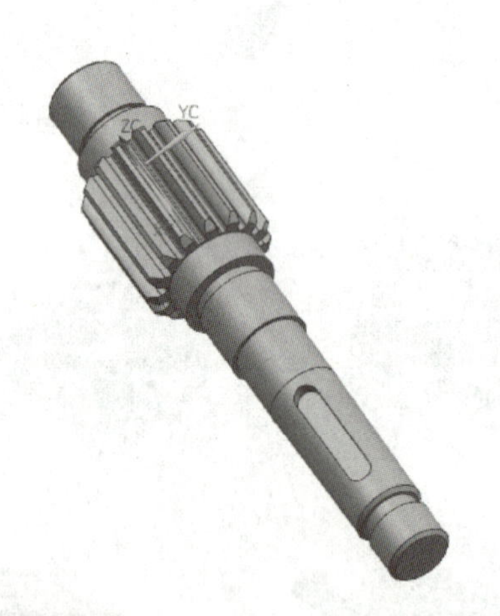

图 4-4 “添加组件”对话框设置（齿轮轴）

3）继续单击“打开”按钮，依据文件路径选择“jiansuqi”文件夹中的“2_dangyouhuan.prt”文件（挡油环），返回“添加组件”对话框。设置“数量”为“1”，“装配位置”为“绝对坐标系 – 工作部件”，在“放置”选项组中选择“约束”，约束类型选择“接触对齐”按钮，方位选择“接触”，勾选“预览”和“启用预览窗口”，如图 4-5 所示。在“组件预览”窗口中选择挡油环的端面，在主窗口中选择齿轮轴的轴肩端面，如图 4-6 所示，单击“确定”按钮。

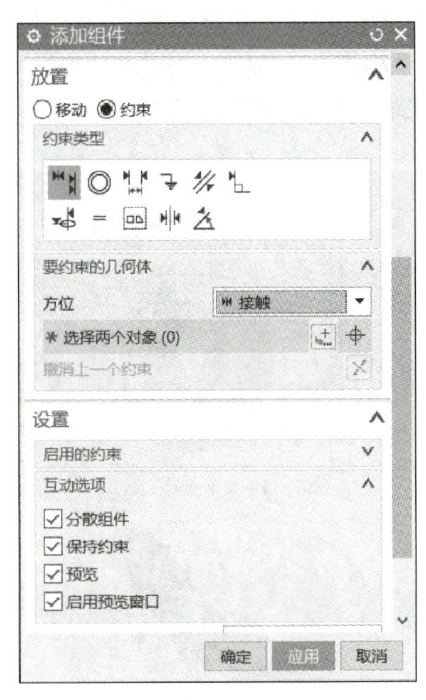

图 4-5　“添加组件”对话框（挡油环）

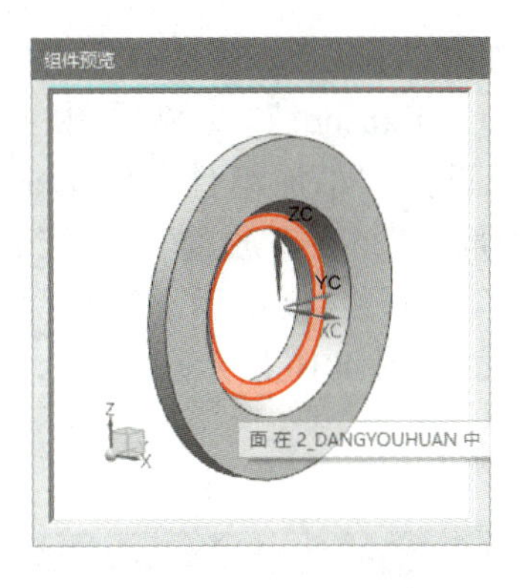

图 4-6　添加挡油环

4）在“装配”选项卡中单击“装配约束”按钮，约束类型选择“接触对齐”，方位选择“自动判断中心 / 轴”，如图 4-7 所示。选择挡油环的中心线和齿轮轴的中心线，如图 4-8 所示。可单击“反向”按钮切换到合适的方向，最后单击“确定”按钮。

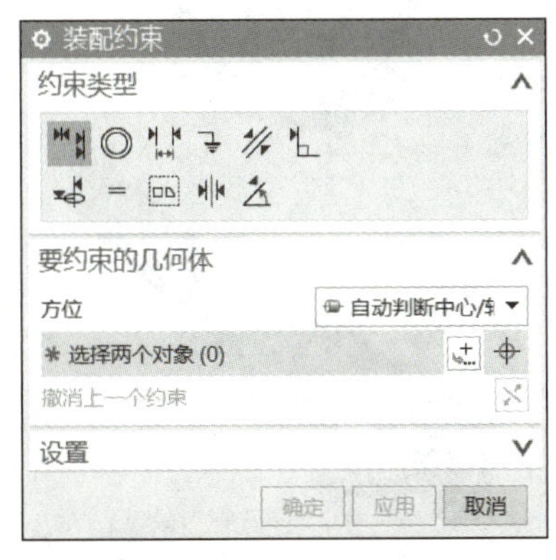

图 4-7　“装配约束”对话框（挡油环）

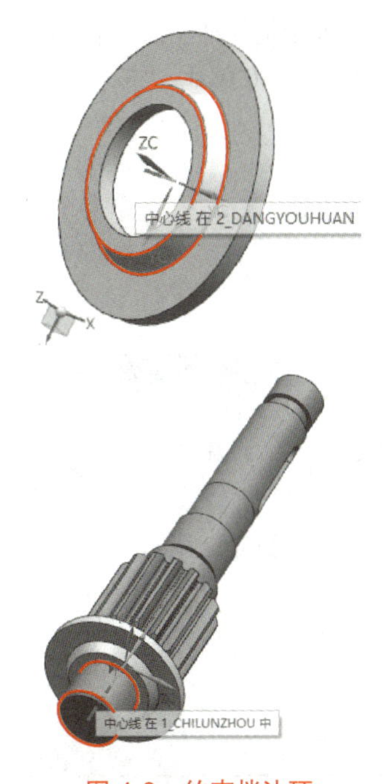

图 4-8　约束挡油环

5）在“装配”选项卡中单击“添加组件”按钮，再单击“打开”按钮，依据文件路径选择“jiansuqi”文件夹中的“3_shengouqiuzhoucheng204.prt”文件（深沟球轴承 204），返回“添加组件”对话框。设置“数量”为“1”，“装配位置”为“绝对坐标系 – 工作部件”，在“放置”选项组中选择“约束”，约束类型选择“接触对齐”，方位选择“接触”，如图 4-9 所示。选择深沟球轴承的内圈端面和挡油环的突出端面，单击“确定”按钮，如图 4-10 所示。

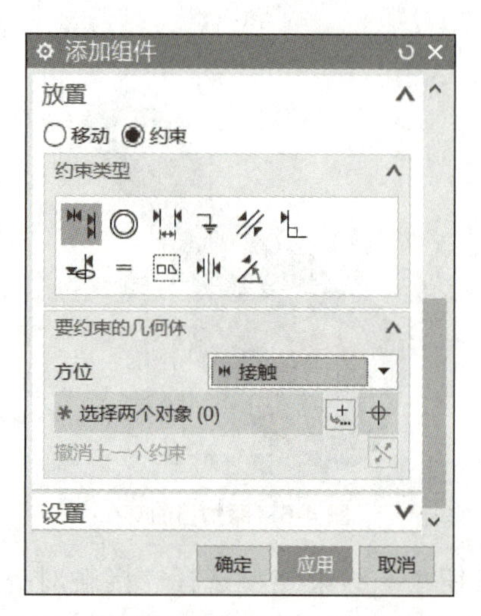

图 4-9 “添加组件”对话框（深沟球轴承）

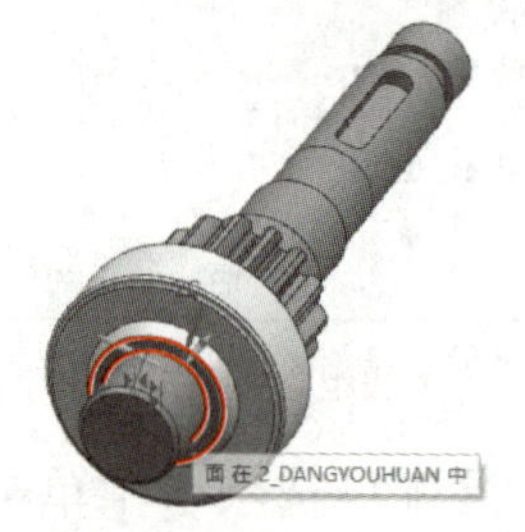

图 4-10 添加深沟球轴承

6）在“装配”选项卡中单击“装配约束”按钮，约束类型选择“接触对齐”，方位选择“自动判断中心 / 轴”，如图 4-11 所示。选择深沟球轴承的中心线和齿轮轴的中心线，如图 4-12 所示。可单击“反向”按钮 ⤫ 切换到合适的方向，最后单击“确定”按钮。

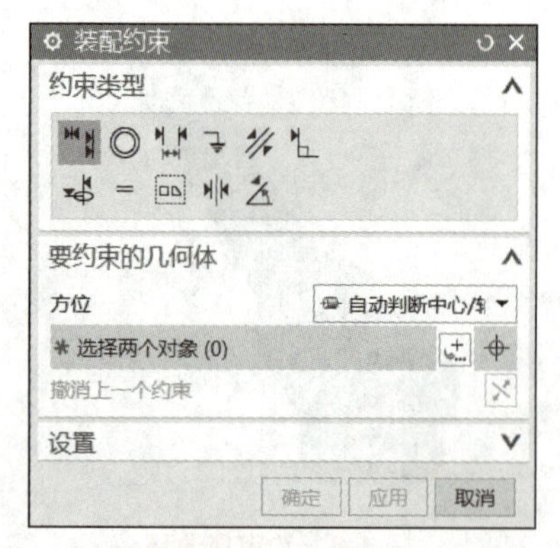

图 4-11 “装配约束”对话框（深沟球轴承）

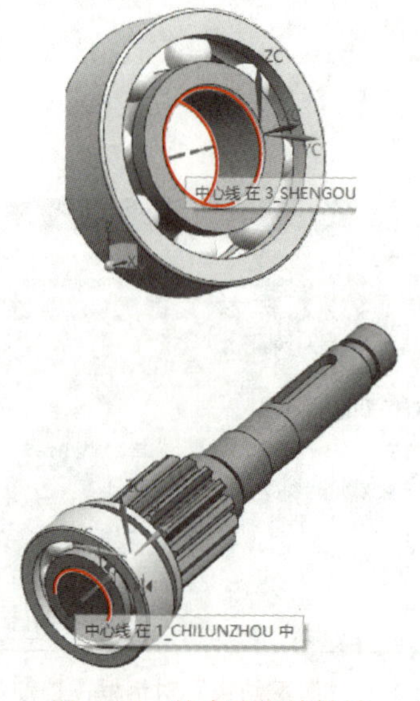

图 4-12 约束深沟球轴承

7）以同样方法在另一轴肩处装配挡油环和深沟球轴承 204，如图 4-13 所示。

图 4-13　在另一轴肩处装配

8）在“装配”选项卡中单击“添加组件”按钮，单击“打开”按钮，依据文件路径选择“jiansuqi”文件夹中的“4_duangai youfeng1.prt”文件（端盖油封 1），返回“添加组件”对话框。设置“数量”为“1”，“装配位置”为“绝对坐标系 – 工作部件”，在“放置”选项组中选择“约束”，约束类型选择“接触对齐”，方位选择“接触”，如图 4-14 所示。选择端盖油封的端面和深沟球轴承的外圈端面，单击“确定”按钮，如图 4-15 所示。

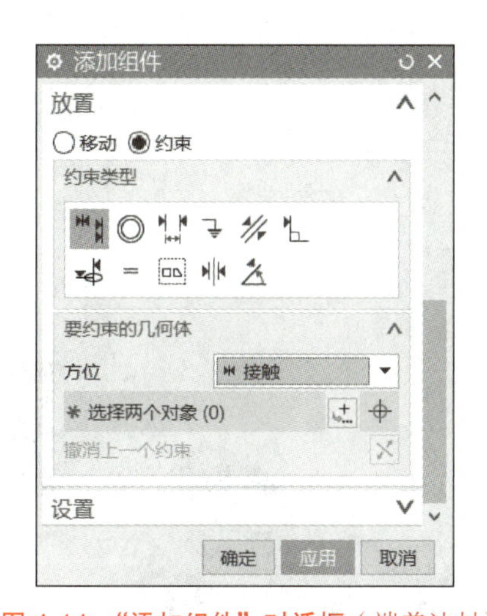

图 4-14　“添加组件”对话框（端盖油封）

图 4-15　添加端盖油封

9）在“装配”选项卡中单击“装配约束”按钮，约束类型选择“接触对齐”，方位选择“自动判断中心 / 轴”，如图 4-16 所示。选择端盖油封的中心线和齿轮轴的中心线，单击“确定”按钮，如图 4-17 所示。

10）单击“保存”按钮，至此高速轴组件装配体模型创建完成。

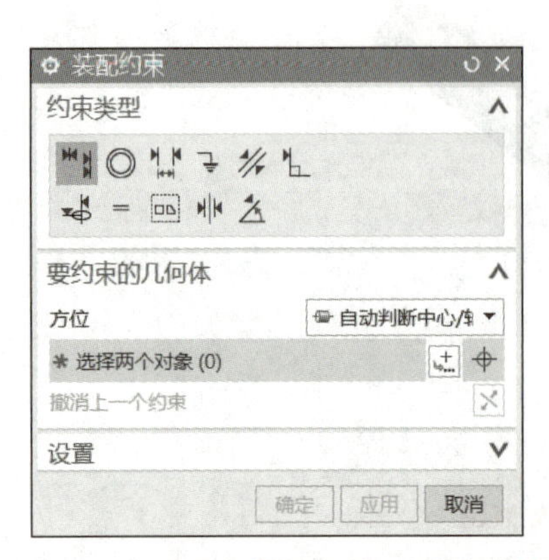

图 4-16 “装配约束”对话框（端盖油封）

图 4-17 约束端盖油封

4.1 低速轴

（2）低速轴组件装配体模型创建 低速轴组件装配与高速轴组件装配方法类似，此处不再赘述，可参见操作视频。

（3）总装配体模型创建

1）进入 UG NX12.0 初始界面，单击“新建”按钮，选择“模型”，模板选择“装配”（单位为 mm），名称为“jiansuqi_asm.prt”，文件夹设置为新建装配体模型的存放目录（“jiansuqi”文件夹），单击“确定”按钮，完成总装配体模型的新建。

2）在“装配”选项卡中单击“添加组件”按钮，单击“打开”按钮，依据文件路径选择“jiansuqi”文件夹中的“11_xiangtizuo.prt”文件（箱体座），返回“添加组件”对话框。设置“数量”为“1”，“装配位置”为“绝对坐标系－工作部件”，在“放置”选项组中选择“移动”，单击“应用”按钮，如图 4-18 所示。

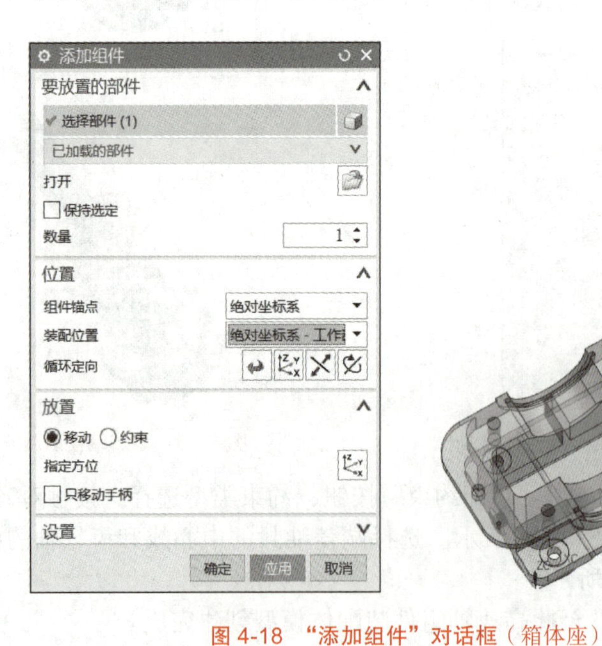

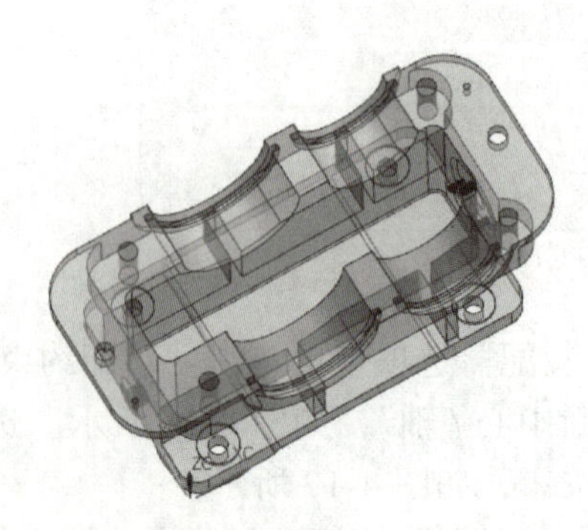

4.1 总装配

图 4-18 “添加组件”对话框（箱体座）

3）继续单击“添加组件”按钮，单击“打开”按钮，依据文件路径选择“jiansuqi”文件夹中的“gaosuzhou_asm.prt”文件（高速轴组件装配体），返回“添加组件”对话框。设置“数量”为“1”，“装配位置”为“绝对坐标系 - 工作部件”，在“放置”选项组中选择“约束”，约束类型选择“接触对齐”，方位选择“接触”，勾选“预览”和“启用预览窗口”，如图 4-19 所示。在“组件预览”窗口中选择高速轴组件装配体的端盖油封的端面（大径外侧），在主窗口中选择箱体座的小半圆环槽外侧端面，单击“确定”按钮，如图 4-20 所示。

图 4-19　“添加组件”对话框（高速轴组件装配体）

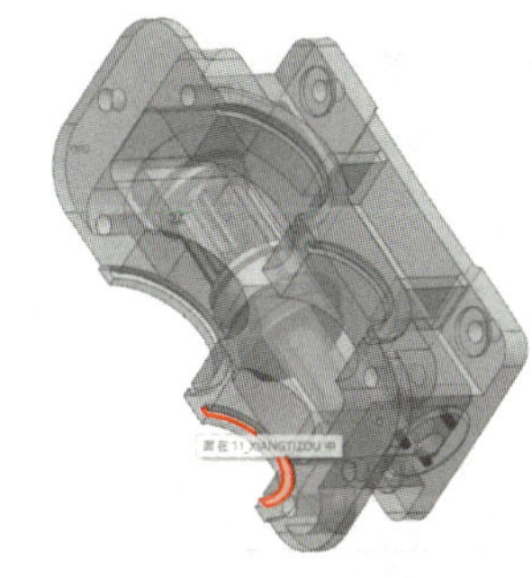

图 4-20　添加高速轴组件装配体

4）在“装配”选项卡中单击“装配约束”按钮，约束类型选择“接触对齐”，方位选择“自动判断中心 / 轴”，如图 4-21 所示。选择高速轴组件装配体的齿轮轴中心线和箱体座的小半圆柱面中心线，如图 4-22 所示。可单击“反向”按钮 ✕ 切换到合适的方向，最后单击“确定”按钮。

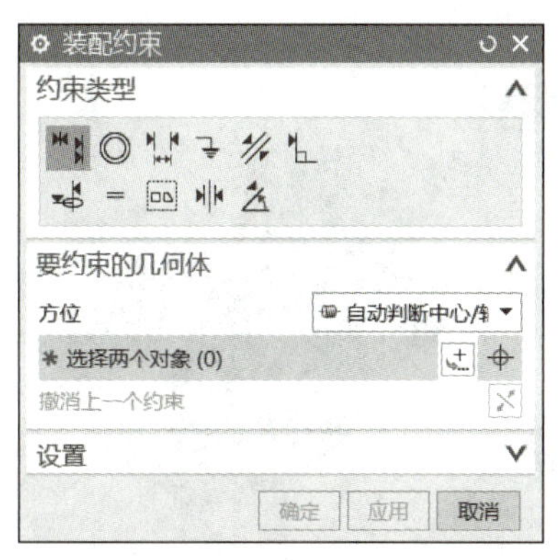

图 4-21　“装配约束”对话框（高速轴组件装配体）

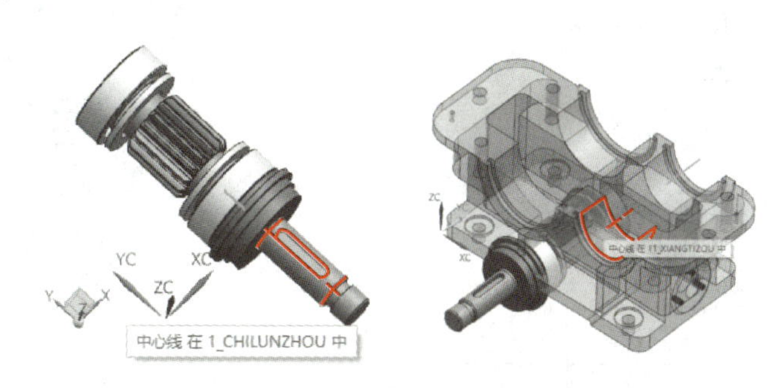

图 4-22　约束高速轴组件装配体

5）在“装配”选项卡中单击“添加组件”按钮，单击“打开”按钮，依据文件路径选择“jiansuqi”文件夹中的“disuzhou_asm.prt”文件（低速轴组件装配体），返回“添加组件”对话框。设置“数量”为“1”，“装配位置”为“绝对坐标系 - 工作部件”，在“放置”选项组中选择“约束”，约束类型选择“接触对齐”，方位选择“接触”，如图 4-23 所示。选择低速轴组件装配体的端盖油封端面（大径外侧）和箱体座的大半圆环槽外侧端面，单击“确定”按钮，如图 4-24 所示。

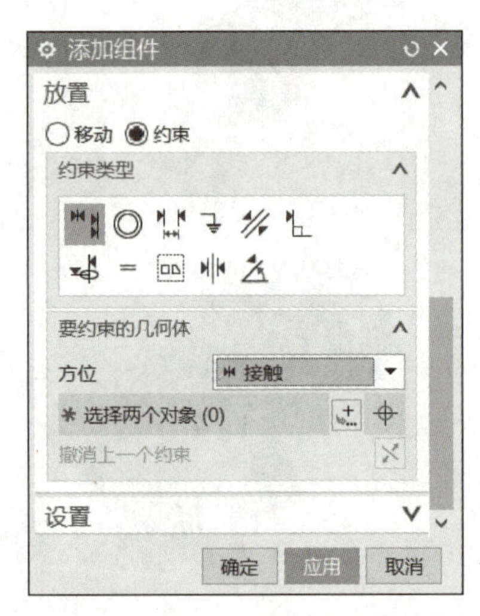

图 4-23 “添加组件”对话框（低速轴组件装配体）

图 4-24 添加低速轴组件装配体

6）在“装配”选项卡中单击“装配约束”按钮，约束类型选择“接触对齐”，方位选择“自动判断中心 / 轴”，如图 4-25 所示。选择低速轴组件装配体的轴中心线和箱体座的大半圆柱面中心线，如图 4-26 所示。可单击“反向”按钮切换到合适的方向，单击“应用”按钮。

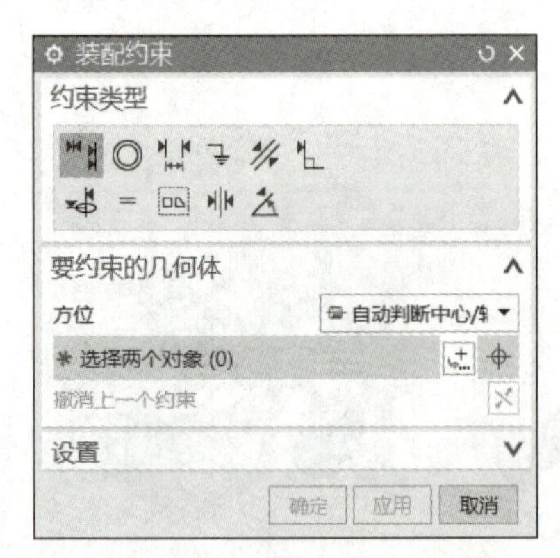

图 4-25 “装配约束”对话框（低速轴组件装配体）

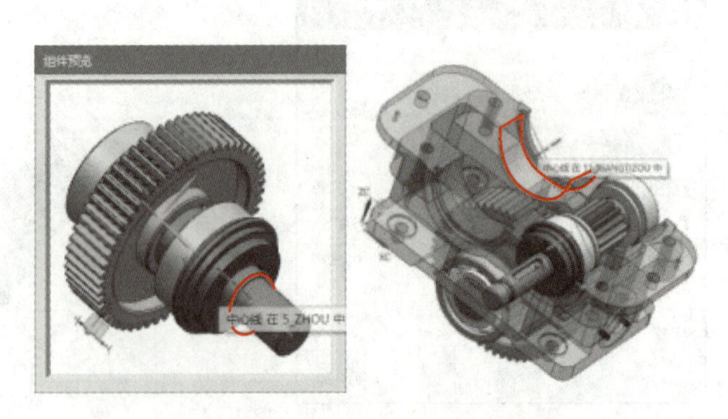

图 4-26 约束低速轴组件装配体

7）继续选择“接触对齐”，方位选择“接触”，选择低速轴组件装配体的齿轮齿面和高速轴组件装配体的齿轮轴齿面（啮合面），如图 4-27 所示。可单击“反向”按钮切换到合适的方向，单击“确定”按钮。

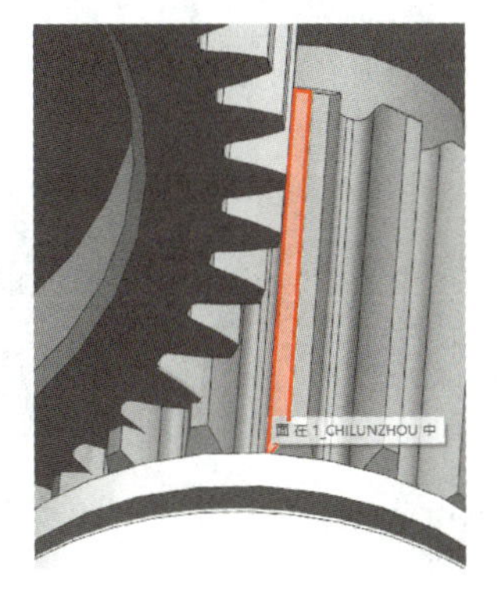

图 4-27　齿轮啮合面

8）在“装配”选项卡中单击“添加组件”按钮，单击“打开”按钮，依据文件路径选择“jiansuqi”文件夹中的“12_tiaozhenghuan1.prt”文件（调整环 1），返回“添加组件”对话框。设置“数量”为“1”，“装配位置”为“绝对坐标系 – 工作部件”，在“放置”选项组中选择“约束”，约束类型选择“接触对齐”，方位选择“接触”，如图 4-28 所示。选择调整环的端面和高速轴组件装配体的轴承外圈外侧端面，单击“确定”按钮，如图 4-29 所示。

图 4-28　“添加组件”对话框（调整环）

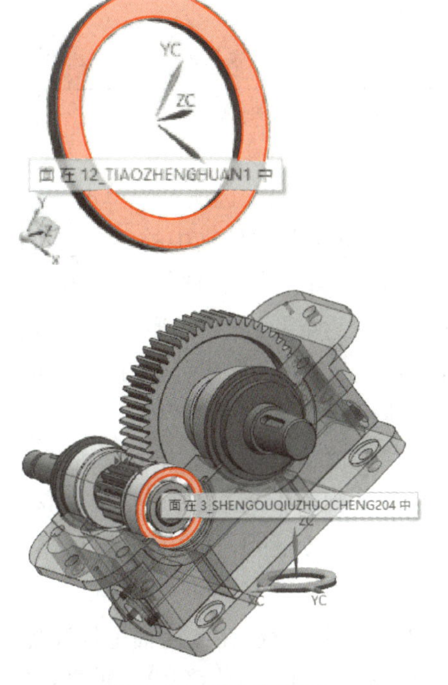

图 4-29　添加调整环

9）在“装配”选项卡中单击“装配约束”按钮，约束类型选择“接触对齐”，方位选择“自动判断中心 / 轴”，如图 4-30 所示。选择调整环的中心线和高速轴组件装配体的齿轮轴中心线，如图 4-31 所示。可单击“反向”按钮切换到合适的方向，单击“确定”按钮。

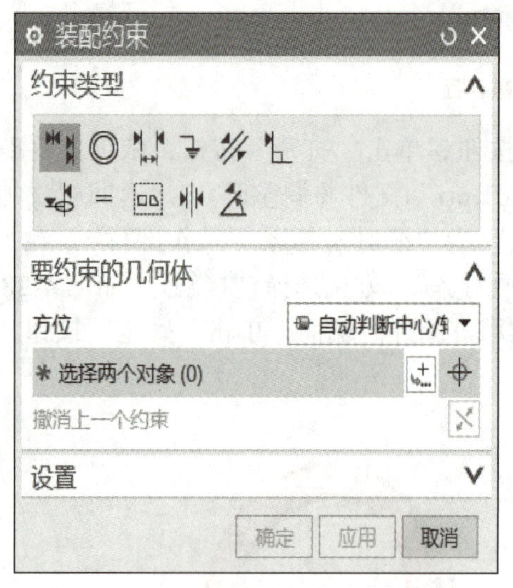

图 4-30 “装配约束”对话框（调整环）

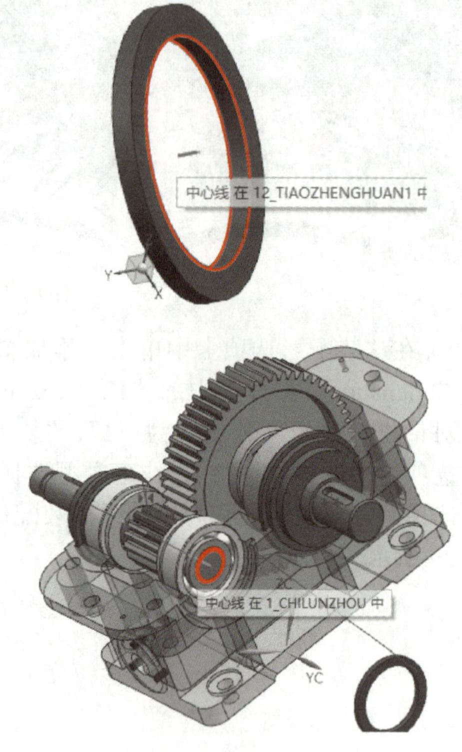

图 4-31 约束调整环

10）在“装配”选项卡中单击“添加组件”按钮，单击“打开”按钮，依据文件路径选择“jiansuqi”文件夹中的“13_duangai1.prt”文件（端盖 1），返回“添加组件”对话框。设置“数量”为“1”，“装配位置”为“绝对坐标系 - 工作部件”，在“放置”选项组中选择“约束”，约束类型选择“接触对齐”，方位选择“接触”，如图 4-32 所示。选择端盖的端面（*Z* 轴轴向大径），选择箱体座的小半圆环槽外侧端面，单击“确定”按钮，如图 4-33 所示。

11）在“装配”选项卡中单击“装配约束”按钮，约束类型选择“接触对齐”，方位选择“自动判断中心 / 轴”，如图 4-34 所示。选择端盖的中心线和高速轴组件装配体的齿轮轴中心线，如图 4-35 所示。可单击“反向”按钮切换到合适的方向，单击“确定”按钮。

12）以同样方法在低速轴组件装配体侧装配“14_tiaozhenghuan2.prt”（调整环 2）和“15_duangai2.prt”（端盖 2），如图 4-36 所示。

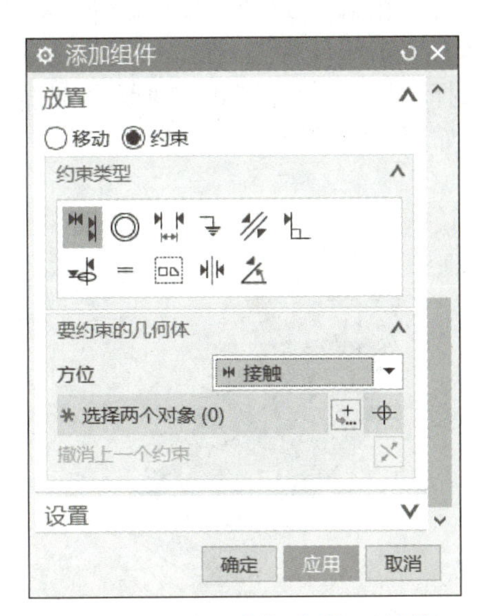

图 4-32 “添加组件”对话框（端盖）

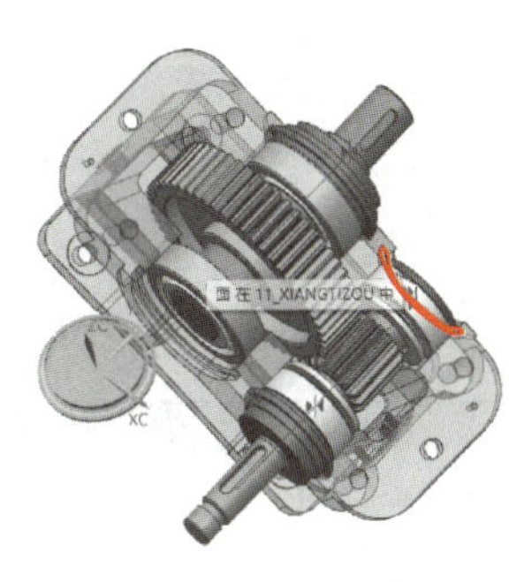

图 4-33 添加端盖

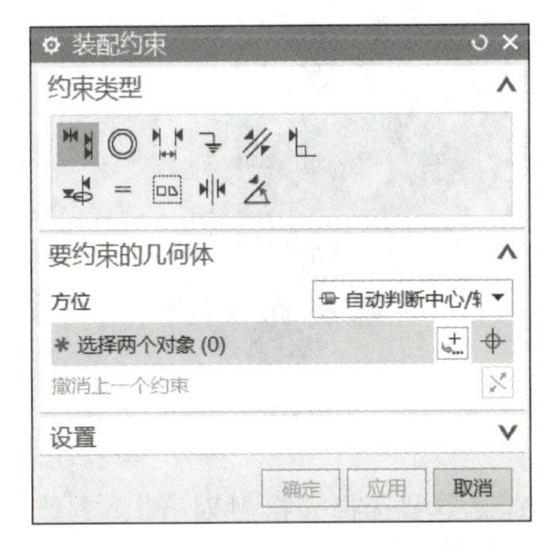

图 4-34 “装配约束”对话框（端盖）

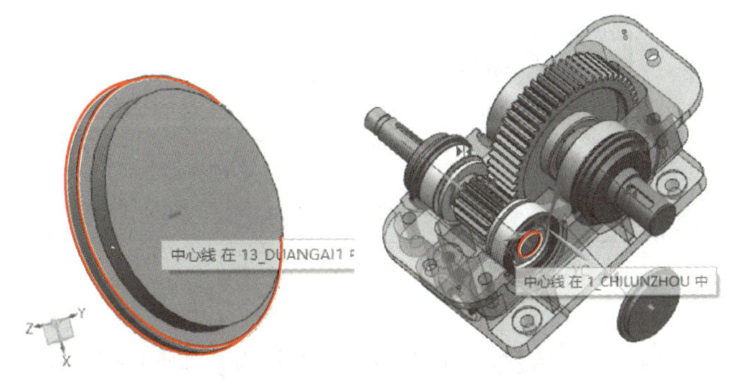

图 4-35 约束端盖

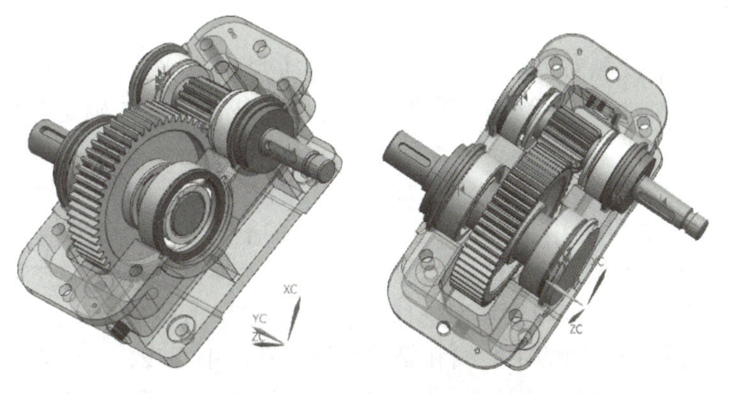

图 4-36 在低速轴组件装配体侧装配调整环及端盖

13）在“装配”选项卡中单击“添加组件”按钮，单击“打开”按钮，依据文件路径选择“jiansuqi”文件夹中的“16_xianggai.prt”文件（箱盖），返回“添加组件”对话框。设置“数量”为“1”，“装配位置”为“绝对坐标系 – 工作部件”，在“放置”选项组中选择“约束”，约束类型选择“接触对齐”，方位选择“接触”，如图 4-37 所示。选择箱盖的大平面和箱体座的大平面，单击“确定”按钮，如图 4-38 所示。

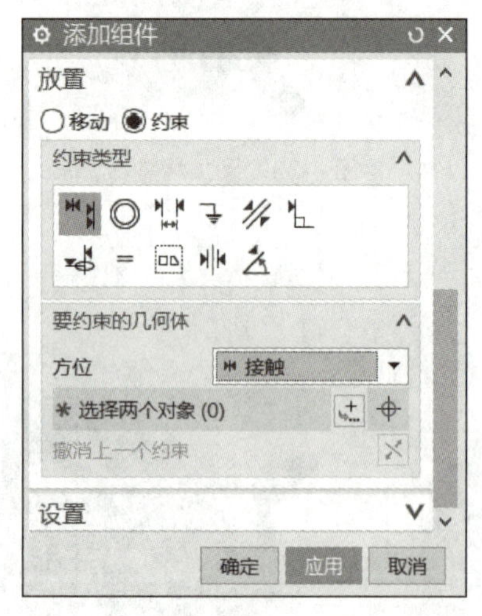

图 4-37 “添加组件”对话框（箱盖）

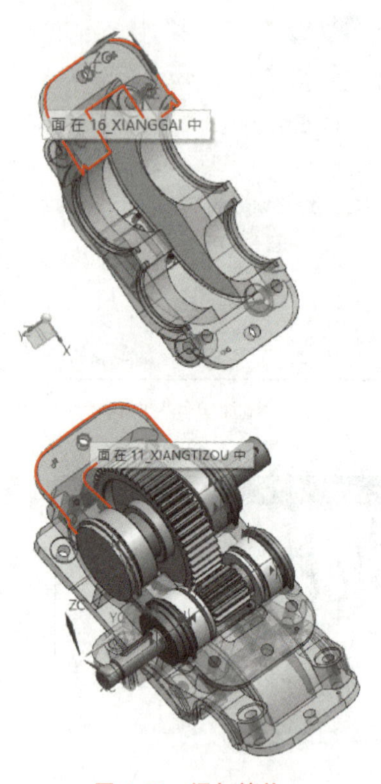

图 4-38 添加箱盖

14）在“装配”选项卡中单击“装配约束”按钮，约束类型选择“接触对齐”，方位选择“自动判断中心 / 轴”，如图 4-39 所示。选择箱盖的大半圆柱面中心线和低速轴组件装配体的轴中心线，如图 4-40 所示。可单击“反向”按钮✕切换到合适的方向，单击“应用”按钮。

15）继续选择“接触对齐”，方位选择“自动判断中心 / 轴”，如图 4-41 所示。选择箱盖圆锥销孔的中心线和箱体座圆锥销孔的中心线，单击“确定”按钮，如图 4-42 所示。

16）在“装配”选项卡中单击“添加组件”按钮，单击“打开”按钮，依据文件路径选择“jiansuqi”文件夹中的“17_yuanzhuixiao.prt”文件（圆锥销），返回“添加组件”对话框。设置“数量”为“1”，“装配位置”为“绝对坐标系 – 工作部件”，在“放置”选项组中选择“约束”，约束类型选择“接触对齐”，方位选择“自动判断中心 / 轴”，如图 4-43 所示。选择圆锥销的中心线和箱盖圆锥销孔的中心线，如图 4-44 所示。可单击“反向”按钮✕切换到合适的方向（圆锥销大端向上），单击“确定”按钮。

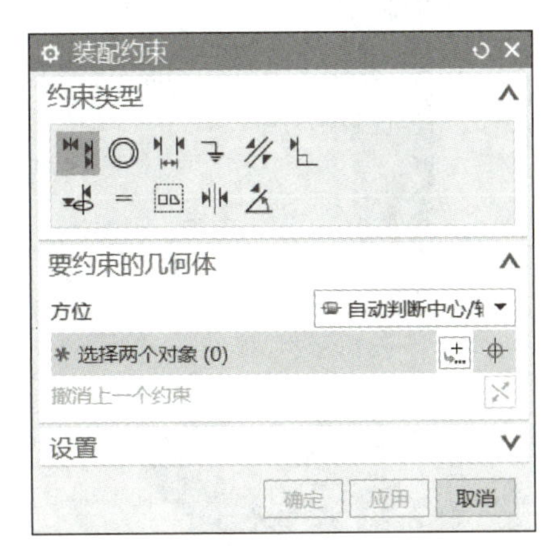

图 4-39　“装配约束”对话框（箱盖约束 1）

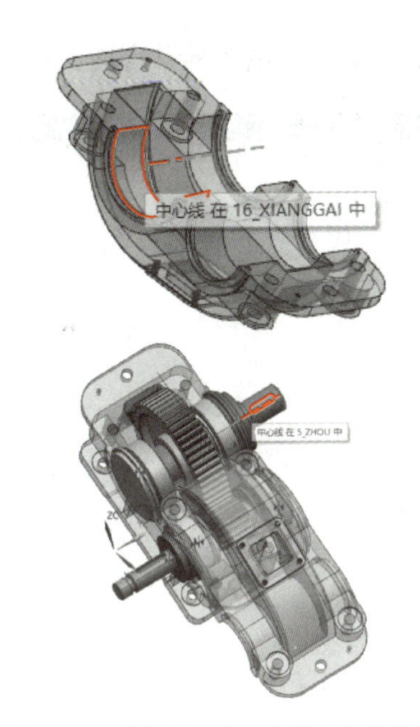

图 4-40　箱盖与低速轴组件之间的约束

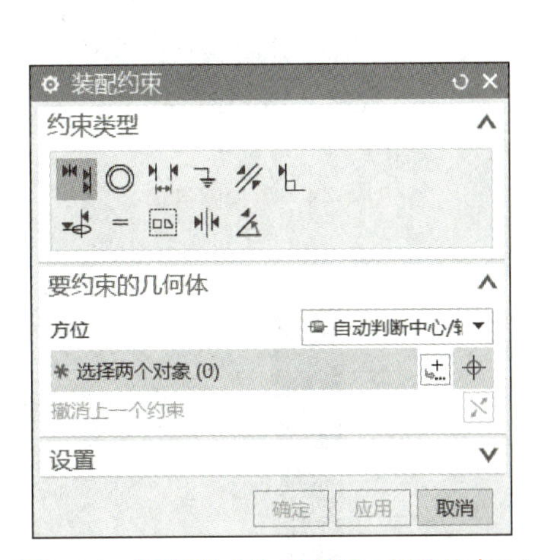

图 4-41　“装配约束”对话框（箱盖约束 2）

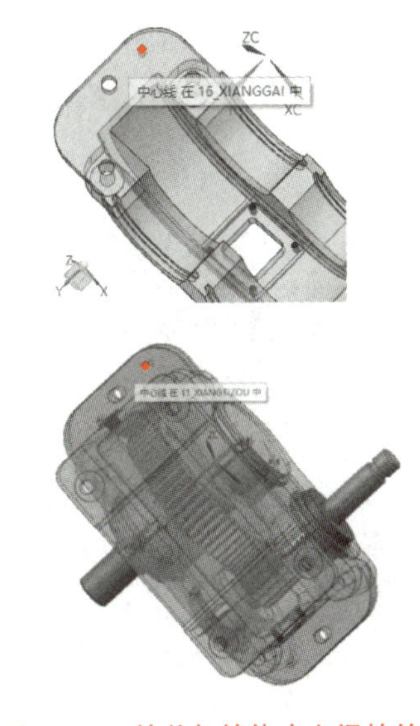

图 4-42　箱盖与箱体座之间的约束

17）在“装配”选项卡中单击“装配约束”按钮，约束类型选择“距离”，距离为 -0.5mm，如图 4-45 所示。选择圆锥销的大端面和箱盖圆锥销孔的上端面，如图 4-46 所示。可单击“反向”按钮✕切换到合适的方向，单击“确定”按钮。以同样方法在另一侧装配“17_yuanzhuixiao.prt”（圆锥销）。

18）在“装配”选项卡中单击“添加组件”按钮，单击“打开”按钮，依据文件路径选择“jiansuqi”文件夹中的“18_luoshuan1.prt”文件（螺栓 1），返回“添加组件”对话框。设置“数量”为“1”，“装配位置”为“绝对坐标系 - 工作部件”，在“放置”选项组中选择“约束”，约束类型选择“接触对齐”，方位选择“接触”，如图 4-47 所示。选择螺栓贴合面和箱盖的螺栓贴合面，单击“应用”按钮，如图 4-48 所示。

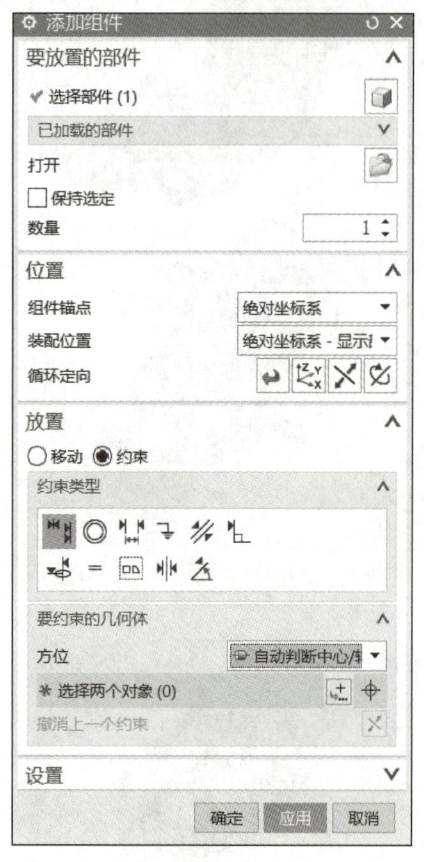

图 4-43 “添加组件”对话框（圆锥销）

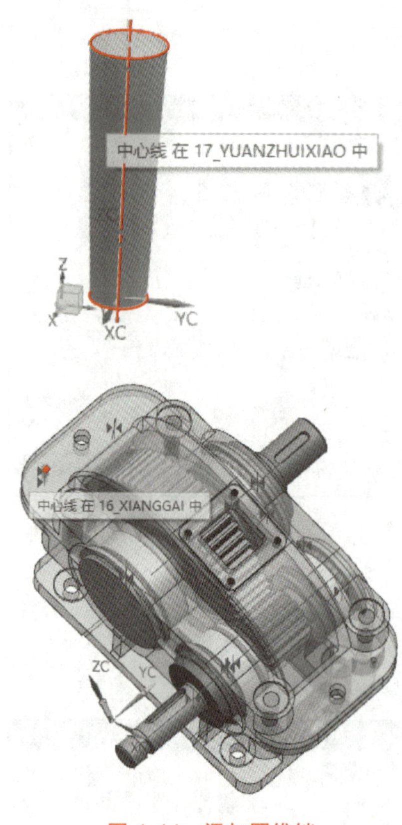

图 4-44 添加圆锥销

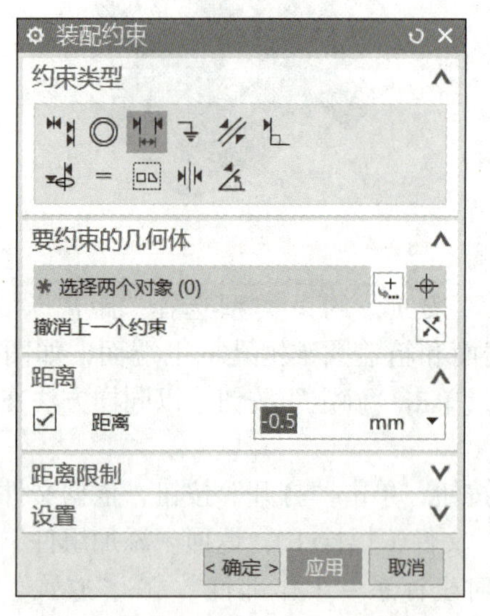

图 4-45 “装配约束”对话框（圆锥销）

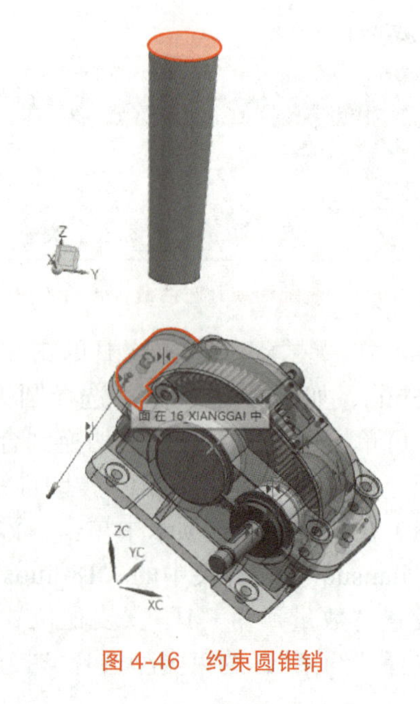

图 4-46 约束圆锥销

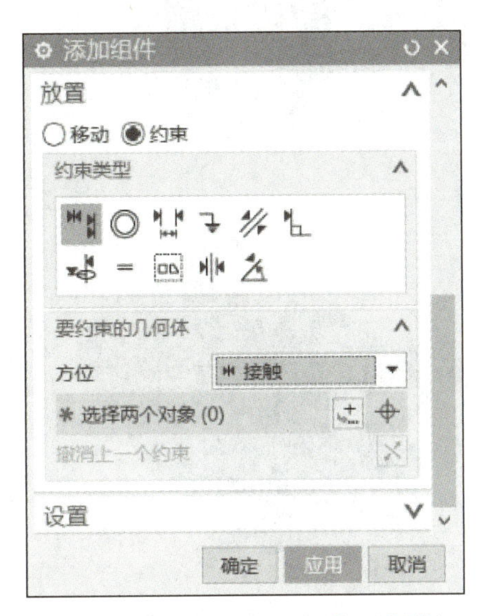

图 4-47　“添加组件”对话框（螺栓）

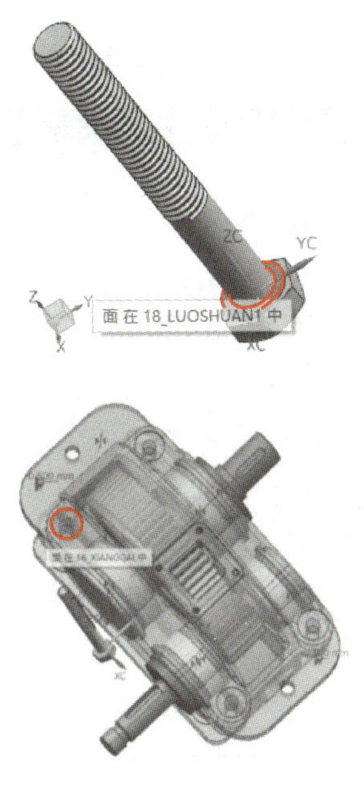

图 4-48　添加螺栓

19）继续选择“接触对齐”，方位选择“自动判断中心 / 轴”，如图 4-49 所示。选择螺栓中心线和箱盖的螺栓孔中心线，单击“确定”按钮，如图 4-50 所示。

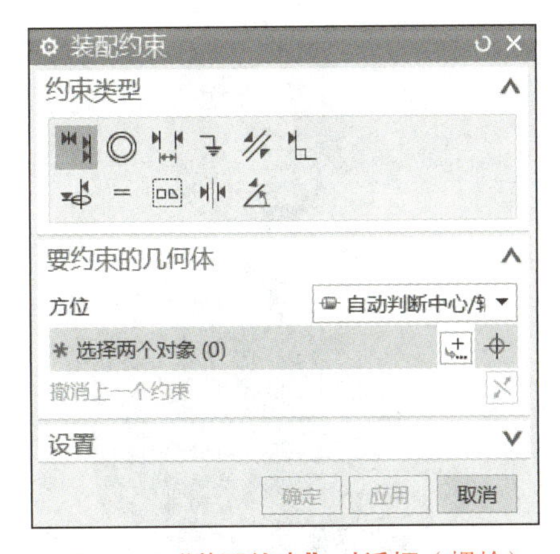

图 4-49　“装配约束”对话框（螺栓）

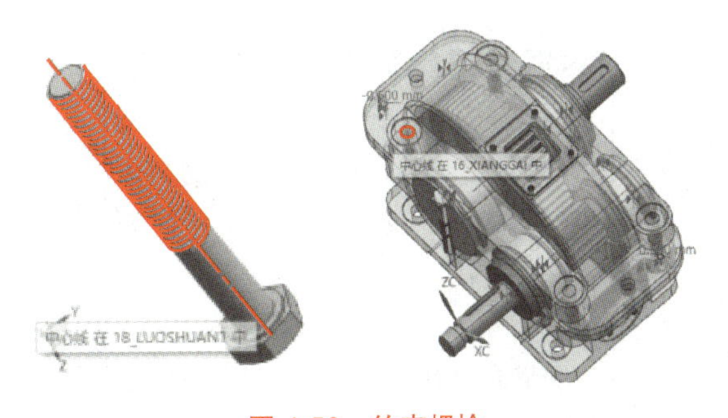

图 4-50　约束螺栓

20）在“装配”选项卡中单击“添加组件”按钮，单击“打开”按钮，依据文件路径选择“jiansuqi”文件夹中的“19_tanhuangdianpian.prt”文件（弹簧垫片），返回“添加组件”对话框。设置“数量”为“1”，“装配位置”为“绝对坐标系 – 工作部件”，在“放置”选项组中选择“约束”，约束类型选择“接触对齐”，方位选择“接触”，如图 4-51 所示。选择弹簧垫片贴合面和箱体座的螺栓孔贴合面，单击“确定”按钮，如图 4-52 所示。

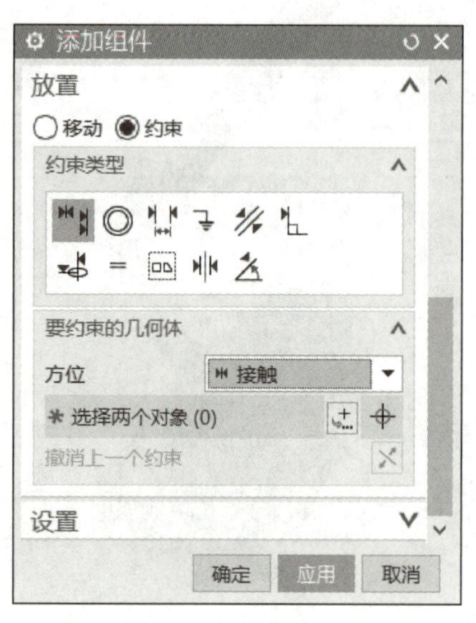

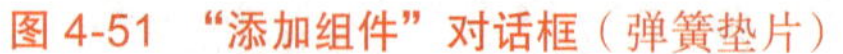
图 4-51 “添加组件”对话框（弹簧垫片）

图 4-52 添加弹簧垫片

21）在“装配”选项卡中单击“装配约束”按钮，约束类型选择“接触对齐”，方位选择“自动判断中心 / 轴”，如图 4-53 所示。选择弹簧垫片中心线和螺栓中心线，单击“确定”按钮，如图 4-54 所示。

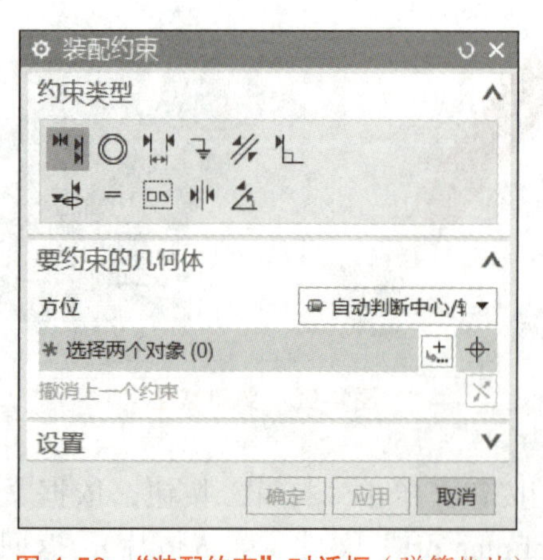

图 4-53 “装配约束”对话框（弹簧垫片）

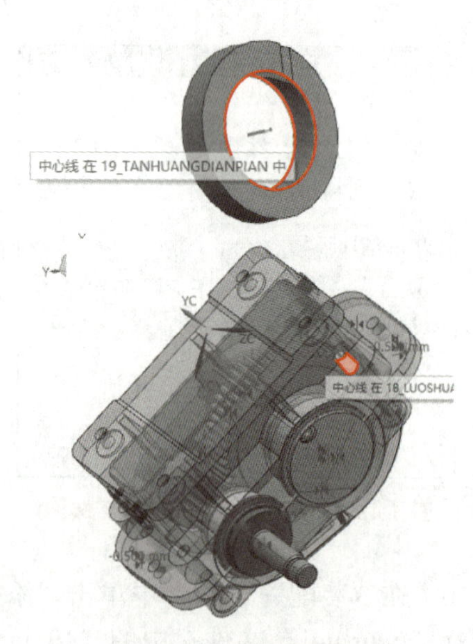

图 4-54 约束弹簧垫片

22）在“装配”选项卡中单击“添加组件”按钮，单击“打开”按钮，依据文件路径选择“jiansuqi”文件夹中的“20_luomu.prt”文件（螺母），返回“添加组件”对话框。设置“数量”为“1”，“装配位置”为“绝对坐标系 - 工作部件”，在“放置”选项组中选择“约束”，约束类型选择“接触对齐”，方位选择“接触”，如图 4-55 所示。选择螺母贴合面和弹簧垫片贴合面，单击“确定”按钮，如图 4-56 所示。

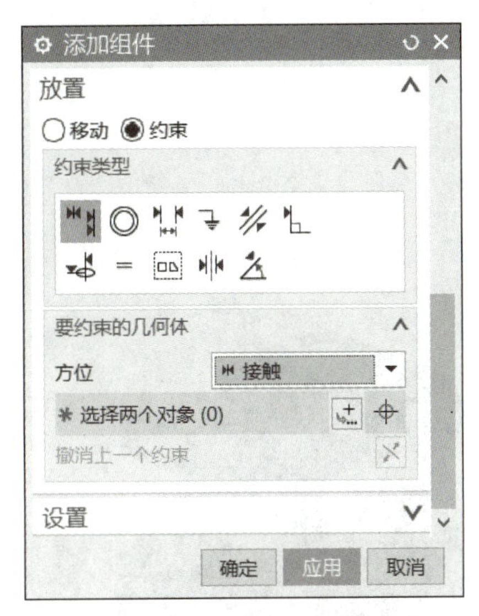

图 4-55　“添加组件”对话框（螺母）

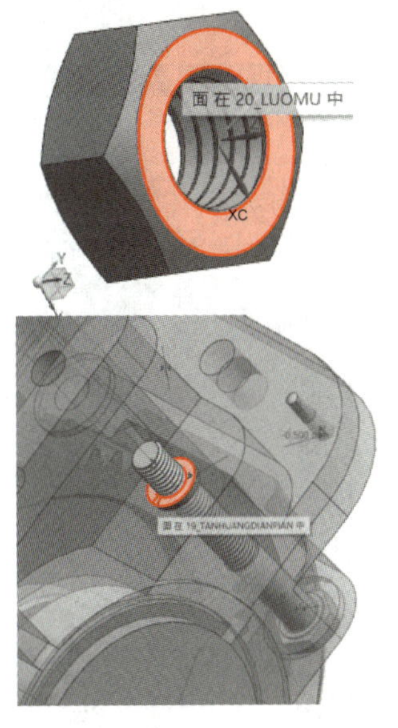

图 4-56　添加螺母

23）在“装配”选项卡中单击“装配约束”按钮，约束类型选择“接触对齐”，方位选择“自动判断中心 / 轴”，如图 4-57 所示。选择螺母中心线和螺栓中心线，单击“确定”按钮，如图 4-58 所示。

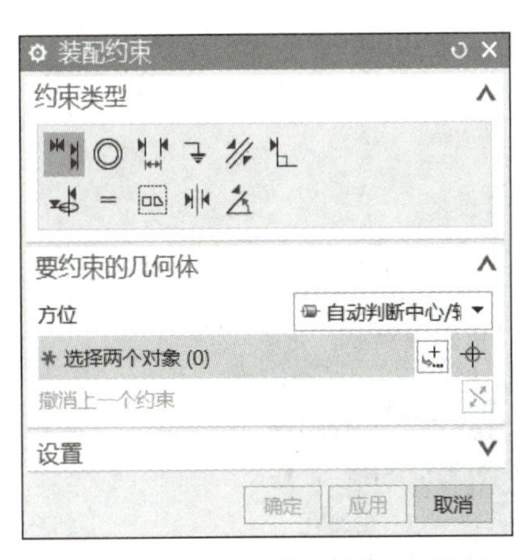

图 4-57　“装配约束”对话框（螺母）

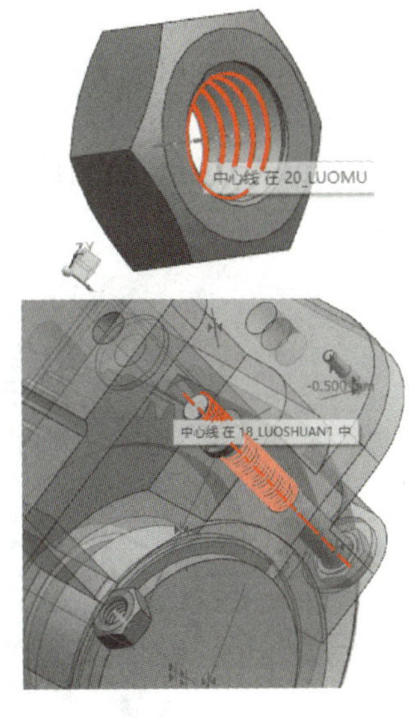

图 4-58　约束螺母

24）在“装配”选项卡中单击“阵列组件”按钮，“要形成阵列的组件”选择上步装配好的螺栓、弹簧垫片和螺母，“布局”选择“线性”，方向 1 指定矢量选择图标，并捕捉选中箱盖长度方向上的一条直线，间距选择“数量和跨距”，数量为 2，跨距为

158mm；方向 2 指定矢量选择图标，并捕捉选中箱盖宽度方向上的一条直线，间距选择“数量和跨距”，数量为 2，跨距为 74mm，如图 4-59 所示。单击“确定”按钮，完成阵列组件。

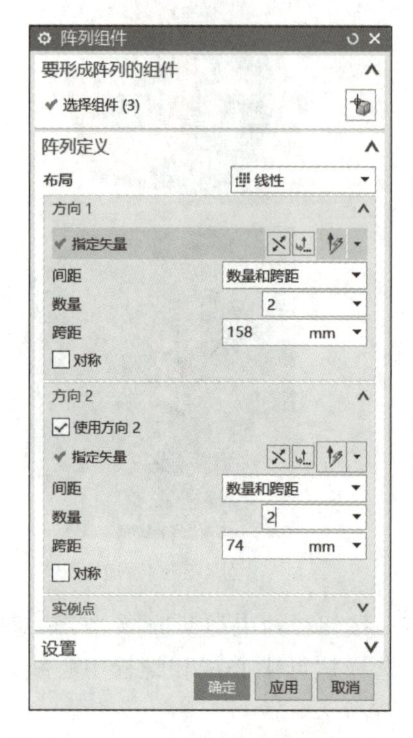

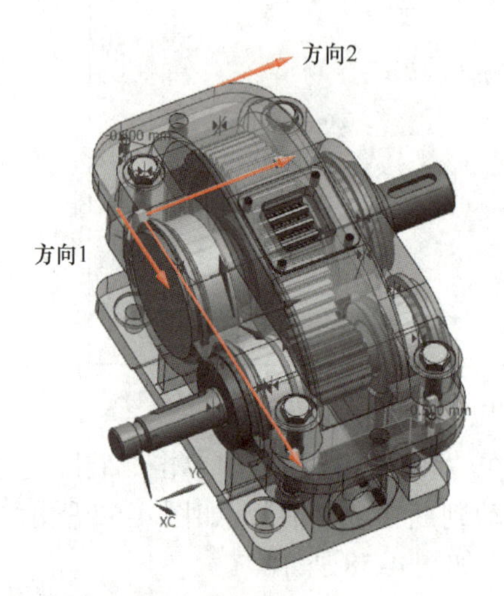

图 4-59　阵列装配好的螺栓、弹簧垫片和螺母

25）在“装配”选项卡中单击“添加组件”按钮，单击“打开”按钮，以同样方法（使用“接触”“自动判断中心 / 轴”“阵列组件”选项）装配“21_luoshuan2.prt”（螺栓 2）“19_tanhuangdianpian.prt”（弹簧垫片）和“20_luomu.prt”（螺母），阵列跨距为 208mm，如图 4-60 所示。

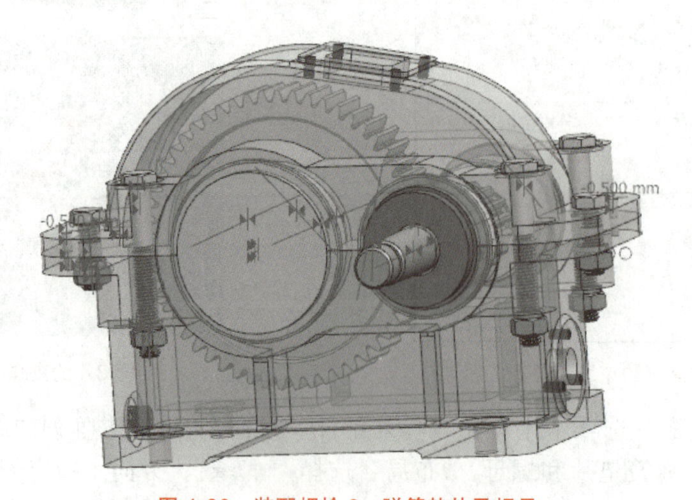

图 4-60　装配螺栓 2、弹簧垫片及螺母

26）在“装配”选项卡中单击“添加组件”按钮，单击“打开”按钮，以同样方法（使用“接触”“自动判断中心 / 轴”选项）装配“22_dianpian1.prt”（垫片 1）“23_luosai.prt”（螺塞），如图 4-61 所示。

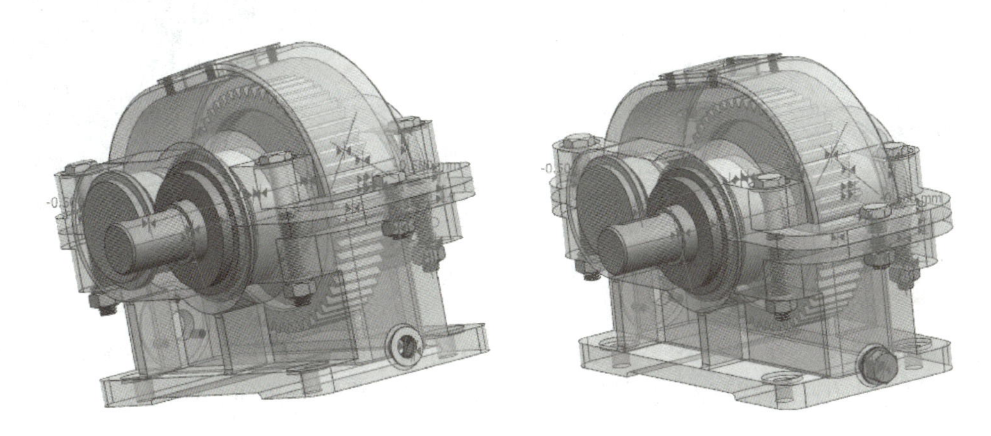

图 4-61　装配垫片 1 及螺塞

27）在“装配”选项卡中单击“添加组件”按钮，单击“打开”按钮，依据文件路径选择“jiansuqi”文件夹中的“24_dianpian2.prt”文件（垫片 2），返回“添加组件”对话框。设置“数量”为“1”，“装配位置”为“绝对坐标系 – 工作部件”，在“放置”选项组中选择“约束”，约束类型选择“接触对齐”，方位选择“接触”，如图 4-62 所示。选择垫片贴合面和箱体座的垫片贴合面，单击“确定”按钮，如图 4-63 所示。

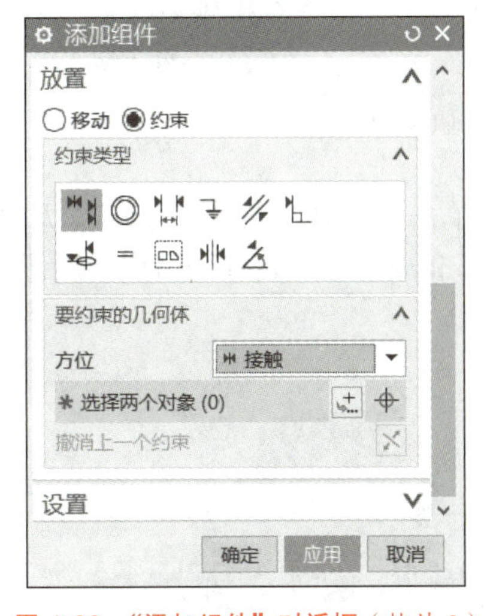

图 4-62　“添加组件”对话框（垫片 2）

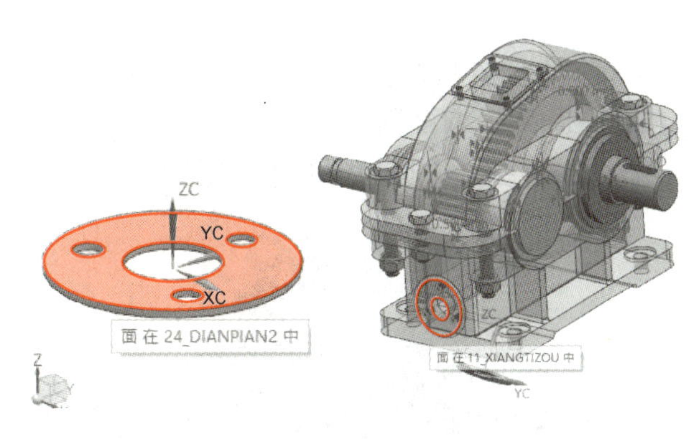

图 4-63　添加垫片 2

28）在“装配”选项卡中单击“装配约束”按钮，约束类型选择“接触对齐”，方位选择“自动判断中心 / 轴”，如图 4-64 所示。选择垫片 2 的一个小孔中心线和螺钉孔中心线，单击“应用”按钮，如图 4-65 所示。

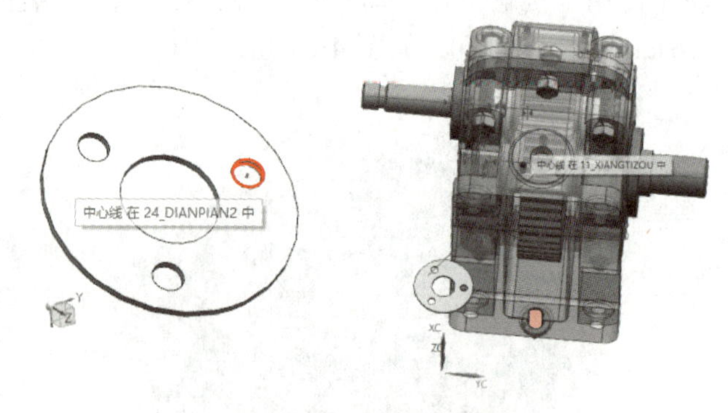

图 4-64　“装配约束”对话框（垫片 2 约束 1）　　图 4-65　垫片 2 约束 1

29）继续选择“接触对齐”，方位选择“自动判断中心 / 轴”，如图 4-66 所示。选择垫片 2 的另一小孔中心线和对应螺钉孔中心线，单击“确定”按钮，如图 4-67 所示。

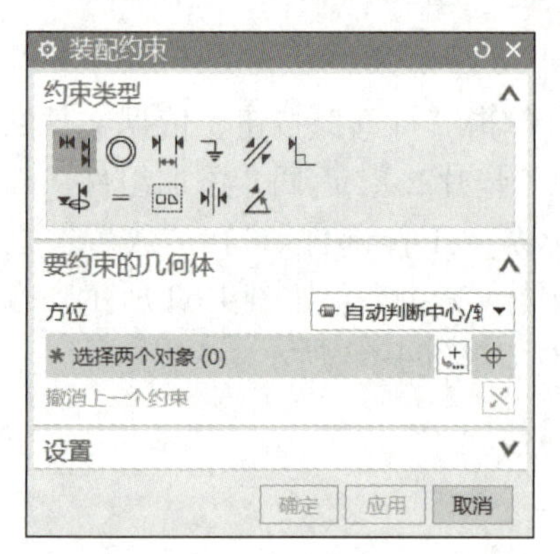

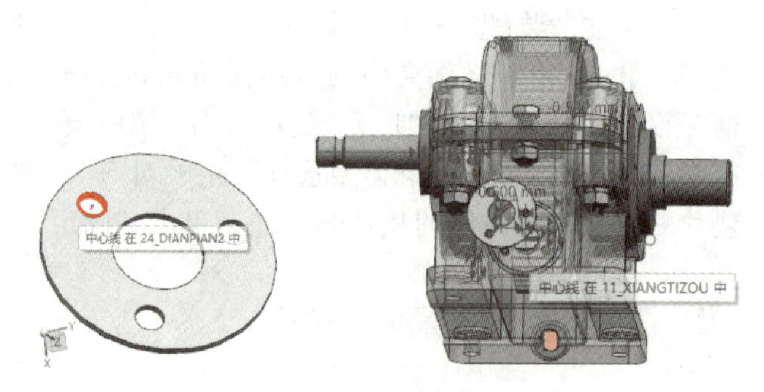

图 4-66　“装配约束”对话框（垫片 2 约束 2）　　图 4-67　垫片 2 约束 2

30）在“装配”选项卡中单击“添加组件”按钮，单击“打开”按钮，以同样方法（使用“接触”“自动判断中心 / 轴”选项）装配“25_youmianzhishiban.prt”（油面指示板）“26_yagai.prt”（压盖），如图 4-68 所示。

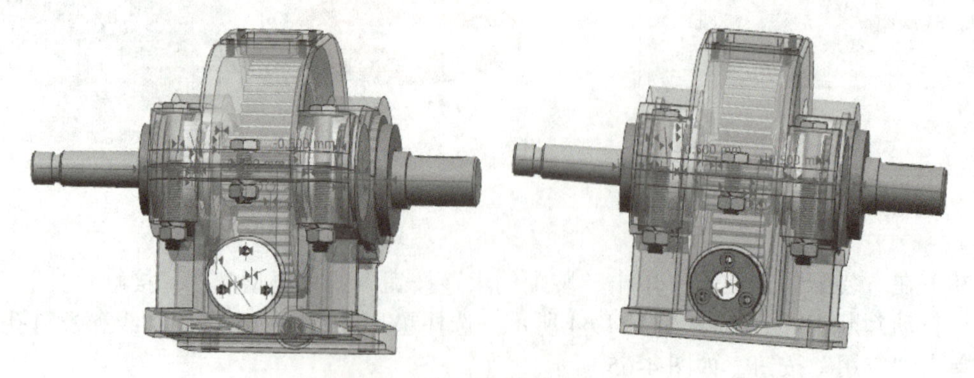

图 4-68　装配油面指示板及压盖

31）在“装配”选项卡中单击“添加组件”按钮，单击“打开”按钮，以同样方法（使用“接触”“自动判断中心 / 轴”“阵列组件”选项）装配“27_luoding.prt”（螺钉），如图 4-69 所示。

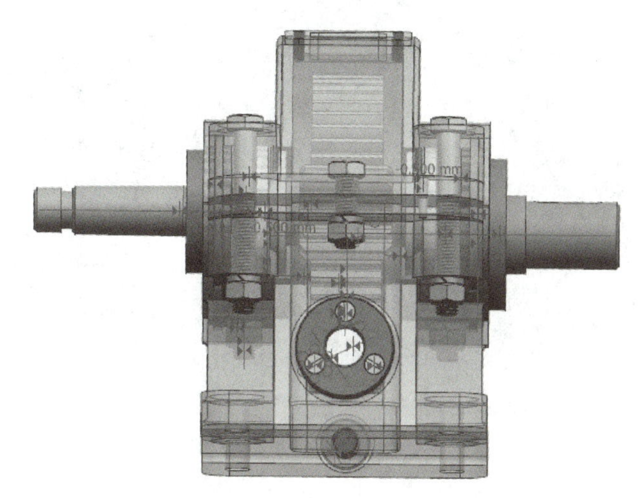

图 4-69　装配螺钉（压盖）

32）在“装配”选项卡中单击“添加组件”按钮，单击“打开”按钮，以同样方法（使用“接触”“自动判断中心 / 轴”选项）装配“28_dianpian3.prt”（垫片 3）“29_shikonggai.prt”（视孔盖），如图 4-70 所示。

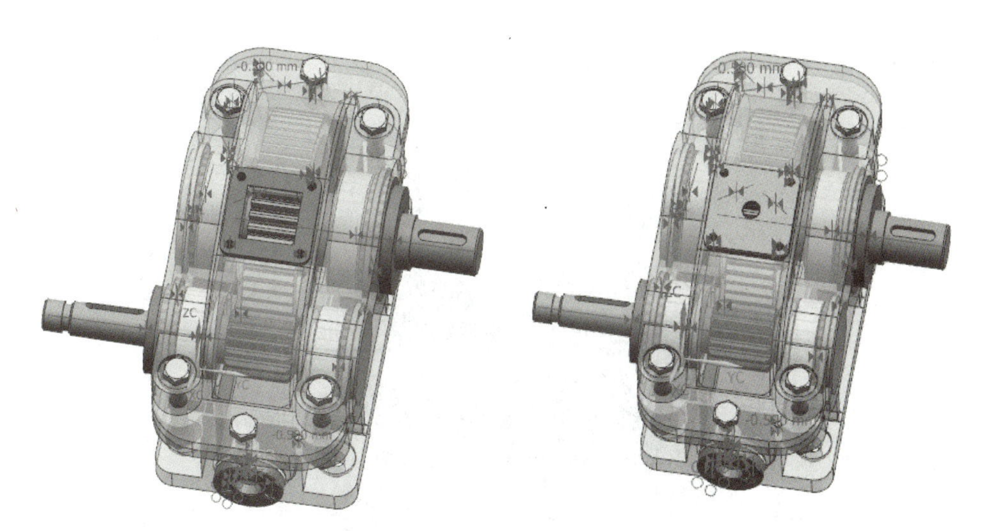

图 4-70　装配垫片 3 及视孔盖

33）在“装配”选项卡中单击“添加组件”按钮，单击“打开”按钮，以同样方法（使用“接触”“自动判断中心 / 轴”“阵列组件”选项）装配“27_luoding.prt”（螺钉），如图 4-71 所示。

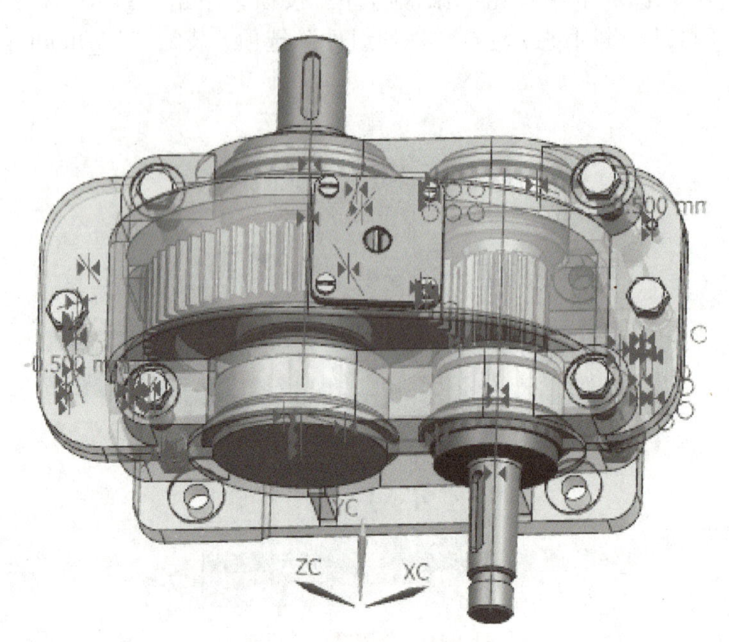

图 4-71　装配螺钉（视孔盖）

34）在“装配”选项卡中单击“添加组件”按钮，单击“打开”按钮，以同样方法（使用“接触”“自动判断中心 / 轴”选项）装配“30_touqisai.prt”（透气塞），如图 4-72 所示。

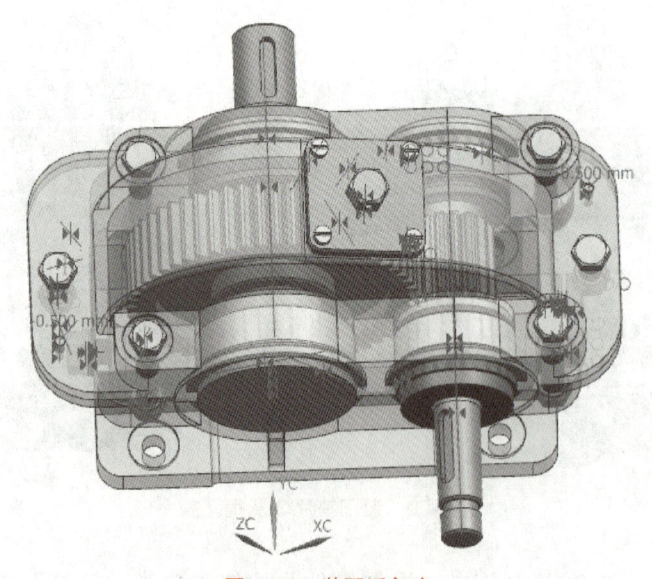

图 4-72　装配透气塞

35）在装配导航器中右击“约束”，取消选择“在图形窗口中显示约束”，如图 4-73 所示。单击“保存”按钮，至此减速器装配体模型创建完成。

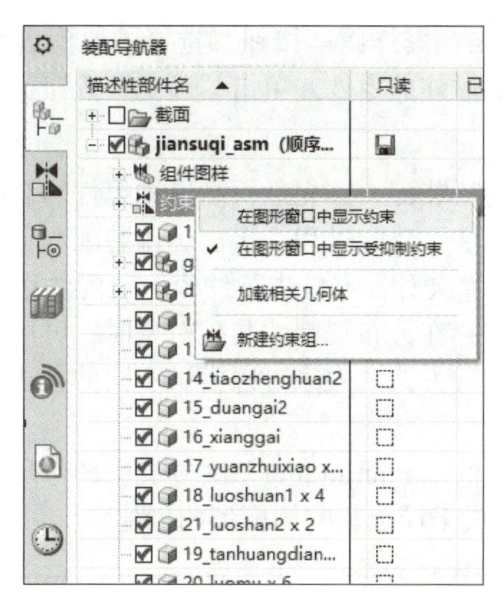

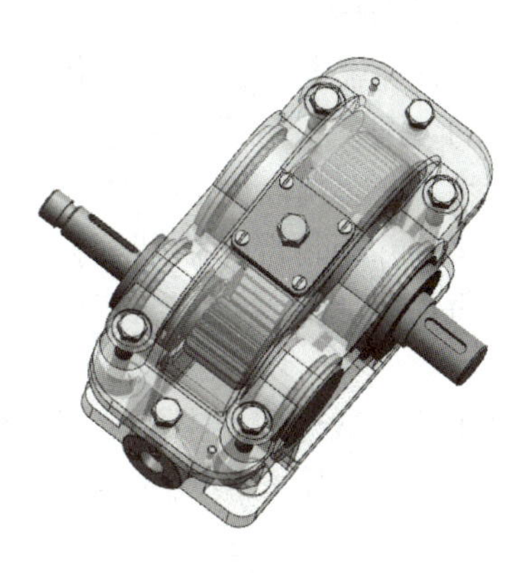

图 4-73　取消选择"在图形窗口中显示约束"

36）生成爆炸图，在"装配"选项卡中单击"爆炸图"按钮，选择"新建爆炸"命令，默认名称为"Explosion 1"。重新单击"爆炸图"按钮，选择"编辑爆炸"命令，弹出"编辑爆炸"对话框，如图 4-74 所示。选择需要爆炸的零件并单击"确定"按钮，此处选择减速器箱盖。切换到"移动对象"选项，此时装配图中出现图 4-75 所示坐标系，选择 *Z* 轴，在距离文本框中输入"90"并按 <Enter> 键，结果如图 4-75 所示。

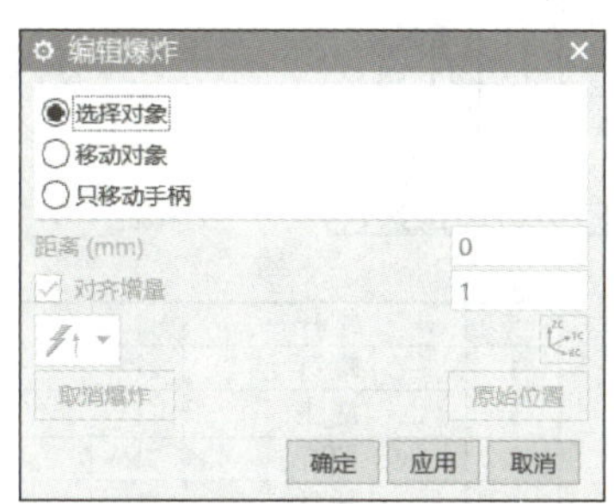

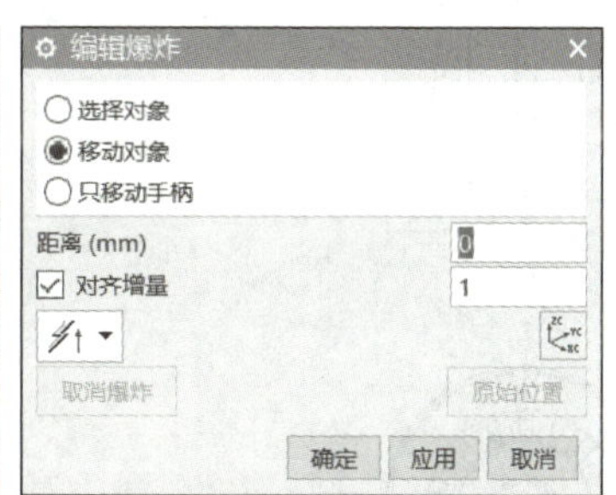

图 4-74　"编辑爆炸"对话框

图 4-75　编辑爆炸图结果

如果对生成的爆炸图不满意，可以单击“爆炸图”按钮，选择“取消爆炸组件”命令，弹出“类选择”对话框，选择需要取消爆炸的零件并单击“确定”按钮，完成取消。

3. 任务小结与拓展

本任务根据减速器装配图，分级依次进行装配，首先进行高速轴组件的装配，然后进行低速轴组件的装配，最后进行减速器的总装。装配过程中多次运用装配约束中的“接触对齐 / 接触”和“自动判断中心 / 轴”选项依次对各零件进行约束。装配约束过程需要注意约束对象的位置并视情况切换装配方向。存在分布规则的装配对象时，可用阵列组件命令简化装配步骤。装配步骤有多种方式，大家可以尝试不同的方法实现。

根据所学知识，试运用本书配套资源中的“qianjinding”文件夹中的千斤顶零件模型，依据其装配图（图 4-76），完成千斤顶装配体模型的创建。

4.1 拓展

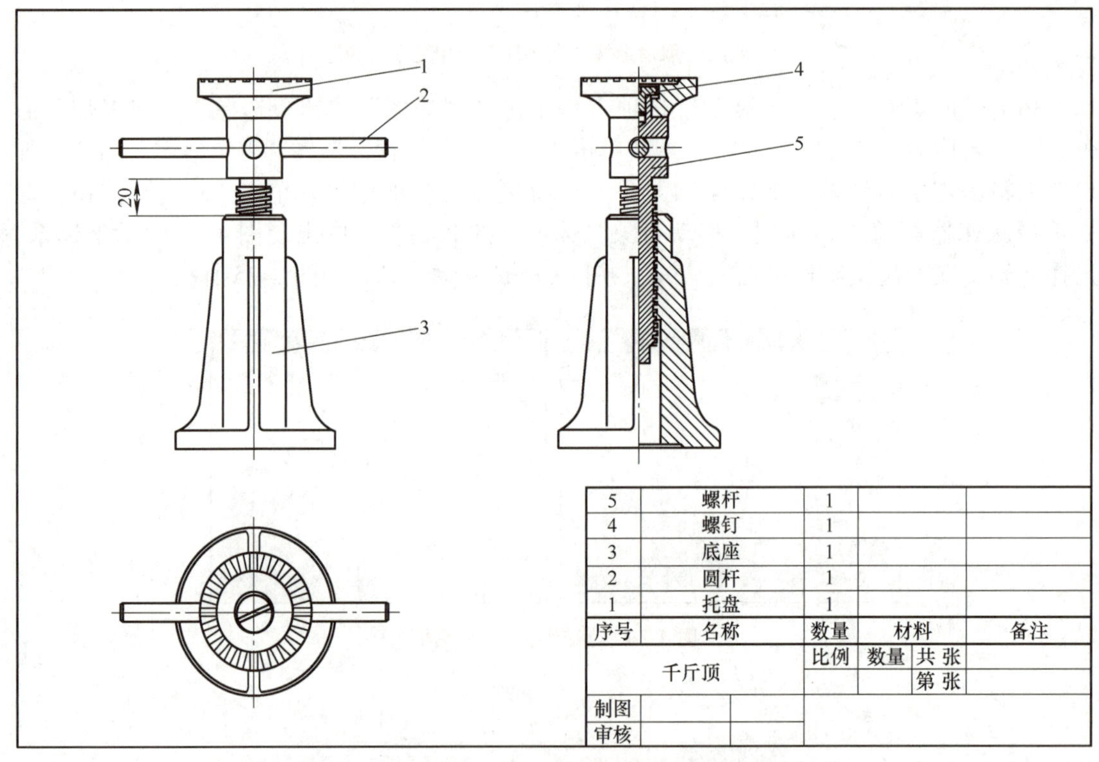

图 4-76 千斤顶装配图

你知道吗？

2017 年 5 月 5 日，中国第一款大型喷气式客机 C919 完成了首飞。这标志着我国航空工业进入了大型飞机时代，中国也成为第四个能够自主研发大型飞机的国家，这是我国航空工业发展史上的里程碑事件。

C919 大型飞机是中国商用飞机有限责任公司（COMAC）自主研发的大型喷气式客机，具有我国完全的自主知识产权，填补了我国大型飞机的空白。但 C919 大型飞机的研发并非一帆风顺。由于技术门槛高，研发难度大，我国的航空工业从零开始，积累了大量宝贵的经验。COMAC 联合多家高校、研究院以及航空公司，组建了一个庞大的技术团队，采取自主创新和国际合作并重的策略，终于攻克了许多技术难题，使 C919 的研发如期推进。

C919 的首飞成功，表明中国具备自主研发大型喷气式客机的能力。这不仅让世界看到了中国的航空实力，为中国的航空强国梦增添助力，也带动了相关产业链的发展。C919 的研发成功开启了我国商用大型飞机的新纪元，写下了我国航空工业发展史的辉煌篇章，是中国制造向中国创造迈进过程中的一个缩影。

C919 大型飞机的研发成功到目前投入商用，极大激发了学生的民族自豪感，树立了学生的民族自信心，也体现了大国工匠们严谨细致的工作态度，值得我们每个人学习和体会。

知识巩固与拓展

使用本书配套资源“平口钳”文件夹中的零件模型文件，完成图 4-77 所示平口钳装配。

图 4-77　平口钳装配图

项目 5　工程图绘制

【项目导读】

工程图一般指二维的零件图或装配图，是生产中必不可少的技术文件，也是世界范围通用的“工程技术语言”。设计者通过工程图表达设计意图和要求，制造者通过工程图了解设计要求及组织生产加工，使用者根据工程图了解产品构造、性能及正确的使用和维护方法。

UG NX 是一个系统化的软件，从建模到分析、从出图到制造等均整合在一个文件之下，这是其他三维软件所不及的。本项目中，需要让学生了解工程图绘制在本课程中的重要地位，正确、规范地绘制和阅读工程图是一名工程技术人员的基本素质与基本技能。通过学习，要求学生根据三维模型准确、详细地表示出设计对象的形状、大小和技术要求，培养学生一丝不苟、脚踏实地的工作作风。

【知识目标】

1. 学习设置制图首选项。
2. 学习进入与设置工程制图环境。
3. 学习常用视图的创建、编辑命令。
4. 学习工程图的标注。

【能力目标】

1. 熟练掌握常用视图的创建方法与步骤。
2. 熟练掌握工程图的标注方法以及各种标注方法的应用。
3. 熟练掌握零件及装配体的工程图绘制方法。

【素养目标】

1. 通过绘制工程图，培养学生多角度观察事物的行为素养和脚踏实地的工作作风。
2. 通过标注工程图，培养学生一丝不苟、严谨治学的求实精神。

任务 1　工程图基础

5.1.1

❖ 学习目的

1. 学会创建工程图文件。
2. 掌握工程图创建的基本流程。

❖ 学习重点

使用 UG NX 制图模块学习工程图创建的基本流程。

❖ 学习难点

使用 UG NX 制图模块完成零件工程图的表达。

5.1.1　创建工程图文件

UG NX 工程图的创建流程见表 5-1。

表 5-1　UG NX 工程图创建流程

步骤	工作内容	操作要点
1	创建工程图 / 新建图纸页	选择图纸尺寸规格、视图比例、尺寸单位和投影方式
2	视图投影	投影主视图（前视图、俯视图、左视图等）、合理布局，较好地表示零件结构
3	补充细化视图	生成所需的剖视图、局部放大图等
4	尺寸、精度标注	尺寸及公差标注、几何公差标注、表面粗糙度标注
5	文本标注	技术条件、标题栏、明细栏等必要的文字说明

UG NX 中的工程图可以两种形式存在，一种是非独立文件，另一种是独立文件，下面分别介绍这两种工程图创建方法。

1. 非独立文件

以非独立文件形式创建的工程图是和实体模型文件作为一个整体存在的，在创建工程图时，首先要打开对应的模型文件，然后在“开始”菜单中切换到“制图”模块，如图 5-1 所示。

单击“新建图纸页”按钮，弹出“工作表”对话框，如图 5-2 所示。在单击“确定”按钮之前，根据实际需要选择视图的相关参数，主要包括图纸幅面、比例、单位、投影方式等。

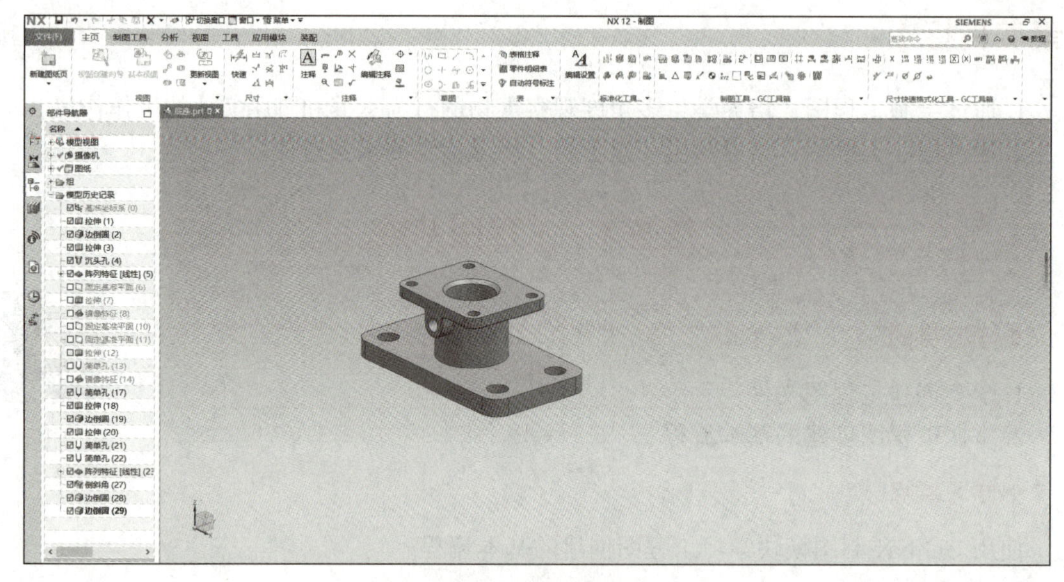

图 5-1 “制图”模块

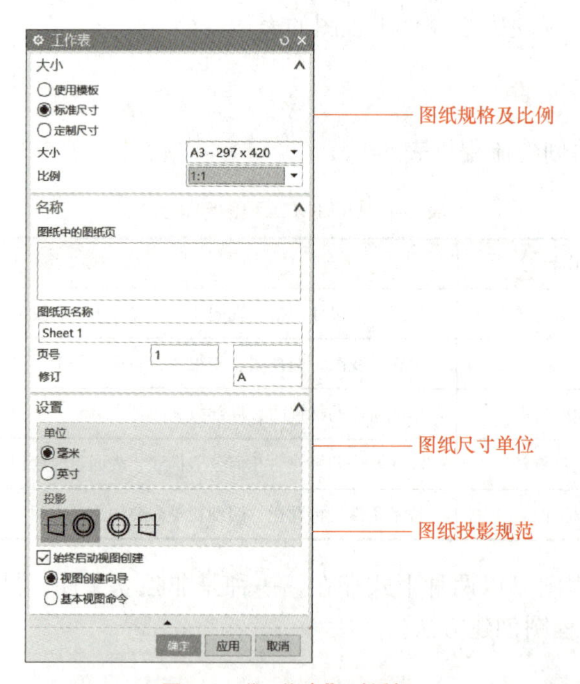

图 5-2 “工作表”对话框

1）图纸幅面：可以使用已有模板，也可以使用标准尺寸的空白模板，还可以使用自定义图幅尺寸的模板。

2）比例：决定投影视图时的默认缩放比例。

3）单位：标注尺寸时所显示的数字单位，可选“毫米”或“英寸”。

4）投影方式：目前常用的有第一角投影法和第三角投影法两种，我国机械制图规范采用的是第一角投影法。

设置好图纸参数后单击“确定”按钮，进入图纸界面，部件导航器中也会出现该图纸页，如图 5-3 所示。

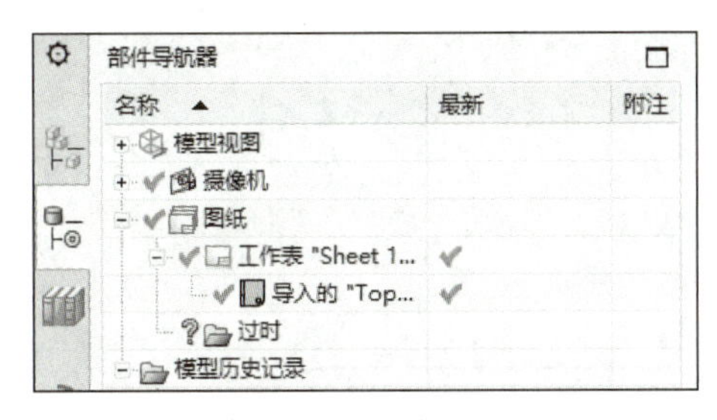

图 5-3　图纸页在部件导航器中的位置

2. 独立文件

工程图独立文件可以通过新建文件时选择“图纸”的方式来建立，如图 5-4 所示。在“过滤器”中选择“引用现有部件”，在“要创建图纸的部件”处单击“打开”按钮，按提示选择指定的三维模型文件，此处选择文件“5-1.prt”为引用文件；选择合适的图纸规格，此处选择“A3- 无视图”，软件自动以引用文件名和“dwg1”组合形成新文件名，单击“确定”按钮，完成工程图文件的创建，进入图纸界面。此时可以选择第一个零件视图，此处选择俯视图，结果如图 5-5 所示。

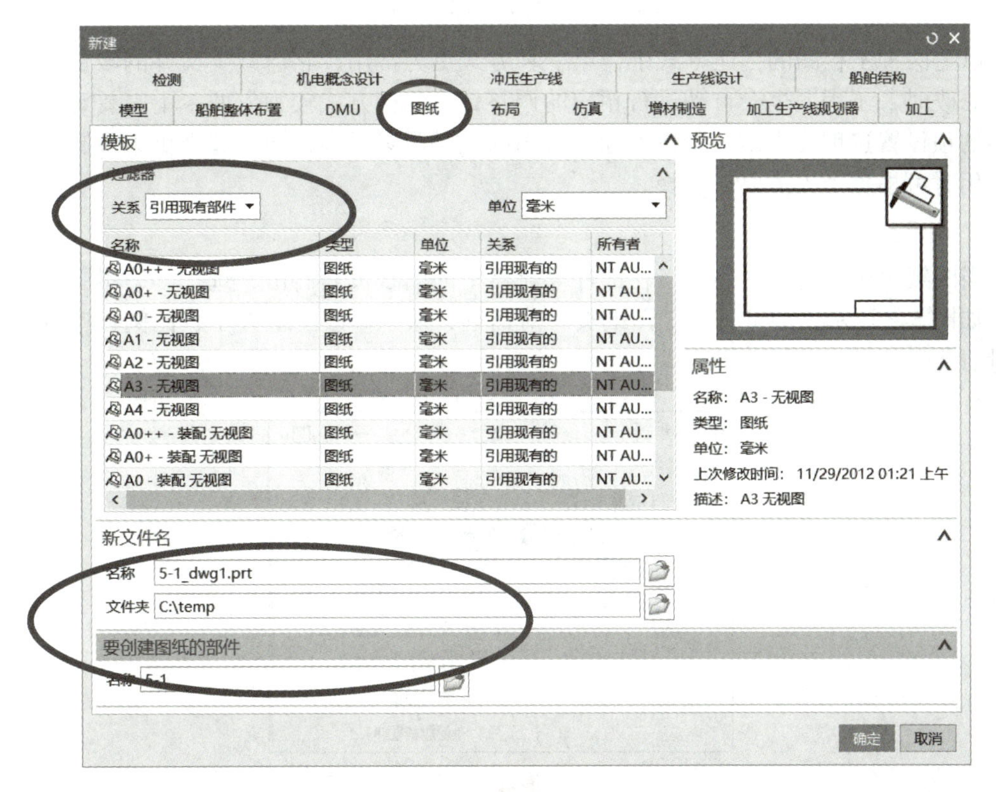

图 5-4　新建图纸文件

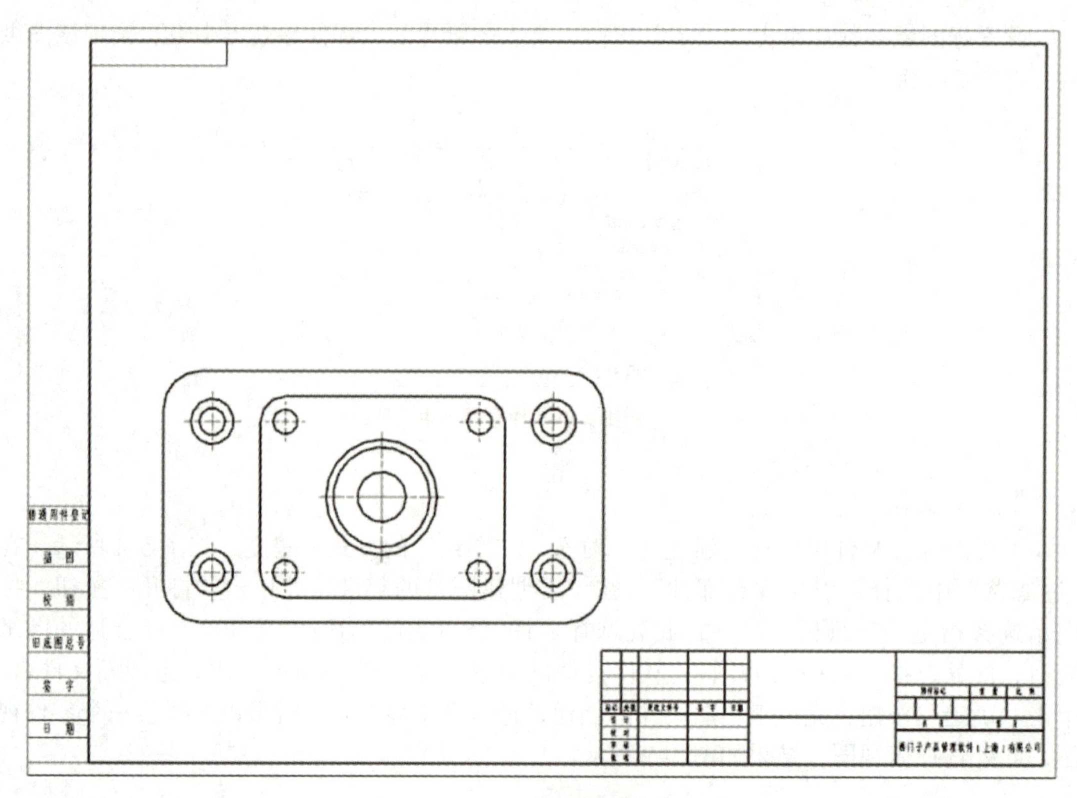

图 5-5 “A3- 无视图”图纸文件

以上两种工程图的创建方式中，第一种方式更为常用，它会减少文件的数量，当模型参数修改时，工程图也会自动进行相应的调整；第二种方式较为方便，不需要对图纸设置较多的预设置选项，投影、单位及标注采用的也是国家标准，使用起来更为快捷方便。实际使用时可根据个人需要来选择。

3. 编辑图纸页

当图纸页生成之后，还可以在部件导航器中的图纸页处右击，选择“编辑图纸页”命令，如图 5-6 所示，即可打开“图纸页”对话框，从中修改图纸大小、比例、单位等系统变量。

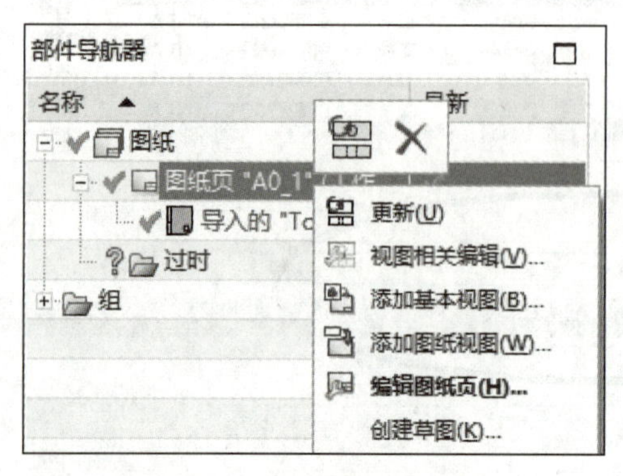

图 5-6 “编辑图纸页”命令

4. 制图首选项

在菜单中选择“首选项”→“制图”命令，系统弹出图 5-7 所示的“制图首选项”对话框，该对话框可以对所有制图对象和成员视图进行设置，其功能介绍如下。

1）设置视图和注释的版本。

2）设置成员视图的预览样式。

3）设置图纸页的页号及编号。

4）对视图的更新和边界、显示抽取边缘的面及加载组件进行设置。

5）保留注释的显示设置。

6）设置断开视图的断裂线。

通过首选项的设置，可以预设图纸生成的工作环境及默认参数，从而提高工作效率及质量。

注意：一般企业对工程图的格式规范要求都比较明确和严格，因此在创建工程图之前，要将首选项中的各个选项设定好。与工程图相关的首选项主要包括制图首选项、视图首选项和注释首选项。

图 5-7 “制图首选项”对话框

5.1.2

5.1.2 创建视图

完成图纸页创建后，要进行视图投影图纸布局的设置，制图模块下的“主页”选项卡中的命令如图 5-8 所示。

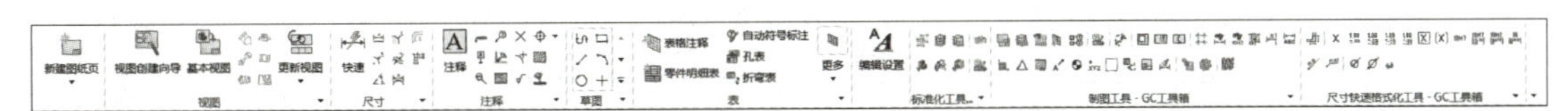

图 5-8 “主页”选项卡

1. 投影视图

进行视图投影时应首先观察三维模型，选择一个视图，单击“基本视图”按钮，打开“基本视图”对话框，如图 5-9 所示。选择所需的视图，摆放到合适的位置，此处选择俯视图，如图 5-10 所示。

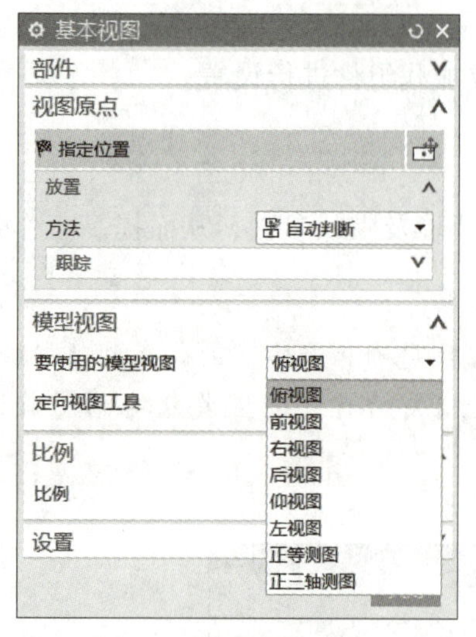

图 5-9 “基本视图”对话框

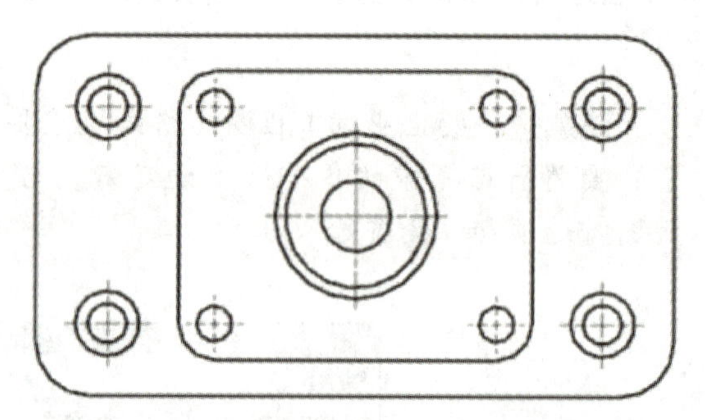

图 5-10 俯视图

基本视图包括 8 种：前视图（主视图）、俯视图、左视图、右视图、仰视图、后视图、正等测图和正三轴测图。

添加基本视图后，可以通过“投影视图”命令，根据已知视图来投影其他所需的视图，如图 5-11 所示。完成视图投影后，所有视图都会出现在部件导航器中，如果需要对视图进行编辑，选中视图后右击可添加视图或编辑视图，如图 5-12 所示。

添加视图可通过“主页”选项卡中的“视图”工具栏，也可通过选中已有视图右击添加所需视图。

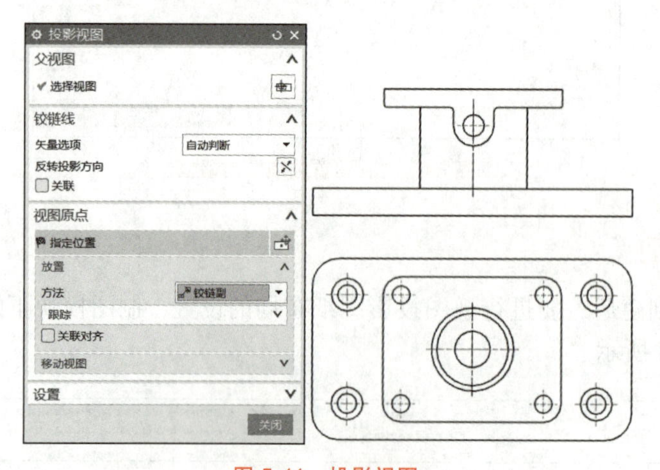

图 5-11 投影视图

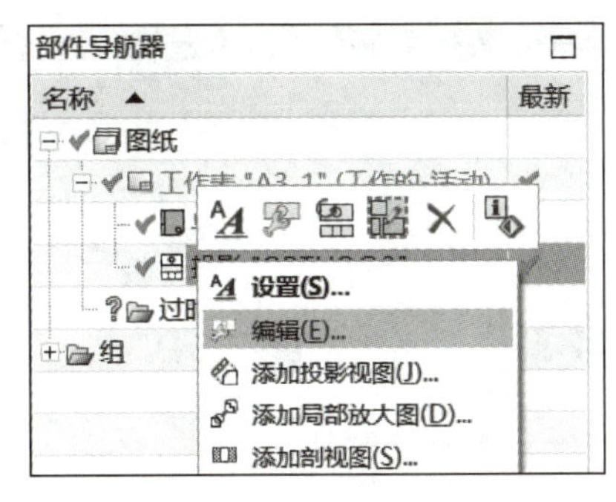

图 5-12　部件导航器

2. 制图首选项设置

当利用非独立文件创建工程图之前，最好先在“文件”→“实用工具”→“用户默认设置”处进行预设置。进入制图模块后，再单击“首选项”→“制图”按钮，弹出“制图首选项”对话框，如图 5-13 所示。在这里设置自己需要的制图样式，这样可以减少很多的视图编辑工作，提高工作效率。例如，在“常规 / 设置”选项处可以检查制图标准是否采用了现行国家标准，如图 5-13 所示；在“公共”选项下的“文字”处检查文字是否是自己需要的格式，还可以设置文字类型、文字大小、宽高比等参数，如图 5-14 所示；在“箭头”选项处检查箭头是否为国家标准所规定的实心箭头，如图 5-15 所示；在“视图”选项下“工作流程”中的“边界”选项组中的“显示”是否已取消勾选，如图 5-16 所示；“尺寸”选项下的“文本”参数是否设置成与图形匹配的参数，如文字类型、文字大小、宽高比等，如图 5-17 所示。如果不确定参数是否合适，可以先画视图，试标尺寸后再决定如何修改参数。

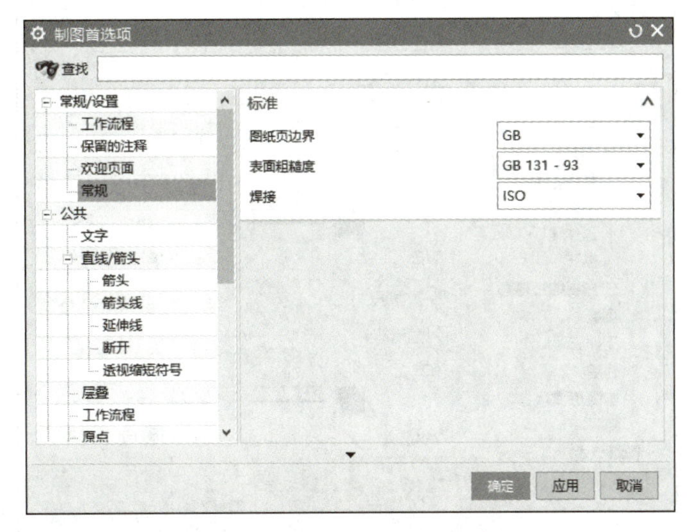

图 5-13　制图首选项常规面板

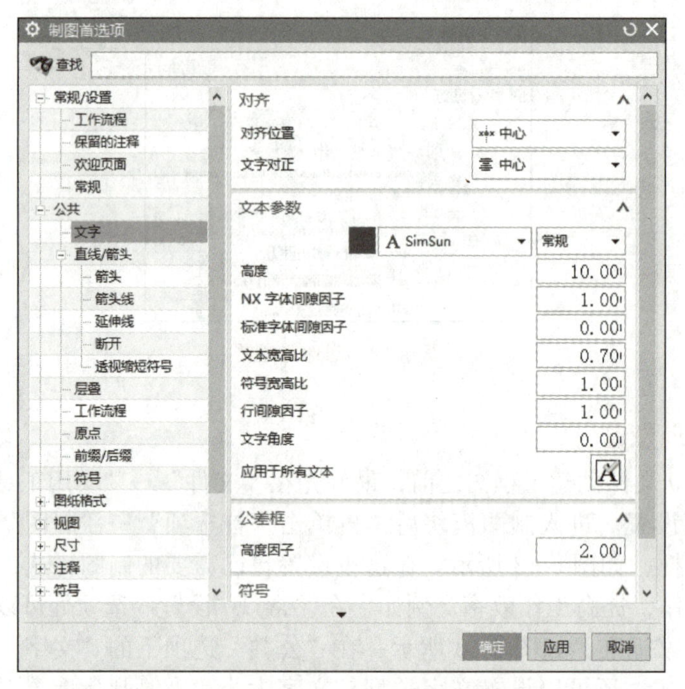

图 5-14　制图首选项公共部分文字面板

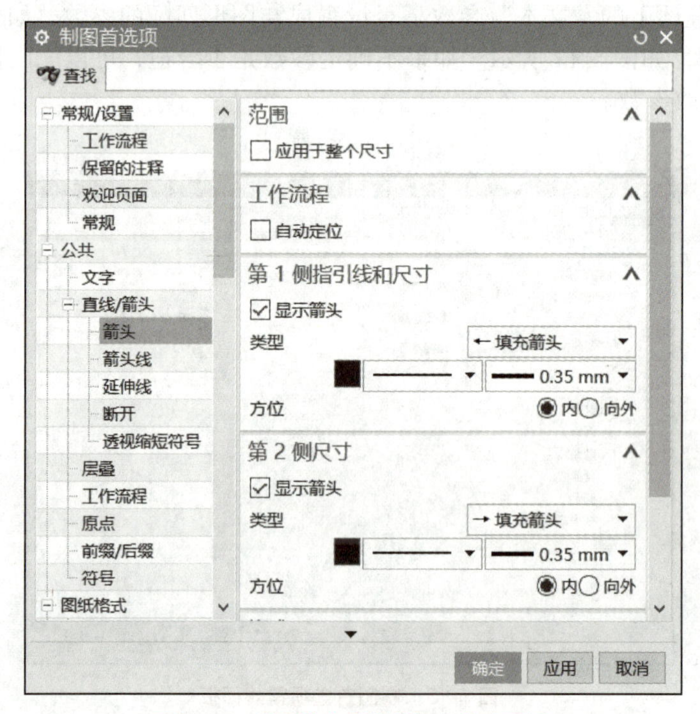

图 5-15　制图首选项公共部分箭头面板

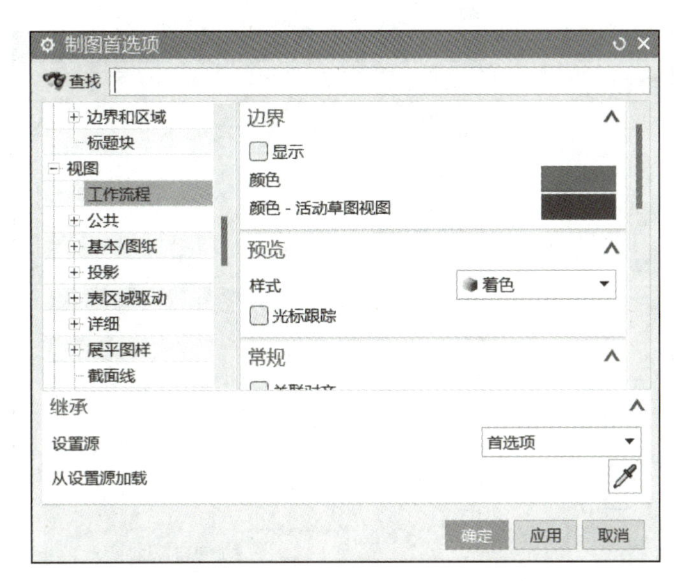

图 5-16　制图首选项视图工作流程面板

图 5-17　制图首选项尺寸文本面板

对于已经绘制完成的视图，如果对部分参数不满意，可以双击要修改的视图，弹出“设置”对话框，根据需要进行修改，如图 5-18 所示。

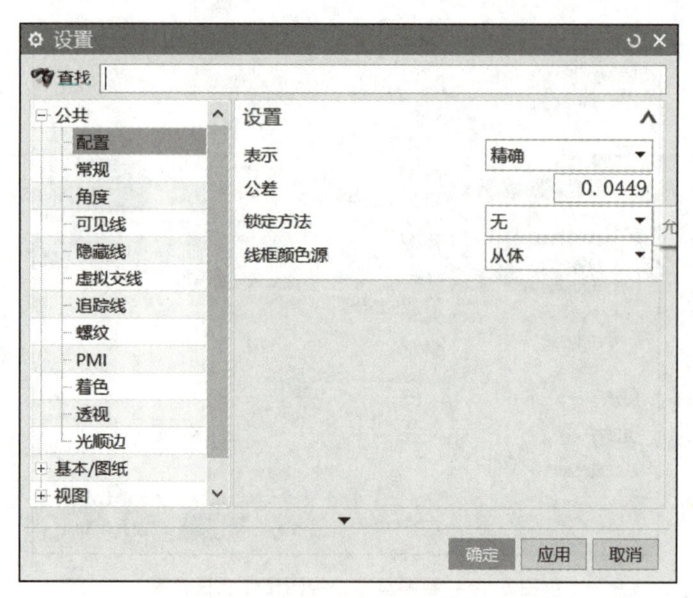

图 5-18 “设置”对话框

“设置”对话框中各选项的功能说明如下。

1）常规：用于设置视图的比例和轮廓线显示方式。

2）角度：用于设置角度格式。

3）可见线：用于设置视图中可见线的颜色、线型和粗细。

4）隐藏线：用于设置视图中隐藏线的显示方法。其中的相关选项可以控制隐藏线的显示类别、显示线型和粗细等。

5）虚拟交线：用于显示假想的相交曲线。

6）追踪线：用于修改可见跟踪线和隐藏跟踪线的颜色、线型和深度，或修改可见跟踪线的缝隙大小。

7）螺纹：用于设置视图中内、外螺纹的最小螺距。

8）PMI：用于设置是否在工程图中显示 PMI，一般不显示。

9）着色：用于渲染样式的设置。

10）光顺边：用于控制光顺边的显示，可以设置光顺边缘是否显示以及设置其颜色、线型和粗细。

11）基本 / 图纸：用于设置基本视图是否继承视图边界，是否显示视图标签和视图比例等。

3. 补充、细化视图

为了能够完整、准确地表达模型的结构，只用几个投影视图有时是不够的，还需要创建一些剖视图来表达产品内部的情况；有时还需要一些局部放大图来详细表达产品细节处的形状和尺寸。因此，在完成主视图的投影后，就要根据需要来生成剖视图和局部放大图，如图 5-19 所示。

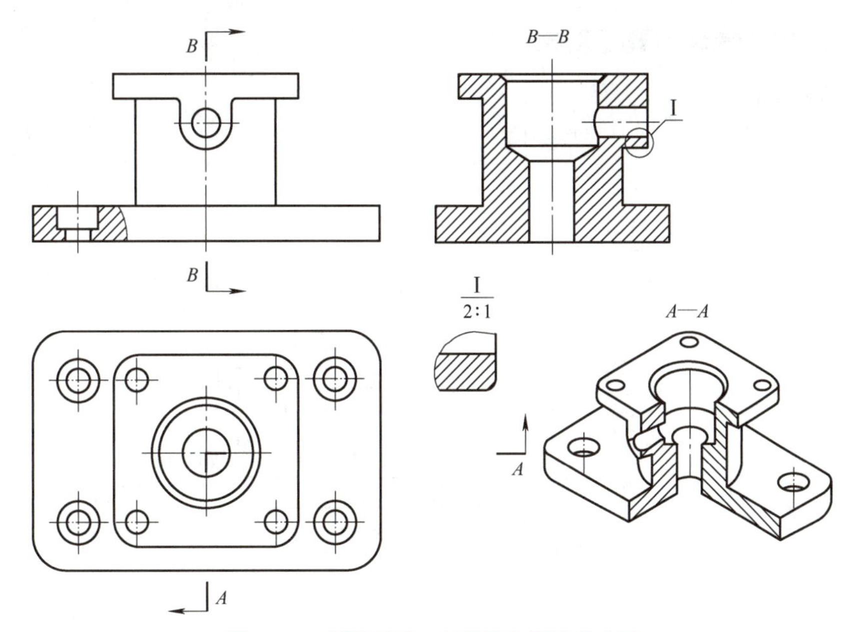

图 5-19　投影视图、剖视图和局部放大图

除了基本视图以外，其他主要视图命令包括投影视图、局部放大图、剖视图、局部剖视图、断开视图等，如图 5-20 所示，具体操作请扫描二维码观看视频或在后续任务介绍中查看。

图 5-20　“视图”工具栏

4. 尺寸标注

完成视图投影后，就要对视图进行尺寸和精度的相关标注，主要包括尺寸及公差的标注、几何公差的标注、表面粗糙度及其他加工符号的标注。

（1）尺寸及公差的标注　尺寸标注包括各种线性、直径等各类尺寸的标注，同时还可以标注尺寸公差，如图 5-21 所示。

图 5-21　“尺寸”工具栏

（2）几何公差的标注　几何公差包括直线度、平面度、同轴度等。单击“注释”工具栏中的“特征控制框”按钮，即可打开“特征控制框”对话框，如图 5-22 所示。

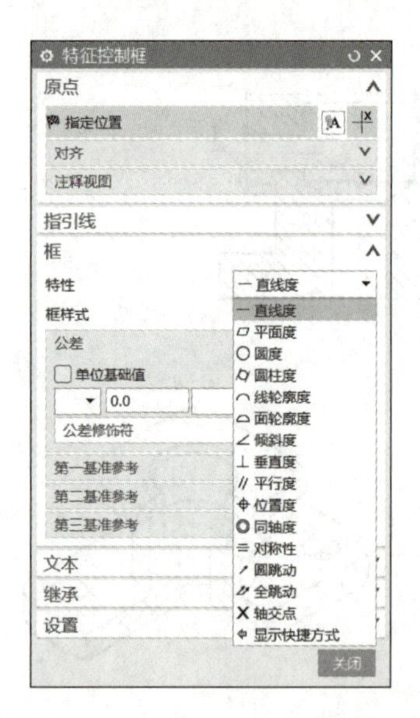

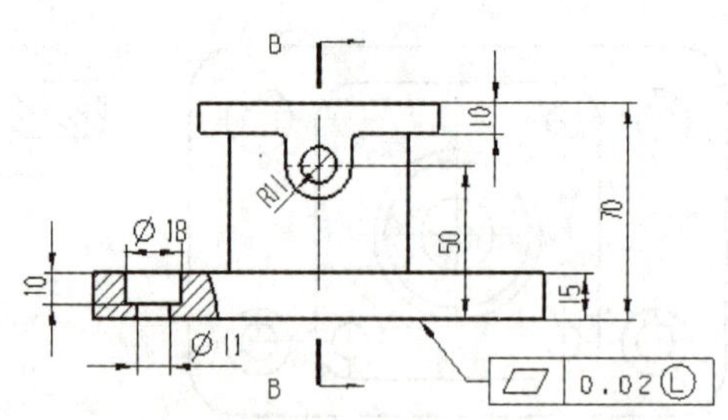

图 5-22 “特征控制框”对话框

设定好精度类型、精度要求及参考基准后，单击需要标注的线段，不松开鼠标左键进行拖拽，即出现指引线，这时可以松开鼠标左键，将符号框放置到合适的位置即可。

（3）表面粗糙度及其他加工符号的标注 单击“注释”工具栏中的“表面粗糙度符号”按钮，即可打开“表面粗糙度”对话框，如图 5-23 所示。选择所需的符号，并输入表面粗糙度数值后，选择需要标注的表面，即可完成表面粗糙度的标注。

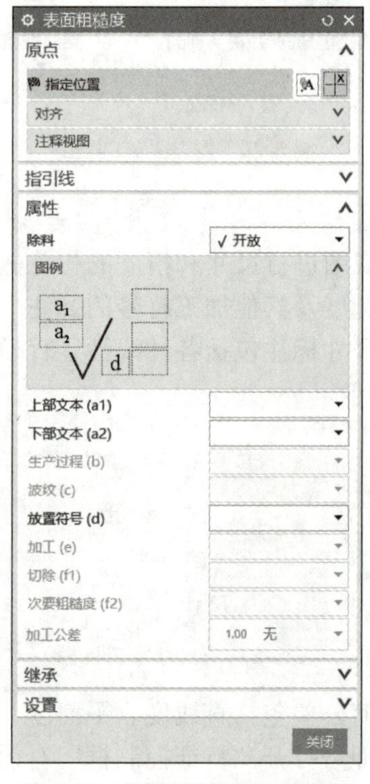

图 5-23 “表面粗糙度”对话框

除了表面粗糙度符号以外，“注释”工具栏中还包括其他常用符号，如焊接符号、基准特征符号、标识符号和中心标记等。

（4）标注首选项的设定　在菜单中选择“首选项”→“制图”命令，系统弹出图 5-24 所示的“制图首选项”对话框。在标注尺寸之前，需要将各项参数按照制图规范进行设置。前面在“制图首选项”对话框已初步设置参数的，此处只需要根据图样进行适量修改即可。

图 5-24　标注格式设置

尺寸：用于设置箭头和直线格式、放置类型、公差和精度格式、尺寸文本角度和延长线的尺寸关系等参数。

文字：位于“公共”节点下，用于设置文字对齐方式和文本参数。

直线 / 箭头：位于“公共”节点下，用于设置应用于指引线、箭头、尺寸的延伸线和其他注释的相关参数。

层叠：位于“公共”节点下，用于设置注释的对齐方式。

符号：位于“公共”节点下，用于设置“标识”“用户定义”“中线”和“几何公差”等符号的参数。

标题块：位于“图纸格式”节点下，用于设置标题块对齐位置。

单位：用于设置各种尺寸显示的参数，如长度单位、角度尺寸显示形式。

径向：用于设置带折线半径尺寸的角度。

坐标：用于设置坐标的相关参数。

填充 / 剖面线：用于设置剖面线和区域填充的相关参数。

零件明细表：用于设置零件明细表的参数，以便为现有的零件明细表对象设置形式。

单元格：用于设置所选单元的各种参数。

适合方法：用于设置表中公共单元格适合方法的样式。

截面：用于设置表格格式。

表格注释：用于设置表格中的注释参数。

任务 2　零件图绘制——底座零件图绘制

❖ 学习目的

1. 学会使用 UG NX 制图模块创建零件图中的各类视图。
2. 学会使用 UG NX 制图模块完成零件图中的尺寸标注。

❖ 学习重点

使用 UG NX 制图模块学习工程图设置及常见视图的创建。

❖ 学习难点

使用 UG NX 制图模块学习局部视图、剖视图等视图的创建及零件图中尺寸的标注。

根据提供的配套文件“5-1.prt”，完成图 5-25 所示底座零件图的绘制。

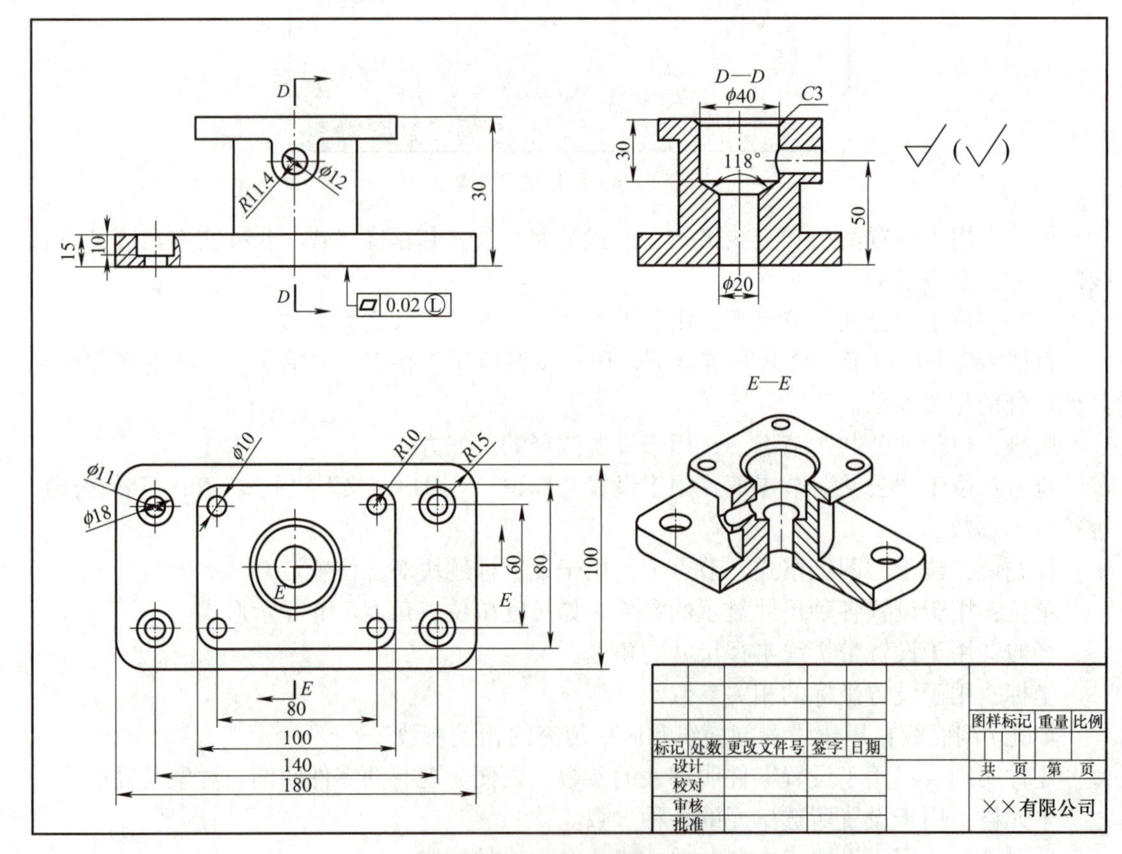

图 5-25　底座零件图

1. 任务分析

底座零件图由 4 个视图组成：前视图（主视图）、俯视图、左视图和轴测图。工程图中尺寸标注用到了线性标注、直径标注、半径标注和几何公差标注。

通过底座零件图的绘制，主要掌握的命令有“基本视图”“投影视图”“剖视图”“半剖视图”“尺寸标注”。

2. 任务实施

5.2

（1）创建图纸页　在 UG NX 中打开“5–1.prt”文件，单击“应用模块”→“制图”按钮，启动“制图”模块，进入制图界面。

单击“新建图纸页”按钮，系统弹出“工作表”对话框，按照图 5-26 所示设置对话框中的参数，图纸大小为 A3 标准尺寸，比例为 1∶1，单位为毫米，投影为第一角画法，然后单击“确定”按钮。

图框设置：单击“主页”选项卡中“制图工具 –GC 工具箱”中的“替换模板”按钮，系统弹出“工程图模板替换”对话框，如图 5-27 所示。选中要替换的图纸页，选择“A3–”图框模板，单击“确定”按钮，生成 A3 标准图框模板，如图 5-28 所示。

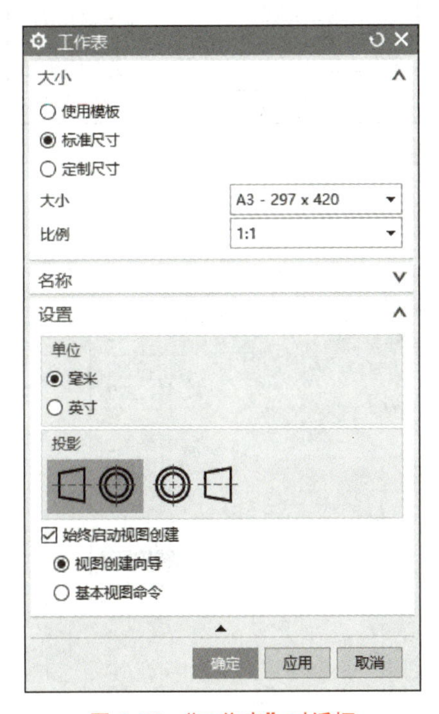

图 5-26 “工作表”对话框

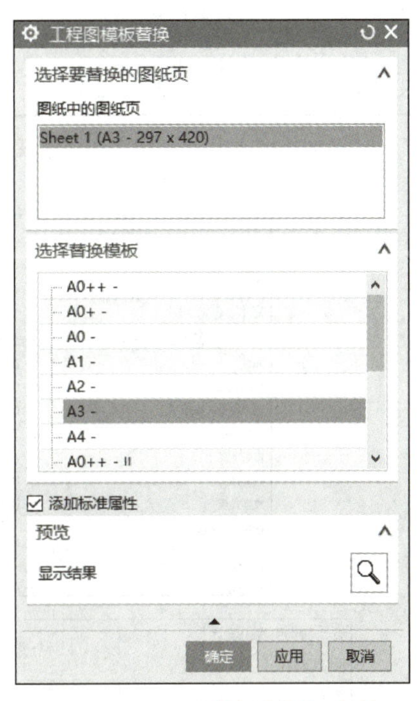

图 5-27 “工程图模板替换”对话框

（2）设置制图首选项　依次选择“菜单”→“首选项”→“制图”命令，在弹出的“制图首选项”对话框中设置合适的参数。根据图框大小重点设置“公共”选项下面的“文字”“箭头”参数，“注释”选项下面的“剖面线 / 区域填充”参数，取消勾选“视图”下面的“工作流程”中“边界”选项组中的“显示”选项，本任务参数参考设置如图 5-29 所示。

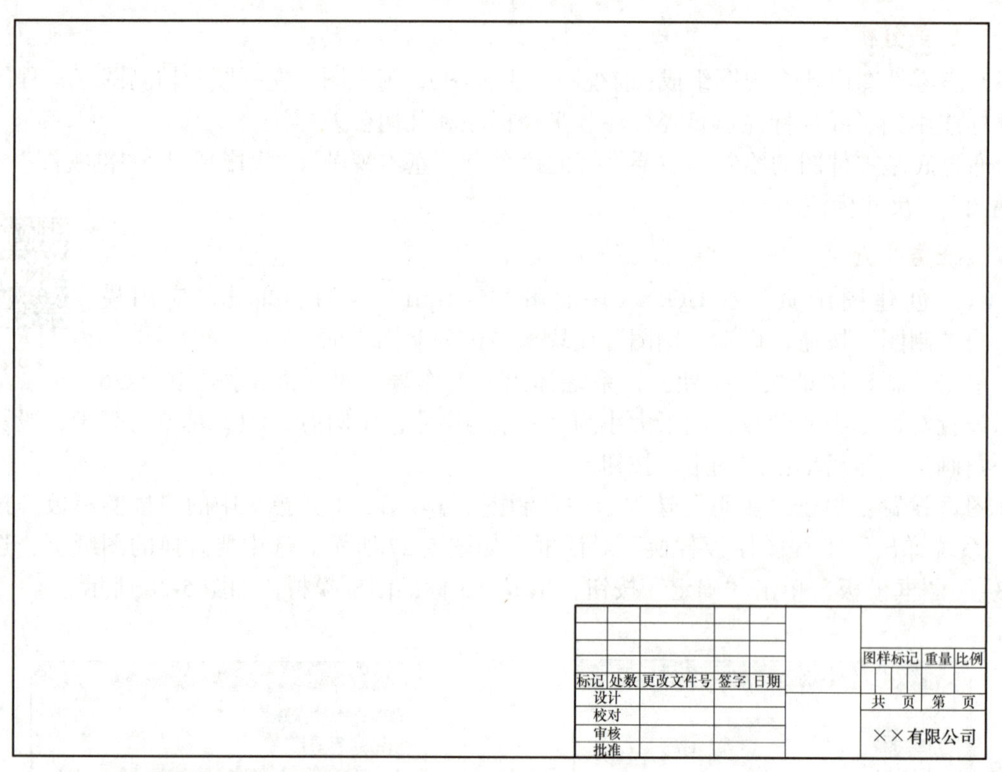

图 5-28 替换模板

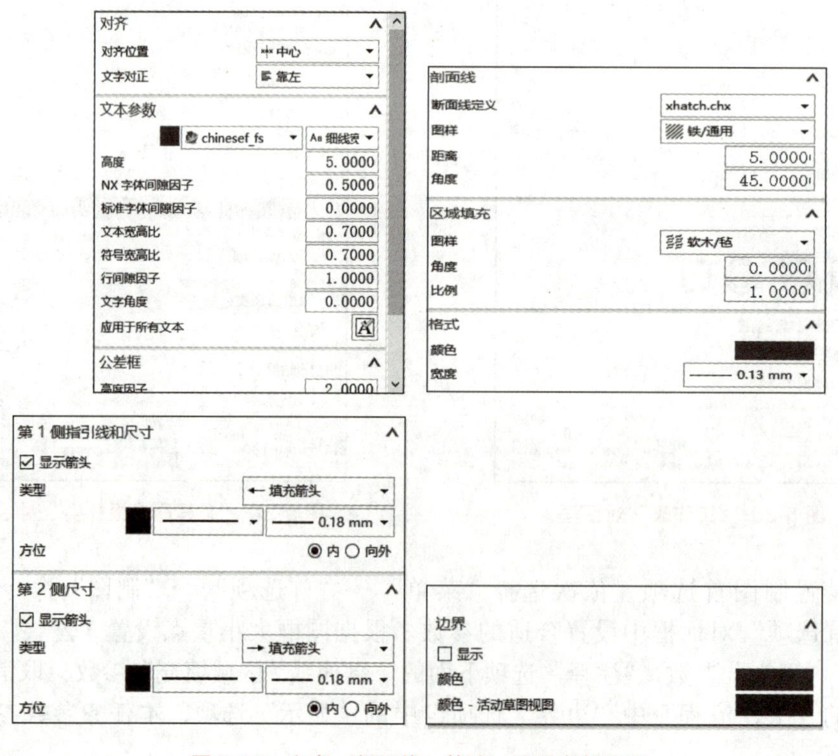

图 5-29 文字、剖面线、箭头、边界参数设置

（3）视图投影　单击“基本视图”按钮，弹出“基本视图”对话框。设置“模型视图”为“前视图”，“比例”为“1∶1”，选择合适的位置放置前视图，如图 5-30 所示。

单击“投影视图”按钮，以前视图为父视图，投影俯视图，如图 5-31 所示。

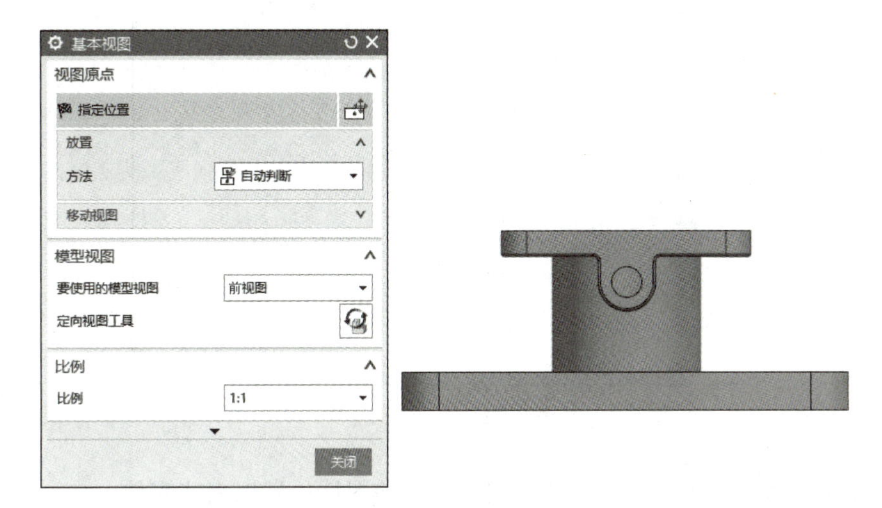

图 5-30　插入前视图

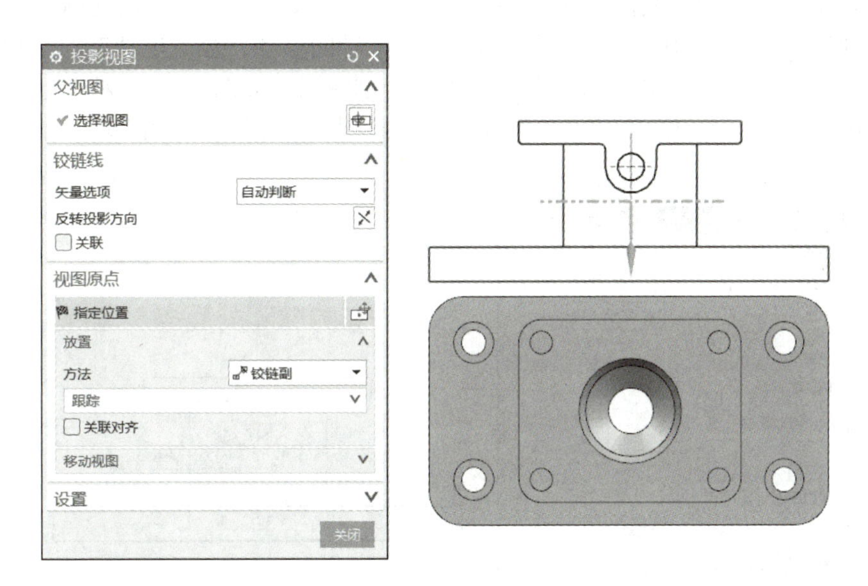

图 5-31　投影俯视图

投影后观察，发现视图在 A3 图框里占的空间比较大，留给标注尺寸的空间不够，因此需要缩小视图比例。在“部件导航器”中同时选中创建的两个视图并右击，选择“设置”命令，在弹出的“设置”对话框中选择“公共”→“常规”选项，将比例改为“1∶1.5”，单击“确定”按钮，如图 5-32 所示。两个视图即同时被缩小。

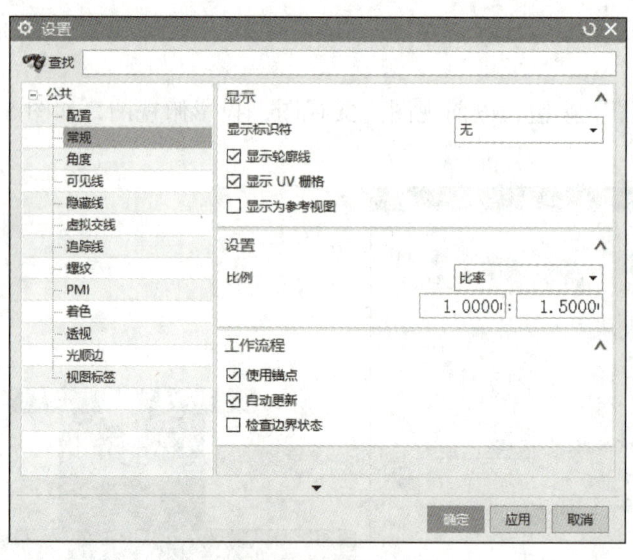

图 5-32　修改视图比例

（4）补充、细化视图　补充、细化视图能够使图样更好地表达零件。

1）创建全剖视图。单击“剖视图”按钮，系统弹出“剖视图”对话框。选择前（主）视图为创建全剖视图的父视图，选取图 5-33 所示的半圆，系统自动捕捉圆心位置，此圆心处即为剖切位置。剖切位置确定后，随着鼠标指针的移动，会出现动态的剖切方向，在主视图右侧合适的位置单击鼠标左键，即出现全剖视图，如图 5-34 所示。剖视图上方和其父视图中会自动出相应的剖切符号和编号，以此剖视图作为左视图。

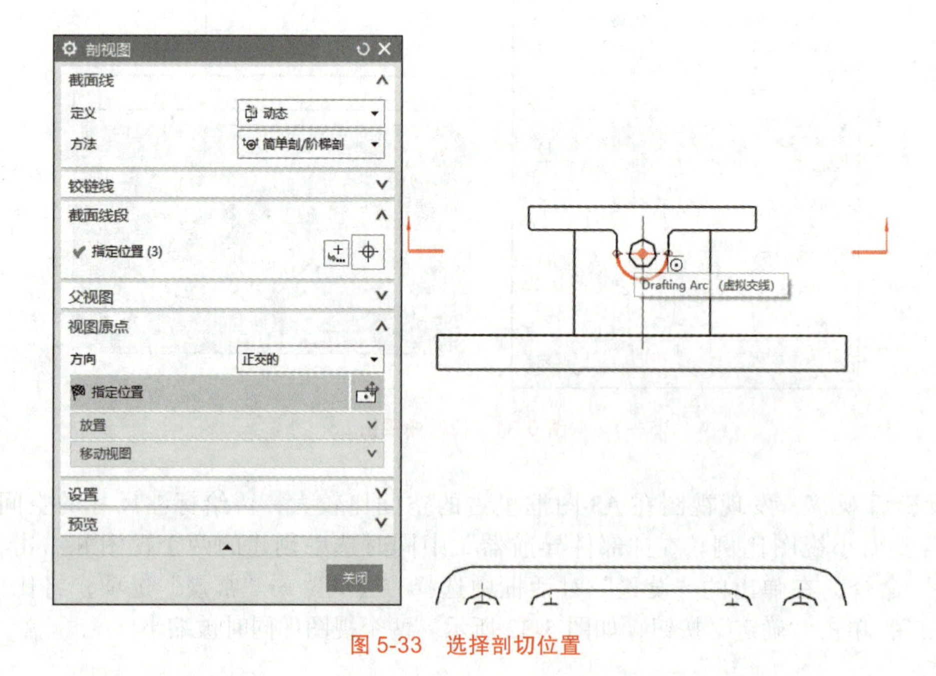

图 5-33　选择剖切位置

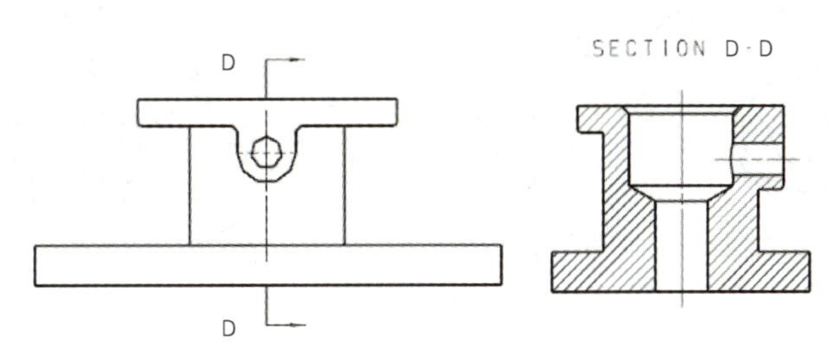

图 5-34　全剖视图

2）创建正等测图。单击“视图”工具栏中的“基本视图”按钮，在弹出的“基本视图”对话框中选择“正等测图”为模型视图，在“比例”下拉列表中选择“1∶2”选项，选择合适的正等测图放置位置并单击鼠标左键，单击鼠标滚轮完成视图的创建，结果如图 5-35 所示。

3）创建半剖视图。单击“视图”工具栏中的“剖视图”按钮，弹出“剖视图”对话框，如图 5-36 所示。在“方法”下拉菜单中选择“半剖”，选择俯视图为父视图，根据系统提示选择图 5-37 所示圆心和上边线中点，将“铰链线”中的“矢量选项”设为“已定义”，指定为“–XC”方向，将“视图原点”中的“方向”设为“剖切现有的”，选择已有的正等测图，结果如图 5-38 所示。

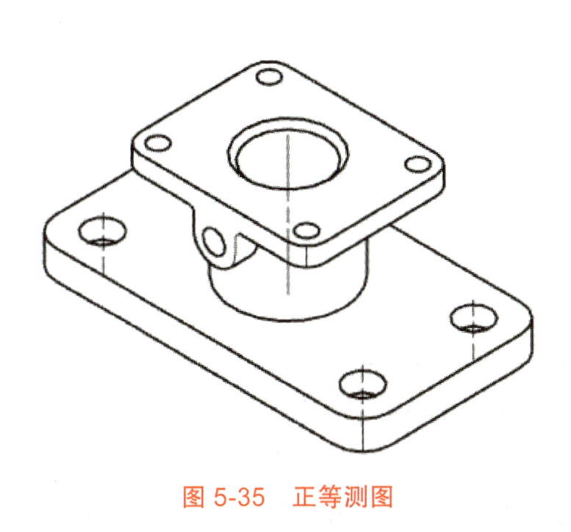

图 5-35　正等测图

图 5-36　“剖视图”对话框

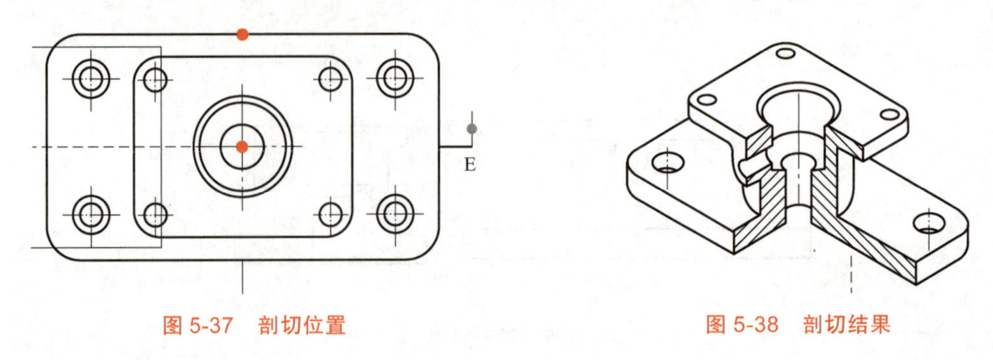

图 5-37　剖切位置　　　　图 5-38　剖切结果

4）创建局部视图。将鼠标指针移到要进行局部剖视图的区域并右击，选择“活动草图视图”命令，如图 5-39 所示。单击“艺术样条”按钮，在主视图需要局部剖的位置绘制样条曲线，单击“完成草图”按钮，如图 5-40 所示。

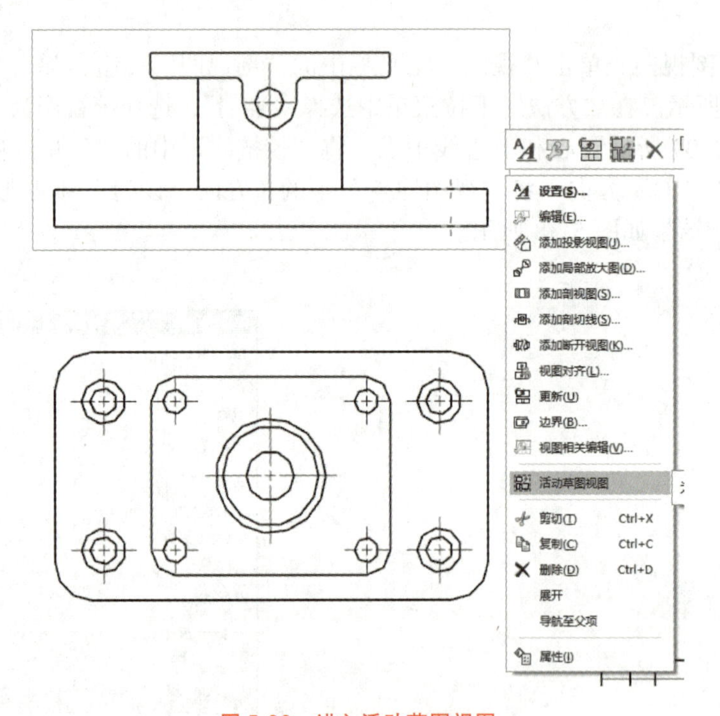

图 5-39　进入活动草图视图

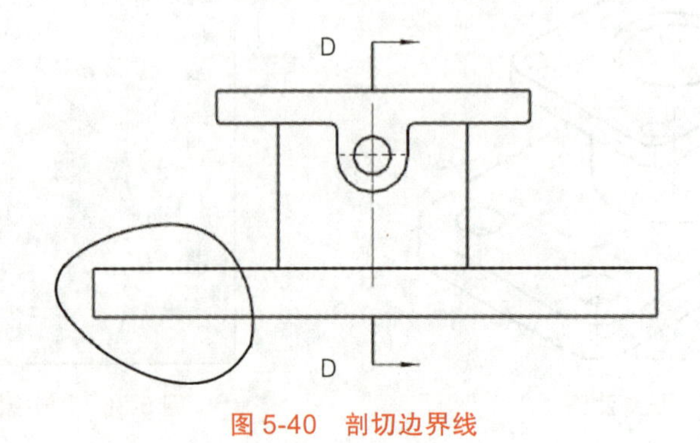

图 5-40　剖切边界线

单击“局部剖”按钮▣，弹出“局部剖”对话框，如图 5-41 所示。选择主视图为要剖切的视图，然后选择剖切基点。注意剖切基点是俯视图中的圆心，默认剖切矢量方向，如图 5-42 所示。

单击鼠标滚轮或选择“局部剖”对话框中的“选择曲线”选项▣，如图 5-43 所示，选择绘制的样条曲线，单击“应用”按钮，即完成局部剖切，如图 5-44 所示。

图 5-41　“局部剖”对话框

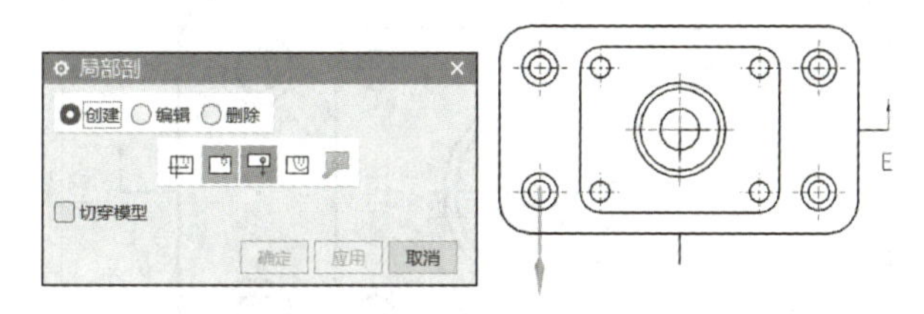

图 5-42　设置剖切基点及矢量方向

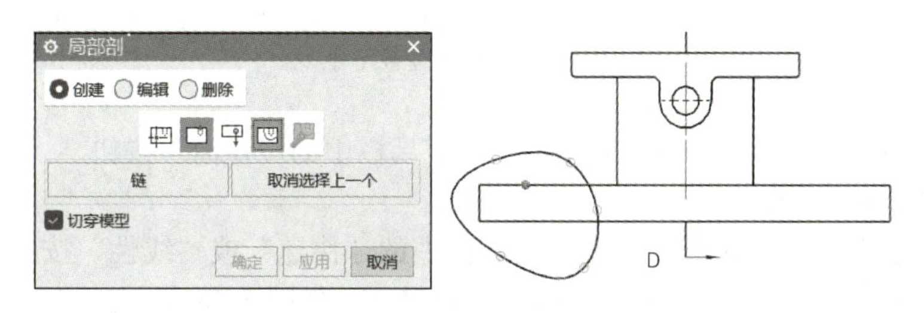

图 5-43　选择剖切曲线

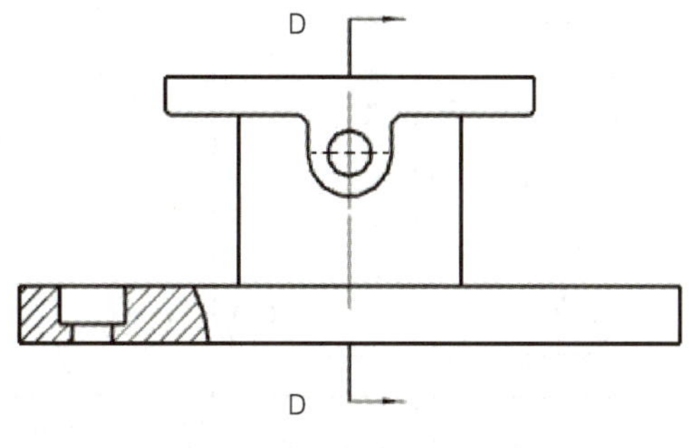

图 5-44　剖切结果

（5）尺寸标注

1）先标注线性尺寸。单击“尺寸”工具栏中的“线性”按钮 ，选取图 5-45 中左右最外侧两条边界，在视图合适的位置单击放置水平尺寸；选取图 5-46 中上下最外侧两条边界，在视图合适的位置单击放置竖直尺寸。

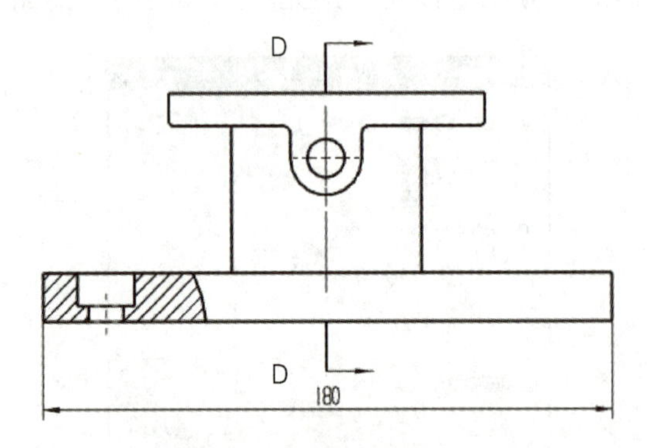

图 5-45 标注水平尺寸

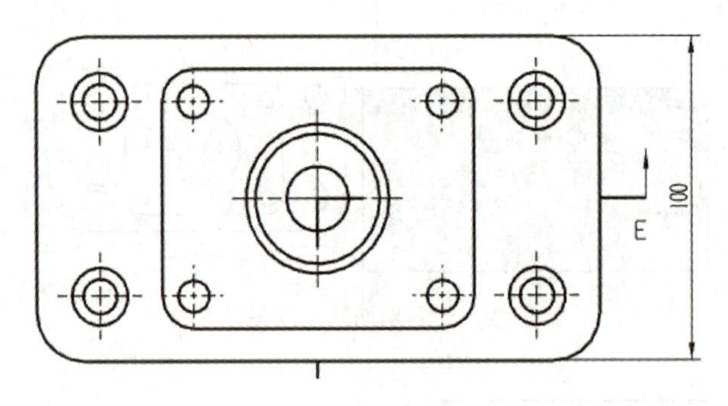

图 5-46 标注竖直尺寸

2）标注直径和半径尺寸。单击“尺寸”工具栏中的“径向”按钮 ，标注直径和半径尺寸，如图 5-47 所示。

3）标注孔径尺寸。单击“尺寸”工具栏中的“快速”或“线性”按钮，将“测量”选项组中的“方法”设为“圆柱式”，标注孔径尺寸，如图 5-48 所示。

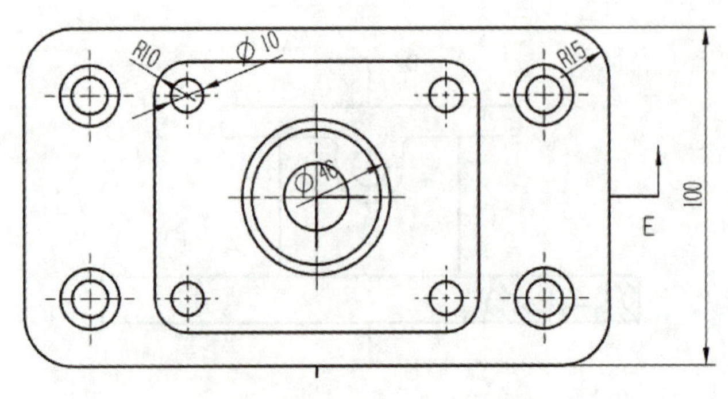

图 5-47 标注直径和半径尺寸

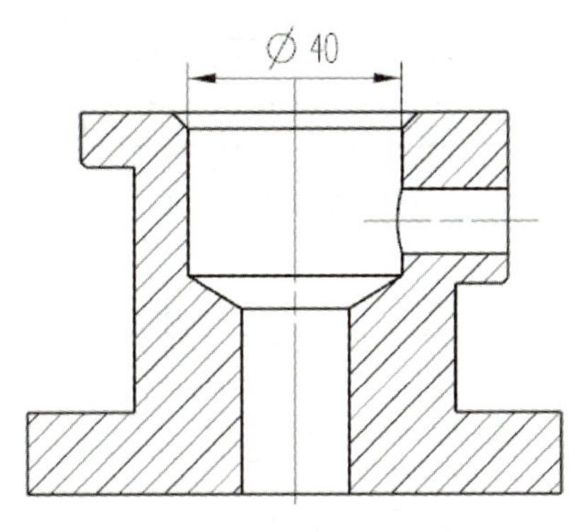

图 5-48　标注孔径尺寸

4）标注几何公差。在“注释”工具栏中单击“特征控制框”按钮，如图 5-49 所示，弹出“特征控制框”对话框，按照图 5-50 所示设置参数。此时，在视图中出现平面度公差框，选择主视图底面边线，按住鼠标左键拉出引线，然后放到合适的位置，完成平面度公差标注，如图 5-51 所示。

图 5-49　“注释”工具栏

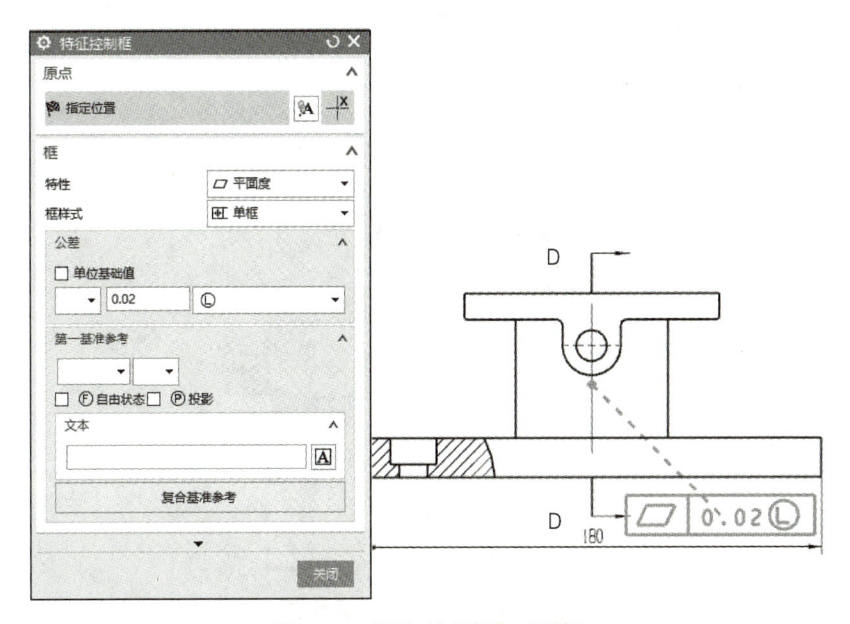

图 5-50　“特征控制框”对话框

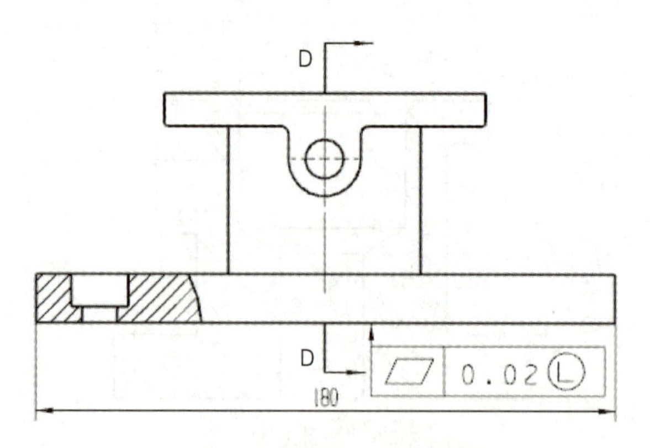

图 5-51　平面度公差标注结果

5）标注尺寸公差。双击需要标注尺寸公差的尺寸，弹出图 5-52 所示对话框。选择所需的尺寸公差类型，按照图 5-52 所示设置参数，选择“等双向公差”，然后选择公差位数，输入公差数值，如图 5-53 所示，单击“关闭”按钮，完成尺寸公差标注。

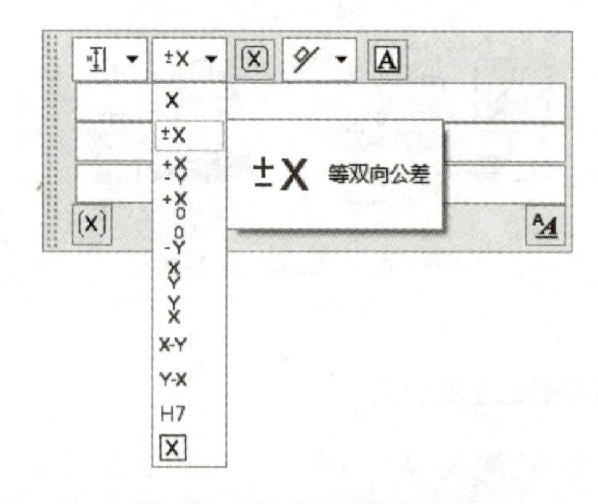

图 5-52　修改尺寸公差类型

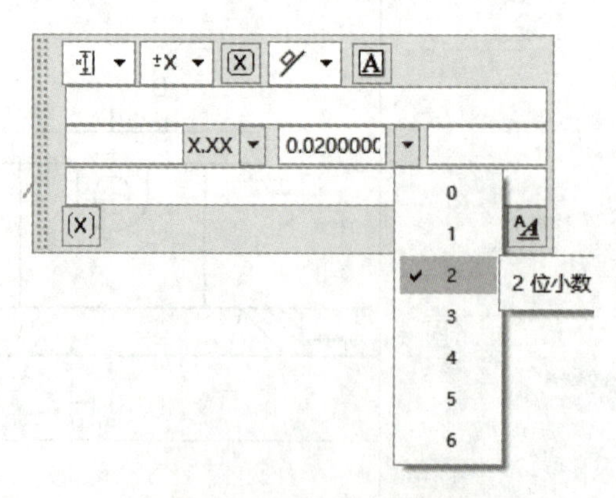

图 5-53　修改尺寸公差数值

参照上述方法标注其他尺寸，所有尺寸标注后的结果如图 5-25 所示。

3. 任务小结与拓展

5.2 拓展

本任务以绘制底座零件图为例，综合应用基本视图、投影视图、全剖视图及半剖视图完成了 4 个视图的创建，并利用尺寸标注工具及注释工具完成了尺寸标注。

请完成相应的任务巩固与拓展，完成图 5-54 所示传动轴零件图的绘制。

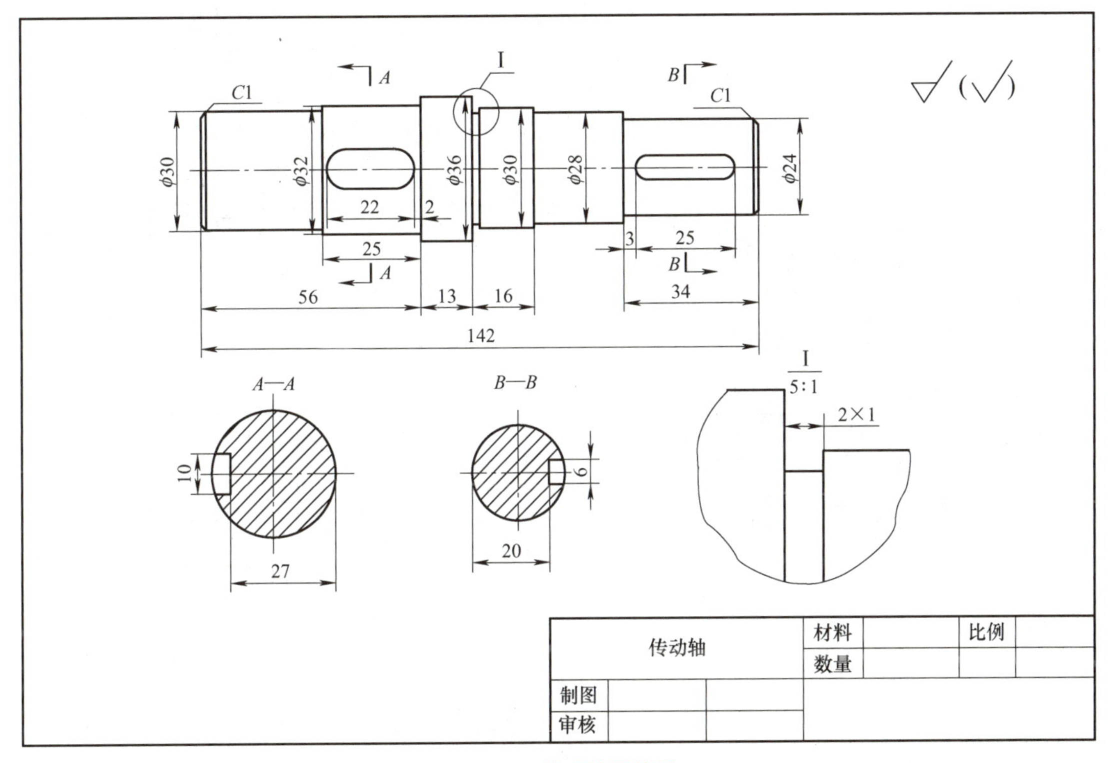

图 5-54　传动轴零件图

任务 3　装配体工程图绘制——注塑模具装配图绘制

❖ 学习目的

1. 学会使用 UG NX 制图模块创建装配体工程图中的各类视图。
2. 学会使用 UG NX 制图模块完成装配体明细栏的绘制。

❖ 学习重点

使用 UG NX 制图模块学习装配体视图的修改和优化，标注零件序号及绘制明细栏。

❖ 学习难点

使用 UG NX 制图模块学习装配体视图的修改和优化。

根据本书的配套文件“5–2.prt”，完成图 5-55 所示注塑模具装配图的绘制。

技术要求

1. 装配时要以分型面较平整的或者不易整修的一侧作为基准。
2. 动定模水平分型面要进行研合。
3. 导柱和导套要保持一定的配合，并且对定模的垂直度要好。
4. 装拆模具时要注意各零部件的位置，必要时要有一定的配位标志。
5. 零件在装配前必须清理，不得有毛刺、飞边、氧化皮、锈蚀、切削、灰尘、油污和着色剂等。
6. 同一零件用多个螺钉紧固时，各螺钉需交叉、对称、逐步均匀对称拧紧。
7. 各密封件装配前必须浸透油。
8. 进入装配的零件及部件，均必须具有检验部门的合格证方能进行装置。
9. 装配后进行试模验收，脱模机构不得有干涉现象。

序号	零件名称	数量	材料	备注
26	内六角螺钉	4	SCM435	M8×35
25	斜顶	1	模具钢	
24	弹簧	4	65M	
23	支承柱	4	Q235	
22	推杆	8	45	
21	拉斜杆	1	T10A	
20	导套	4	20#	
19	导柱	4	GCr15	
18	浇口套	1	合金钢	
17	定位圈	1	合金钢	
16	内六角螺钉	4	SCM435	M6×20
15	内六角螺钉	4	SCM435	M8×25
14	定模座板	1	45#	
13	定模板	1	45#	
12	斜楔	1	45#	
11	滑块	1	45#	
10	侧抽芯固定块	1	45#	
9	型腔	1	P20	
8	侧抽芯	1	110A	
7	型芯	1	P20	
6	动模板	1	45#	
5	垫块	2	45#	
4	推杆固定板	1	45#	
3	推板	1	45#	
2	内六角螺钉	4	SCM435	M14×120
1	动模座板	1	45#	

标记	处数	更改文件号	签字	日期	塑料壳注塑模具装配图	图样标记	重量	比例
设计						共 页	第 页	
校对						××有限公司		
审核								
批准								

图 5-55　注塑模具装配图

1. 任务分析

本任务以注塑模具装配图为工程图绘制对象，装配图绘制要求与零件图不同，不需要表达零件细节尺寸，主要表达的内容包括必要的视图、部件最大轮廓尺寸、零件标号、配合关系、零件清单等。

通过该实例的绘制，除了前述视图命令外，还需要掌握的命令有“注释”“表格注释”“剖面线修改”“符号标注”等。

2. 任务实施

5.3（一）

（1）创建图纸页　图 5-55 所示装配图，主视图、左视图均采用全剖视图。在“应用模块”选项卡中单击“制图”按钮，进入制图模块，单击“新建图纸页”按钮，打开“工作表”对话框，选择“使用模板”，模板为“A0- 无视图”，其他选项按默认设置，单击“确定”按钮，完成图纸页创建。

（2）设置制图首选项　依次选择“菜单”→“首选项”→“制图”命令，在弹出的“制图首选项”对话框中设置合适的参数。重点设置“公共”选项下面的“文字”“箭头”参数、“注释”选项下面的“剖面线 / 区域填充”参数，本任务参数设置参考图 5-56 ～图 5-58 所示对话框。

（3）创建视图

1）创建俯视图。单击“基本视图”按钮，选择俯视图，设置比例为 1 : 1，将视图放置到适当的位置，如图 5-59 所示。

图 5-56　“文字”参数设置

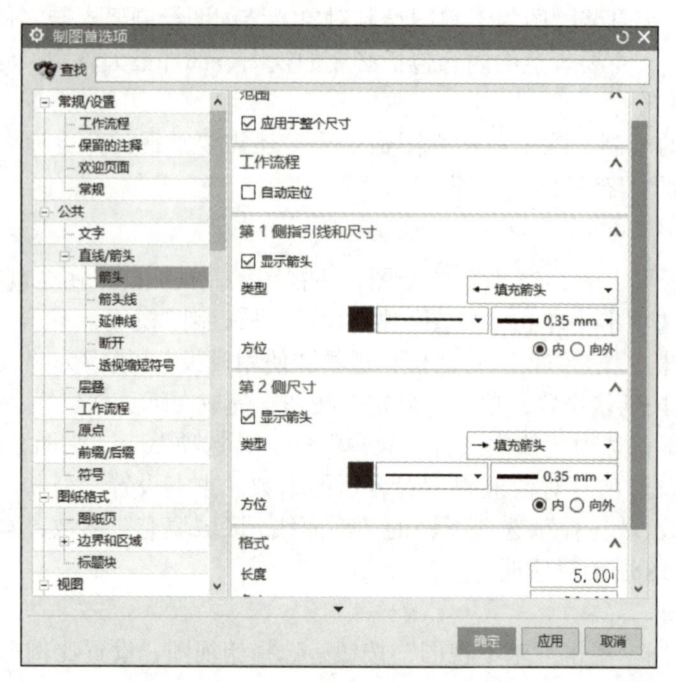

图 5-57 “箭头”参数设置

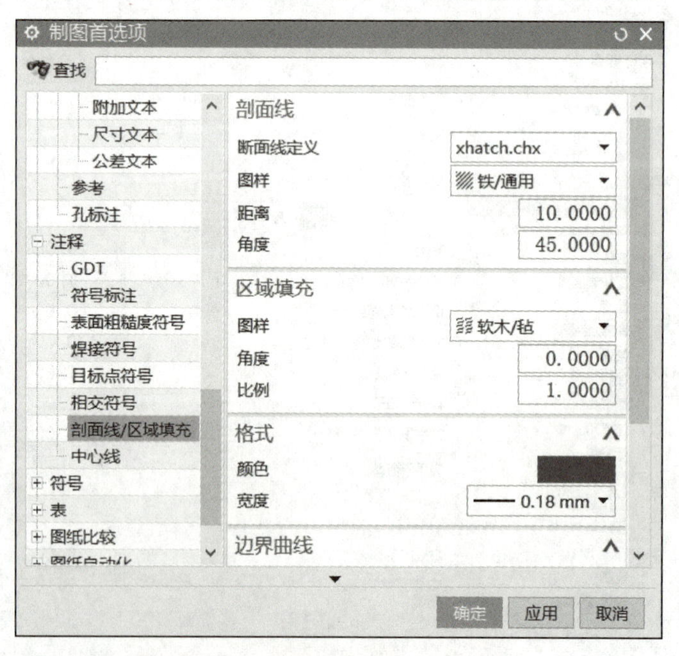

图 5-58 “剖面线 / 区域填充”参数设置

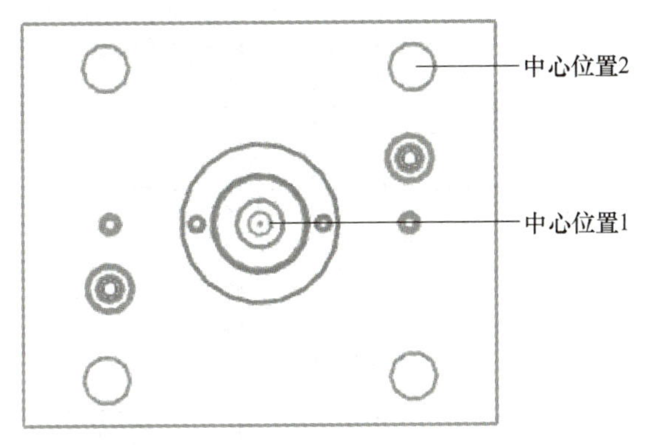

图 5-59　俯视图

2）创建主视图。单击“剖视图”按钮，在弹出的“剖视图”对话框中选择简单剖/阶梯剖，选择图 5-59 所示中心位置 1；单击“截面线段”选项组中的“指定位置”添加一个截面线段，选择图 5-59 所示中心位置 2，单击“视图原点”选项组中的“指定位置”，将主视图放置在合适的位置并单击，得到图 5-60 所示主视图。

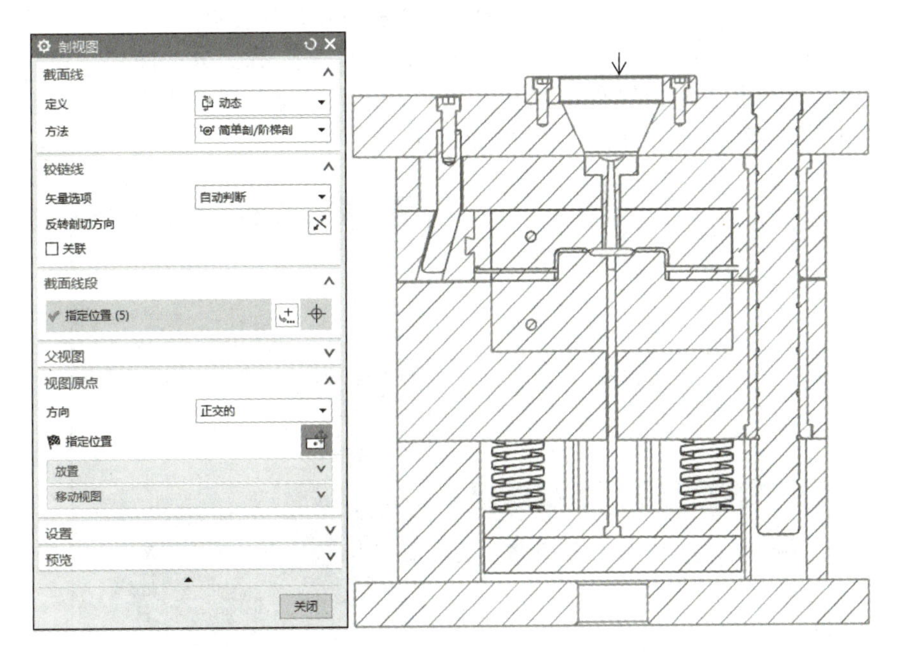

图 5-60　主视图

3）创建左视图。单击“剖视图”按钮，在弹出的“剖视图”对话框中选择简单剖/阶梯剖，选择主视图中心位置为剖切截面，将全剖视图放置到合适位置并单击，得到图 5-61 所示左视图。

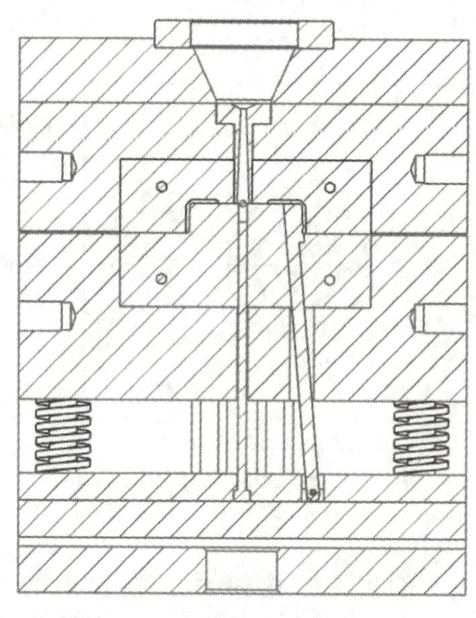

图 5-61　左视图

（4）修改优化视图

1）修改俯视图。根据模具出图习惯，俯视图应该只显示下模部分，不显示上模部分及制件，可以通过选择“菜单”→“格式”→“视图中可见图层”命令来实现。如图 5-62 所示，选择俯视图后单击“确定”按钮；选择需隐藏部分的图层，设置为“不可见”，此处选择上模胚、静模镶件层和产品图层为“不可见”后单击“确定”按钮；选择俯视图后右击，选择“更新”命令，结果如图 5-63 所示。

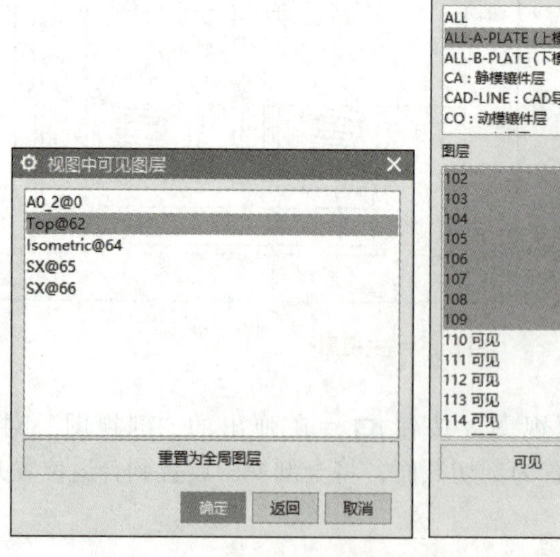

图 5-62　“视图中可见图层”对话框

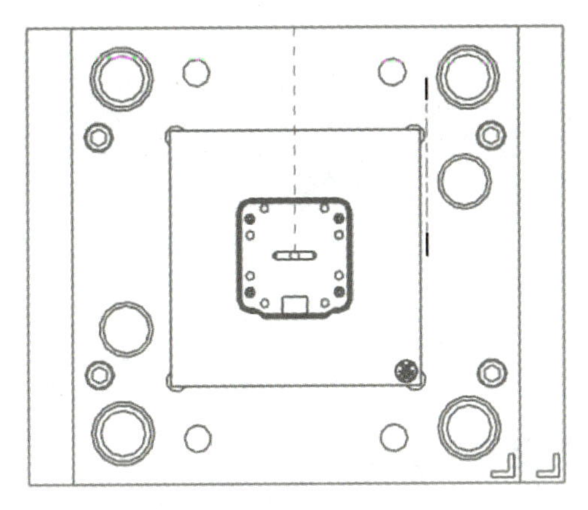

图 5-63　修改后的俯视图

2）创建局部剖视图。选择俯视图并右击，选择“设置”命令，把视图中隐藏的螺钉位置用虚线 显示出来，如图 5-64 所示。选择主视图并右击，选择“活动草图视图”命令，单击“样条曲线”按钮，在图 5-65 所示位置绘制局部剖范围曲线，单击“完成草图”按钮。单击“局部剖”按钮，弹出“局部剖”对话框，选择主视图为要剖切的视图，选择俯视图中需要剖切的螺钉中心位置为基点 1，默认矢量方向，单击鼠标滚轮或选择“局部剖”对话框中的“选择曲线”按钮，选择绘制的样条曲线，单击“应用”按钮，完成局部剖视图的创建。结果如图 5-65 所示。

用同样的方法完成基点 2 处螺钉的局部剖，此处不再赘述。

3）修改剖面线。主视图和左视图剖面线方向均为右倾 45°，需要对剖面线方向进行修改。选择两个视图中所有需要修改方向的剖面线，单击“编辑设置”按钮，将“角度”改为“135”，单击“确定”按钮。可根据需要对剖面线进行方向、疏密、线宽等参数的多次修改，要保证不同视图中同一零件的剖面线属性一致。在浇口套位置增加剖面线，选择“剖面线”按钮，为主视图和左视图浇口套处绘制网格剖面线，剖面线图样和距离参数与产品零件一致，此处设置“图样”为“铅”，“距离”为“3”，结果如图 5-66 所示。

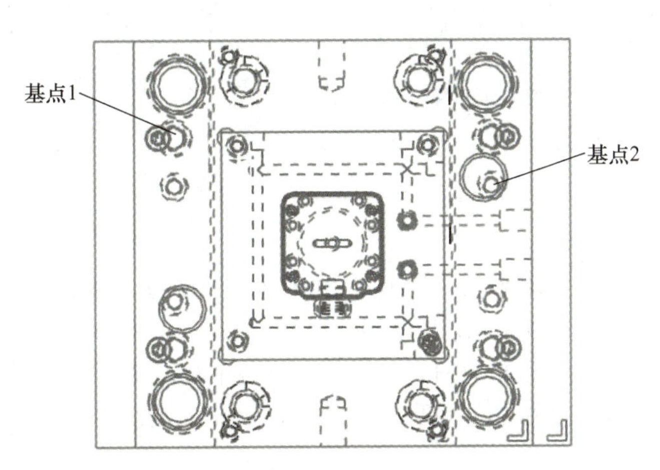

图 5-64　显示隐藏线的俯视图

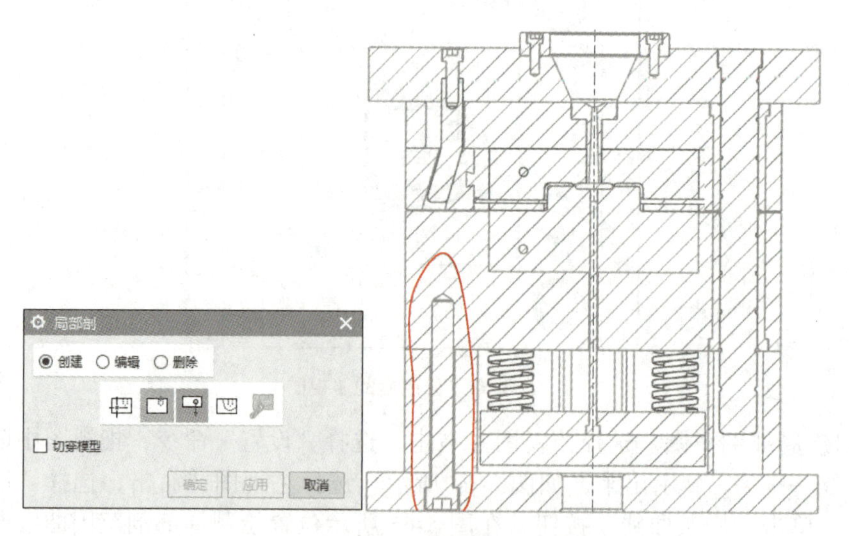

图 5-65　主视图局部剖范围曲线

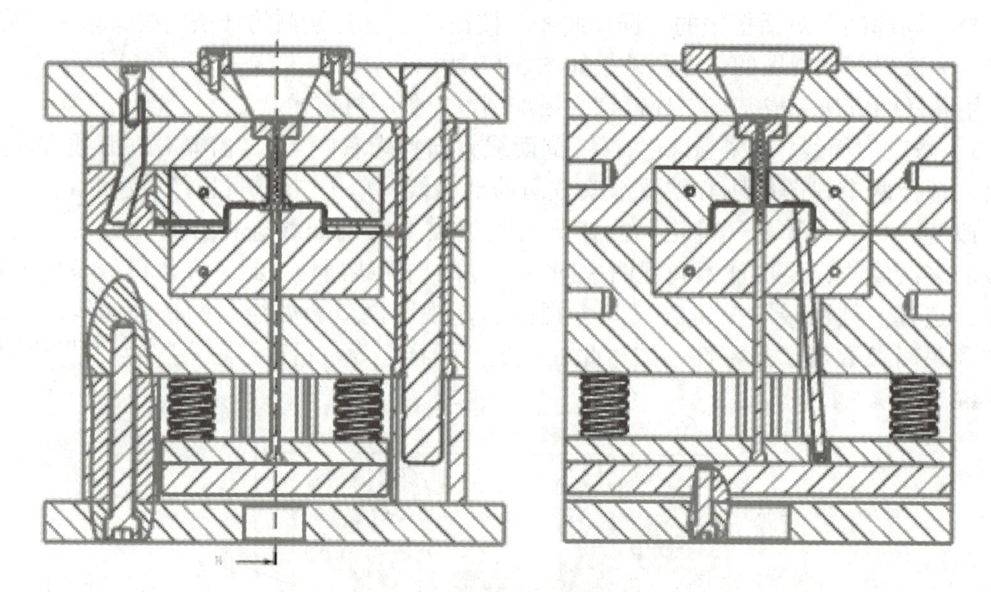

图 5-66　剖面线修改后结果

4）定义非剖切组件。将螺钉、推杆、斜拉顶等不需要剖切的零件设置为非剖切组件。单击“主页”选项卡中的“视图中剖切”按钮，弹出“视图中剖切”对话框，如图 5-67a 所示。选择主视图和左视图，然后选择这两个视图中不需要剖切的零件，在“操作”选项组中选择“变成非剖切”选项，单击“确定”按钮，然后分别更新主视图和左视图，结果如图 5-67b 所示。

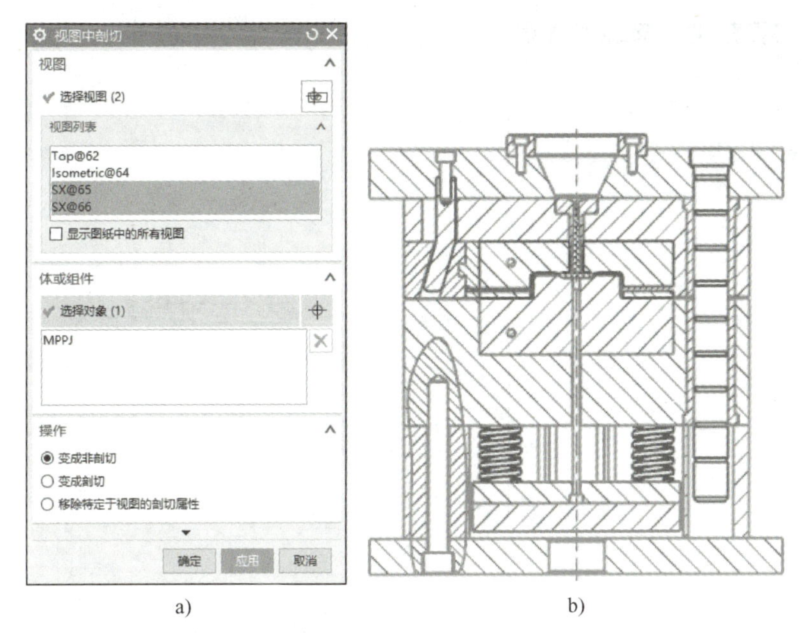

a)　　　　　　　　　　b)

图 5-67　定义非剖切组件

（5）标注零件编号　单击“符号标注”按钮，对模具零件编号。先在“文本”文本框中输入编号“1”，然后在需标注的零件上单击并按住鼠标左键进行拖拽，即出现指引线，指引线出现后即可松开鼠标，在合适的位置单击放置编号，完成标注。然后将“文本”改为“2”，重复上述操作，拖拽过程中，会自动捕捉进行对齐，结果如图 5-68 所示。

5.3（二）

注意：标注的文字及箭头属性已经提前在“制图首选项”对话框统一设置，如果标注时觉得大小不合适，可重新选择“菜单”→“首选项”→“制图”命令进行设置。

（6）添加零件明细栏　对于通过零件装配完成的三维模型图，可以自动生成零件明细栏。本任务中的模具装配图采用了标准模架，因此只能通过“表格注释”命令完成。在“表格注释”对话框中输入所需的行数和列数，锚点选择“右下”，将表格放置到合适位置，此处选择 5 列 26 行，列宽暂定均为 30mm，后续可进行调整。在“对齐”选项组中锚点选择“右下”，便于和原来模板标题栏对齐，如图 5-69a 所示。然后在需要输入文字的单元格处双击，即可输入文字。表格行数不够时可以选中某一行并右击，选择“选择”→“行”命令，继续右击并选择“插入”命令，可选择“行上方”“行下方”或“标题行”后增加一行。反之，行数太多时，也可选中行后右击删除一行。注塑模具装配图的零件明细表创建结果如图 5-69b 所示。

（7）添加技术要求　装配图一般要求添加技术要求，单击“主页”选项卡中的“注释”按钮，弹出“注释”对话框，如图 5-70 所示，输入需要添加的技术要求，适当修改文字属性，放置左视图下面空白位置处，如图 5-69b 所示。

（8）添加主要尺寸　使用“快速标注”命令完成模具长、宽、高的标注。

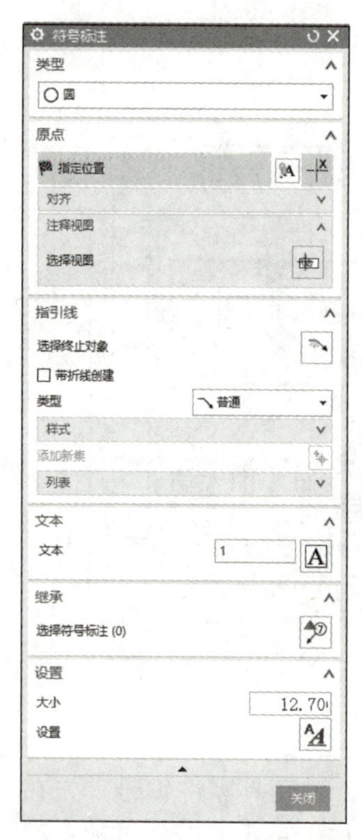

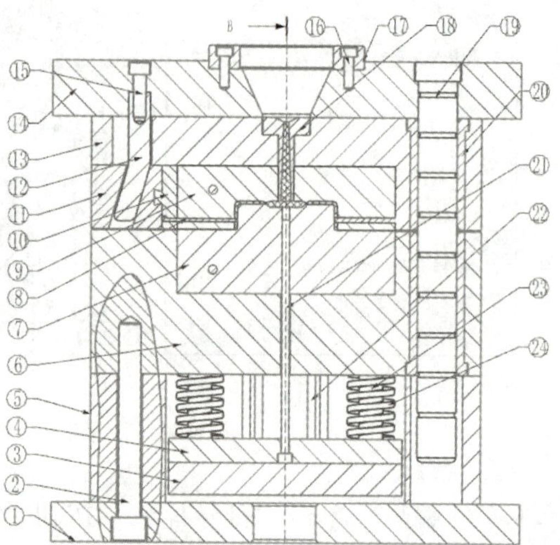

图 5-68　标注零件编号结果

表格注释
原点
指定位置
对齐
自动对齐　关联
☑ 水平或竖直对齐
☑ 相对于视图的位置
☑ 相对于几何体的位置
☑ 捕捉点处的位置
锚点　右下
指引线
表大小
列数　5
行数　26
列宽　30.00
设置
关闭

a)

技术要求

1. 装配时要以分型面较平整的或者不易整修的一侧作为基准。
2. 动定模水平分型面要进行研合。
3. 导柱和导套要保持一定的配合，并且对定模的垂直度要好。
4. 装拆模具时要注意各零部件的位置，必要时要有一定的配位标志。
5. 零件在装配前必须清理，不得有毛刺、飞边、氧化皮、锈蚀、切削、灰尘、油污和着色剂等。
6. 同一零件用多个螺钉紧固时，各螺钉需交叉、对称、逐步均匀对称拧紧。
7. 各密封件装配前必须浸透油。
8. 进入装配的零件及部件，均必须具有检验部门的合格证方能进行装配。
9. 装配后进行试模验收，脱模机构不得有干涉现象。

序号	零件名称	数量	材料	备注
26	内六角螺钉	4	SCM435	M8×35
25	斜顶	1	模具钢	
24	弹簧	4	65M	
23	支承柱	4	Q235	
22	推杆	8	45	
21	拉斜杆	1	T10A	
20	导套	4	20#	
19	导柱	4	GCr15	
18	浇口套	1	合金钢	
17	定位圈	1	合金钢	
16	内六角螺钉	4	SCM435	M6×20
15	内六角螺钉	4	SCM435	M8×25
14	定模座板	1	45#	
13	定模板	1	45#	
12	斜楔	1	45#	
11	滑块	1	45#	
10	侧抽芯固定块	1	45#	
9	型腔	1	P20	
8	侧抽芯	1	110A	
7	型芯	1	P20	
6	动模板	1	45#	
5	垫块	2	45#	
4	推杆固定板	1	45#	
3	推板	1	45#	
2	内六角螺钉	4	SCM435	M14×120
1	动模座板	1	45#	

标记	处数	更改文件号	签字	日期	塑料壳注塑模具装配图	图样标记	重量	比例
设计						共　页	第　页	
校对								
审核						××有限公司		
批准								

b)

图 5-69　明细栏制作

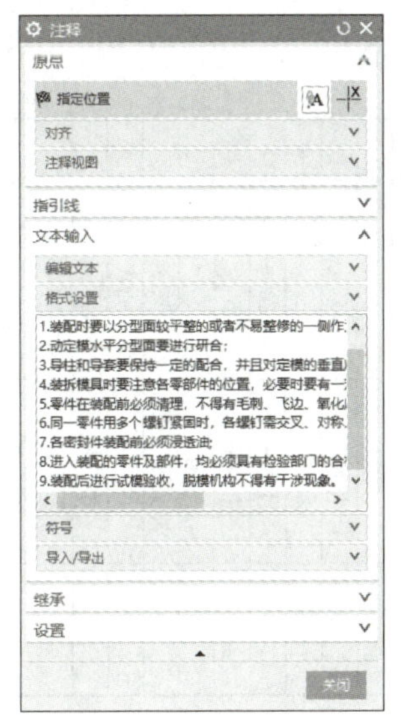

图 5-70　“注释”对话框

（9）添加零件图　对模具装配图来说，还需要在装配图右上角处放置零件图。使用“基本视图”命令，选择“正等测图”，以 1∶1 的比例在右上角放置视图，然后采用“视图中可见图层”命令，先将所有图层都设为“不可见”，然后将产品图层设为“可见”。单击“主页”选项卡中的“更新视图”按钮，选择刚才放置的正等测图，单击“应用”按钮就可以得到图 5-71 所示零件图。

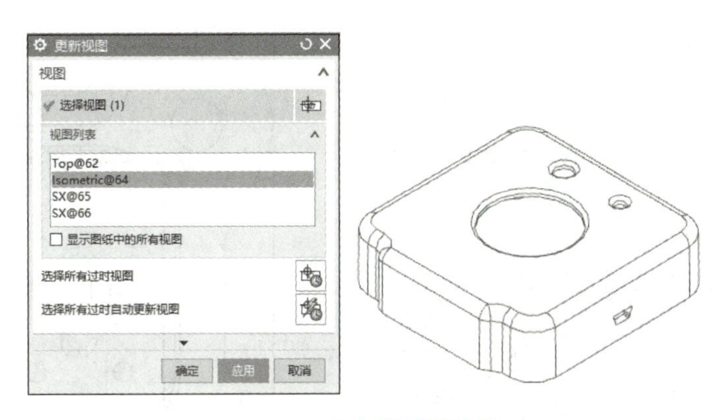

图 5-71　添加零件图结果

3. 任务小结与拓展

5.3 拓展

本任务为绘制注塑模具二维装配图，综合应用了基本视图和剖视图命令，完成了 3 个视图的创建；并利用编辑剖面线、定义非剖切组件对主视图和左视图进行修改，使其符合模具装配图的要求；此外，利用图层可见性设置对俯视图及正等测图可见性进行设置，使其符合模具二维装配图的绘制要求；利用“注释”工具栏中的“符号标注”命令完成了装配图零件号的标注；利用“表格注释”命令完成了装配图明细栏的绘制与修改；最后添加技术要求与主要尺寸。

课后请完成图 5-72 所示冲压模具装配图的绘制，以加强装配体工程图的绘制技能。

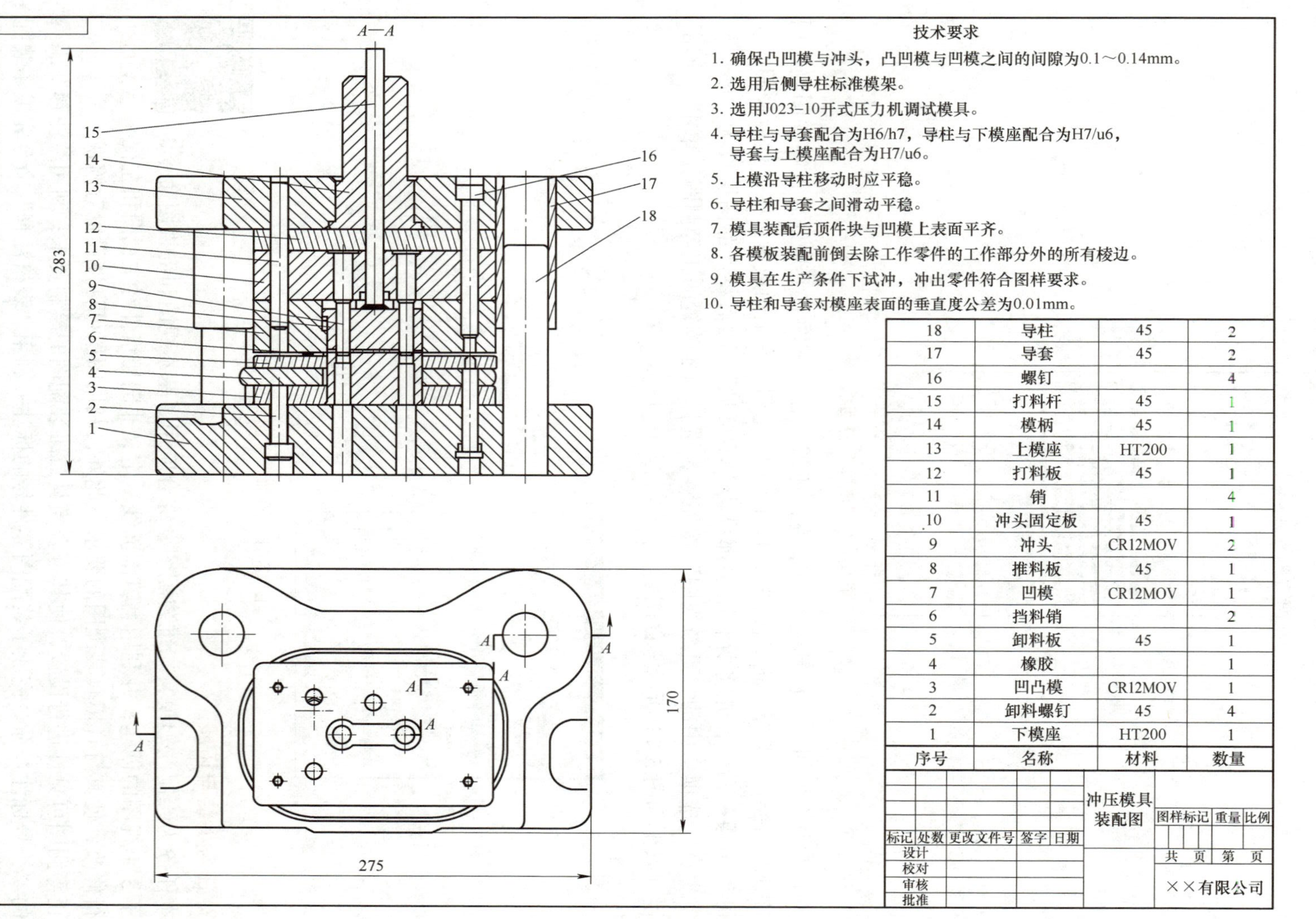

序号	名称	材料	数量
18	导柱	45	2
17	导套	45	2
16	螺钉		4
15	打料杆	45	1
14	模柄	45	1
13	上模座	HT200	1
12	打料板	45	1
11	销		4
10	冲头固定板	45	1
9	冲头	CR12MOV	2
8	推料板	45	1
7	凹模	CR12MOV	1
6	挡料销		2
5	卸料板	45	1
4	橡胶		1
3	凹凸模	CR12MOV	1
2	卸料螺钉	45	4
1	下模座	HT200	1

图 5-72　冲压模具装配图

你知道吗？

神舟五号（简称“神五”）是中国载人航天工程发射的第五艘飞船，也是中国发射的第一艘载人航天飞船。

神舟五号飞船搭载航天员杨利伟于北京时间 2003 年 10 月 15 日 09：00 在酒泉卫星发射中心发射升空，在轨飞行 14 圈，历时 21h 23min，顺利完成各项预定操作任务后，其返回舱于北京时间 2003 年 10 月 16 日 06：23 返回内蒙古主着陆场，其轨道舱留轨运行半年。

神舟五号任务的圆满成功，标志着中国成为世界上第三个独立掌握载人航天技术的国家，实现了中华民族千年飞天的梦想，是中华民族智慧和精神的高度凝聚，是中国航天事业在 21 世纪的一座新的里程碑。

其实在神州五号载人航天飞船发射之前，先后有神州一号、神舟二号、神州三号和神舟四号四艘飞船进行了近 4 年的不断改进，使之实现全系统的完美合演。在我国航天工程不断前行过程中，我们看到了祖国砥砺奋进的缩影，感受到了英雄群体为新时代逐梦而飞、所向披靡的精神。

在工程图绘制过程中，同学们一定要以航天人为榜样，学习他们几十年如一日的坚持，脚踏实地走好每一步，注重每一个细节的绘制，把工程图绘制得更完善，为建设世界强国努力打好基础。

项目 5
拓展题 1

知识巩固与拓展

1. 绘制图 5-73 所示支架零件图。

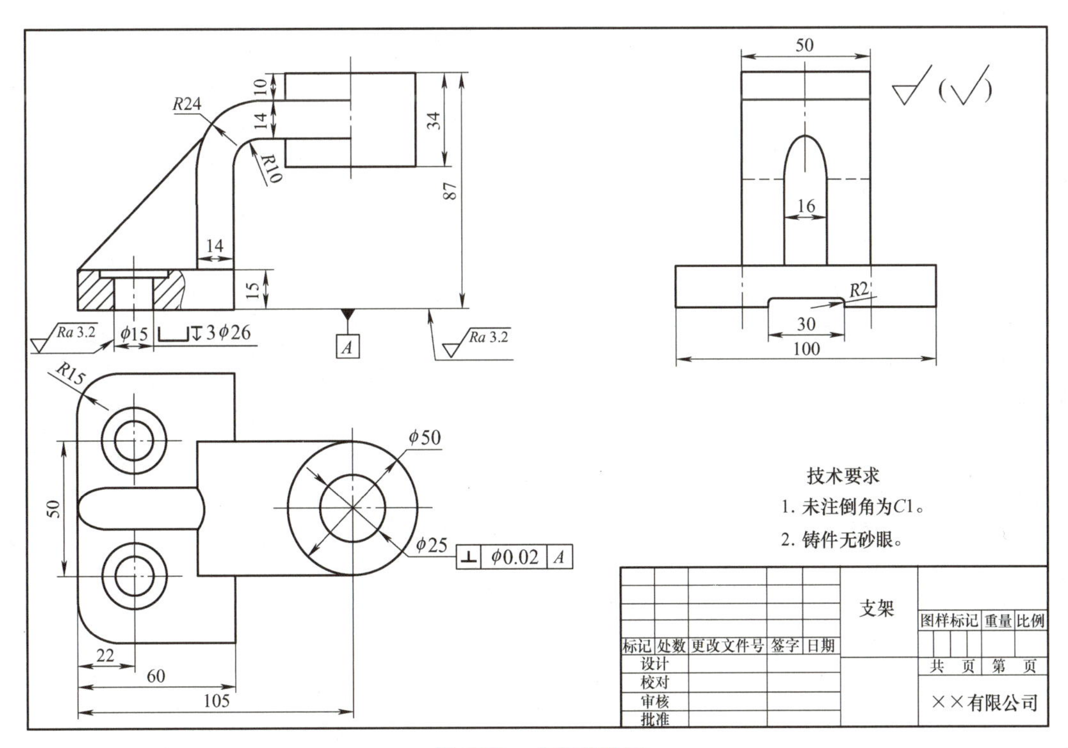

图 5-73　支架零件图

2. 绘制图 4-2 所示减速器装配图。

参考文献

[1] 於星，黄益华 . UG NX8.0 CAD 情境教程 [M]. 大连：大连理工大学出版社，2014.
[2] 郭晓霞，周建安，洪建明，等 .UG NX12.0 全实例教程 [M]. 北京：机械工业出版社，2020.
[3] 赵秀文，苏越 . UG NX10.0 实例基础教程 [M]. 2 版 . 北京：机械工业出版社，2018.